中国轻工业“十三五”规划立项教材

普通高等教育化妆品系列教材

化妆品分析

曹玉华　倪鑫炯　编著

中国轻工业出版社

图书在版编目（CIP）数据

化妆品分析/曹玉华，倪鑫炯编著．—北京：中国轻工业出版社，2022.11

ISBN 978-7-5184-4048-1

Ⅰ.①化…　Ⅱ.①曹…②倪…　Ⅲ.①化妆品—质量检验　Ⅳ.①TQ658

中国版本图书馆 CIP 数据核字（2022）第 114689 号

责任编辑：杜宇芳　王晓慧
策划编辑：杜宇芳　　责任终审：李建华　　封面设计：锋尚设计
版式设计：霸　州　　责任校对：吴大朋　　责任监印：张　可

出版发行：中国轻工业出版社（北京东长安街 6 号，邮编：100740）
印　　刷：三河市万龙印装有限公司
经　　销：各地新华书店
版　　次：2022 年 11 月第 1 版第 1 次印刷
开　　本：787×1092　1/16　　印张：14.5
字　　数：335 千字
书　　号：ISBN 978-7-5184-4048-1　定价：59.80 元
邮购电话：010-65241695
发行电话：010-85119835　　传真：85113293
网　　址：http://www.chlip.com.cn
Email：club@chlip.com.cn
如发现图书残缺请与我社邮购联系调换
191261J1X101ZBW

前　言

改革开放以来，随着我国经济的持续快速增长，综合国力、人民生活水平发生了巨大变化，消费者对于“美”的追求日趋强烈，促使化妆品行业得到了飞速发展。江南大学（前身无锡轻工学院）化学与材料工程学院是国内最早面向本科生开设有关化妆品课程的学院。多年来，化妆品分析相关课程的授课都采用自编讲义，已有1992年版的《化妆品原料及其产品分析》、2003年版的《精细化学品分析》以及2007年版的《化妆品分析》的自编讲义，一直没有出版教材。为了满足教学、科研以及相关行业研发的需求，笔者基于长期的教学科研经验编著了此书。

本书共分为5个部分，以“化妆品原料分析”和“化妆品产品系统分析”为重点，增加了实用性很强的“化妆品产品常规分析”和“化妆品微生物检验方法”，并对化妆品中典型的禁限用物质的分析方法进行了介绍。本书可作为教材供相关专业的本科生和研究生使用，同时因其实用性，也可供相关行业的技术人员参考。

感谢江南大学化工楼A301室2020、2021、2022届的研究生们以及胡学一老师提供的原始图谱；感谢陈新老师对全书进行的校对和修正；特别感谢曹光群教授，正是由于先生的推动和组织，才有了本书的出版。

由于化妆品原料和产品日新月异，分析技术不断精进，同时受本人编写水平所限，本书疏漏和错误之处在所难免，恳请读者指正，本人不胜感谢。

曹玉华　倪鑫炯

2022年6月28日

目　录

第一篇　化妆品原料分析

依据《化妆品监督管理条例》，化妆品的定义是：以涂擦、喷洒或者其他类似方法，施用于皮肤、毛发、指甲、口唇等人体表面，以清洁、保护、美化、修饰为目的的日用化学工业产品。化妆品配方中使用的成分即化妆品原料。目前常用的化妆品原料主要有油脂、蜡类等油性原料，表面活性剂，保湿剂，粉剂，增黏剂、成膜剂等高分子化合物，紫外吸收剂，抗氧化剂，金属离子螯合剂，染料和颜料，香料等。此外，还有维生素类、植物提取物、发酵提取物等生物制品，一般作为功效成分。由于化妆品作用于人的皮肤和头发，在选用原料时必须考虑：①符合使用目的、功能优良；②安全性好；③优良的抗氧化性和稳定性；④不含异味等。

第一章　油 性 原 料

油性原料，是化妆品原料中应用最广、使用历史最悠久的原料之一。油性原料用于护肤品中可以起保护、滋润和柔软皮肤的作用；在发用品中可以起定型、美发、保养发质和头皮的作用。早在古埃及时期，人类已经通过将动植物油脂涂覆于皮肤表面的方式来实现对皮肤的保护和美化。油性原料主要有动植物油脂、蜡类、脂肪酸和脂肪醇、烷烃类、硅油等，其来源丰富，有天然来源、天然油料再加工、石油工业提取、化工合成等获取途径。总之，基于其优异的功效性，丰富的品种，油性原料在各种剂型中的应用范围广，在化妆品中有其不可替代的历史和现实地位。

第一节　油性原料简介

一、油　　脂

油脂是高级脂肪酸和甘油所组成的酯类化合物（甘油三酯），在动植物界分布广泛。常温下呈液状的称为油，呈固状的称为脂。油脂有天然的混合油脂，也有合成的单一油脂。天然油脂中，绝大部分为饱和或不饱和脂肪酸甘油三酯，还含有少量维生素 A、维生素 E、卵磷脂、胆固醇和游离脂肪酸等成分，使得天然油脂在食用和身体保养方面有更多的功效。

油脂根据脂肪酸的饱和度差异分为干性油、半干性油和不干性油。干性油是不饱和度较高的油脂。如果脂肪酸中不饱和键（即碳碳双键）较多，容易在接触空气后被氧化，外观上形成干燥的薄膜。不干性油是不饱和键含量较少或不含不饱和键的脂肪酸酯类，将其暴露于空气中，不会因氧化而形成干燥的薄膜。半干性油则介于两者之间。

干性油、半干性油和不干性油的区分以其碘值的大小为依据。碘值在 120 以上者为干性油，100 以下者为不干性油。不干性油为化妆品原料的主要用油。表 1-1-1 给出了天然油脂的分类及代表性原料。

表 1-1-1　　不干性油、半干性油和干性油的分类及其代表性油脂

类别		油脂名称
植物油	不干性油	蓖麻油，橄榄油，棕榈油，椰子油，杏仁油，茶籽油，羊毛脂
	半干性油	芝麻油
	干性油	大豆油，葵花籽油，红花油
动物油	不干性油	牛油，卵黄油，貂油
	干性油	鲱鱼油

二、蜡　　类

蜡是高级脂肪酸和高级一元脂肪醇或二元脂肪醇结合而成的酯类，其结构与油脂不同，可从动植物中获得。一般的蜡，具有比油脂更高的熔点，常温下为固态。从动植物中获得的蜡，除含有酯外，还含有游离的脂肪酸、高级醇、烃类和树脂类。动物性蜡，液态的有抹香鲸油、槌鲸油等，固态的有蜜蜡、鲸蜡、羊毛脂等。植物性蜡，液态的有霍霍巴油，固态的有棕榈蜡、堪地里拉蜡等。蜡类在化妆品中广泛使用，主要用于彩妆类产品，可以固化口红，赋予制品光泽，提高使用感。

三、烃　　类

化妆品中使用的烃类通常是 C_{15} 以上的饱和烃，主要为从石油中提炼出来的液体石蜡、固体石蜡和凡士林等。来自动植物的烃类有角鲨烯加氢后的角鲨烷。

液体石蜡是石油经 300℃以上蒸馏精制而成的含 C_{15}～C_{30} 的饱和烃。精制品无色无味、化学惰性、稳定、易乳化，广泛用于膏霜和乳液等基础化妆品中，其目的是抑制皮肤表面水分蒸发，提高保湿性和使用感。固体石蜡是无色无味、化学惰性的无色或白色固体，在膏霜和口红中使用。凡士林是无色无味、化学惰性、有黏着力的软膏状物质，在膏霜和口红中使用。纯地蜡由地蜡精制而成，主要由 C_{29}～C_{35} 的直链烃组成，与石蜡相比，其相对分子质量大，相对密度、硬度和熔点也高，在口红和发蜡中使用。角鲨烷是将角鲨烯氢化得到的液体（$C_{30}H_{62}$），角鲨烯大量存在于深海产鲨鱼中，也在橄榄油中存在。角鲨烷是高安全性、化学惰性的油性原料，用于膏霜和乳液等化妆品中。

四、高级脂肪酸

脂肪酸一般用分子式 RCOOH（R 为饱和烷烃或不饱和烷烃链）表示，在天然油脂和蜡等物质中存在。动植物油脂所含的脂肪酸多为直链脂肪酸，其碳原子数都为偶数。现代工业已合成出含侧链和奇数碳原子数的脂肪酸。脂肪酸主要和氢氧化钠、氢氧化钾、三乙醇胺等无机或有机碱合并使用，生成肥皂作为乳化剂。

常用的脂肪酸有：月桂酸（$C_{11}H_{23}COOH$），肉豆蔻酸（$C_{13}H_{27}COOH$），棕榈酸（$C_{15}H_{31}COOH$），硬脂酸（$C_{17}H_{35}COOH$）以及带有侧链的、碳原子总数为 18 的饱和异硬脂酸等。

五、高级脂肪醇

一般将碳原子数在 6 以上的一元醇统称为高级脂肪醇。作为天然原料的醇类和石油化学制品的醇类有很大的差别。高级脂肪醇除了作为油性原料外，还作为乳化制品的乳化稳定助剂来使用。

常用的高级脂肪醇有：鲸蜡醇（$C_{16}H_{33}OH$）、硬脂醇（$C_{18}H_{37}OH$）、带有侧链的碳原子总数为 18 的饱和异硬脂醇，以及 2-辛基十二烷醇等。鲸蜡醇为白色、蜡状固体，不具备自乳化能力，作为膏霜和乳液等乳化制品的乳化稳定助剂来使用。硬脂醇除作为膏霜和乳液等乳化制品的乳化稳定助剂外，还在口红中使用。异硬脂醇及 2-辛基十二烷醇均为无色透明的液体，有良好的热稳定性和抗氧化性，侧链使其凝固点降低，作为油性原料使用时，具有良好的肤感。

六、酯　　类

酯由酸和醇经脱水反应而成。酸类有脂肪酸、多元酸、羟基酸等；醇类有低级醇、高级醇和多元醇等。虽然由酸和醇能组合很多酯，但实际使用的酯类比较有限。

肉豆蔻酸异丙酯作为油相、水相的相互混合剂，色素等的溶解剂，在膏霜、乳液、美容化妆品和头发制品中使用。辛基十二醇肉豆蔻酸酯由于熔点低，不易水解，在膏霜、乳液、美容化妆品中使用，可抑制皮肤水分蒸发和提高使用感。2-乙基己酸鲸蜡酯黏度低，不易水解和氧化，也广泛使用于膏霜、乳液中。二异硬脂醇苹果酸酯是在相同相对分子质量的化合物中具有很高黏度的透明液体，不易水解和氧化，黏度高而不腻，是出色的颜料分散混炼剂。二异硬脂醇苹果酸酯也可作为蓖麻油和液体石蜡这样的极性-非极性油之间的互溶剂，可用于口红、基础美容化妆品和膏霜中。

七、硅　　油

硅油是含有硅氧键（—Si—O—Si—）的有机硅化合物的总称。硅油有各种黏度，可以在广泛的范围内选择。硅油的特征是疏水性高，使用时有不发黏的轻快感，在头发和皮肤上的铺展性好。硅油也可用于原料表面疏水改性，提高化妆品的防水防汗性能。代表性的硅油有二甲基硅油、甲基苯基硅油等。

二甲基硅油也称甲基硅油，是无色透明油分。根据相对分子质量的不同，表观呈现从低黏度液体到软膏状体的不同状态。由于二甲基硅油相对分子质量增大时与其他原料的溶解性变差，所以直接使用时常为低黏度的二甲基硅油，而高黏度硅油则需预先进行乳化。因硅油疏水性强，在皮肤上不易被水和汗冲散，能抑制油分的黏腻感而显出轻快的使用感，帮助其他成分在皮肤和头发上舒展，常与其他油相配合使用。

甲基苯基硅油是甲基硅油的部分甲基被苯基置换后的产物。甲基硅油不溶于乙醇，而甲基苯基硅油在乙醇中可溶，和其他原料成分的相溶性也很好，使用范围较广。

第二节　物理常数测定

有机化合物的物理常数可以作为鉴定有机原料纯度的依据。下面将对熔点、凝固点、沸点和沸程、相对密度、折射率、黏度、旋光度的测定方法进行介绍。

一、熔 点 测 定

熔点可以检验有机化合物原料的纯度。测定熔点时应注意以下几点：①物质的熔点范围很窄，一般小于 2℃，可认为物质较纯；②试样在 360℃也不熔化，则可能是无机盐类物质；③某些物质在熔化前会分解，如碳水化合物；④某些物质先熔化后分解，如变暗，释放水蒸气等。

1. 毛细管法

毛细管测定熔点有双浴式（图 1-1-1）和提勒（Thiele）管式（图 1-1-2）。

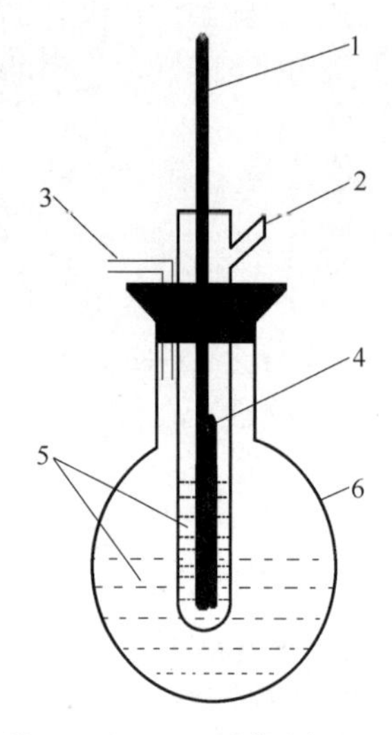

1—温度计（0.1℃）；2—试管出气口；3—烧瓶出气口；4—装样毛细管；5—载热流体；6—圆底烧瓶。

图 1-1-1　双浴式熔点测定仪

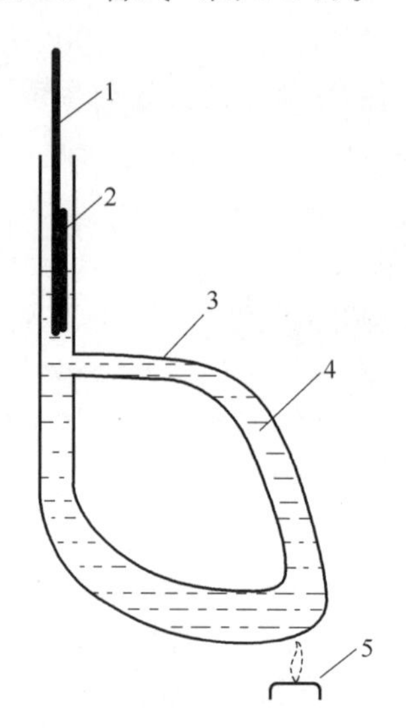

1—温度计（0.1℃）；2—装样毛细管；3—熔点管；4—载热流体；5—酒精灯。

图 1-1-2　提勒管式熔点测定仪

熔点浴中所用载热体：物质熔点在 90℃以下时用水，熔点在 90～230℃时用液体石蜡或甘油，熔点在 230～325℃时用浓硫酸。几种常用的熔点浴载热体的极限加热温度见表 1-1-2。

将内径约为 1mm、管壁厚约为 0.1mm 的毛细管截成 50～70cm 长的小段，将一端加热封口。取少量干燥研细的样品装入清洁干燥的毛细管中，直至毛细管内样品紧缩至 2～3mm 高。

将装有样品的毛细管附于温度计上，使样品上部表层与温度计水银球的中部在同一高度。然后把附有毛细管的温度计固定在熔点测定仪上，先以较快的速度加热，当温度上升至样品理论熔点前 10℃时，调节热源，使温度保持每分钟上升 1℃左右。样品接近熔点前开始收缩，继而熔化。样品局部开始熔化时的温度为初熔温度，样品完全熔化时的温度为全熔温度，初熔至全熔的温度即为该物质的熔点或熔点范围。

对于易分解或易脱水的样品，毛细管在装入样品后应将开口端熔封，并且等载热流体温度上升至样品熔点前 10℃时再将装有样品的毛细管放入，然后以每分钟上升 3℃左右的速度加热测熔点。熔点低于 25℃时用冰点仪测定。

2. 显微熔点测定法

显微熔点测定仪是基于 Kofler 热台显微镜构建的，主要构造是一个可以用电控制的金属加热台安装在显微镜上。取一块 18mm 见方的显微镜用玻璃载片，用不锈钢刮匙尖端挑几颗结晶置于这块玻片上，再用一块玻片将样品盖住。用镊子夹住玻片，将其放在金

表 1-1-2　　**几种常用的熔点浴载热体**

载热流体	极限加热温度/℃	载热流体	极限加热温度/℃
石蜡	230	石蜡（熔点为 30～50℃）	300
甘油	220	浓硫酸 7 份，硫酸钾 3 份	325
浓硫酸	250	浓硫酸 6 份，硫酸钾 4 份	365
磷酸	300	硅油	300

属加热台上。用刮匙尖拨动玻片，并调节显微镜焦距，使晶体对准光线入射孔道，清晰呈现在视野中。然后在玻片上盖上一块桥玻璃。桥玻璃宽为 20mm，长约为 30mm，高为 3～4mm，用于保温。再盖上圆形厚玻璃盖。然后重新调节显微镜焦距，使物像清晰。

如果测定未知样品的熔点，可先快速测出一个大致熔点范围，再仔细测定准确熔点。可快速升温至熔点前 10℃附近，切断电源，直至温度开始下降时，再继续以每分钟 2℃的升温速度加热，至温度升到临近熔点 3℃时，减为每 3～4min 上升 1℃。当温度到达熔点时，往往可观察到晶体发生重排。最后，刚好在熔化前，晶体尖锐棱角变浑圆。结晶完全熔化后变成小球状，读取结晶变圆并开始变成小球状时的温度，即为样品的熔点。

二、凝固点测定

常压下物质由液态变为固态时的温度称为凝固点。纯物质有固定不变的凝固点，如混有杂质，则凝固点降低。测定凝固点时，常用茹可夫瓶，见图 1-1-3。

茹可夫瓶是一支双壁的玻璃试管，双壁间抽成真空，以减少与周围介质的热交换。此装置适用于比室温高 10～150℃的物质的凝固点的测定。如凝固点低于室温，可在茹可夫瓶外加一高度约为 160mm，内径为 120mm 的冷却槽。当测定温度在 0℃以上时，可用水和冰作冷却剂，在−20～0℃可用食盐和冰作冷却剂，在−20℃以下可用酒精和干冰作冷却剂。

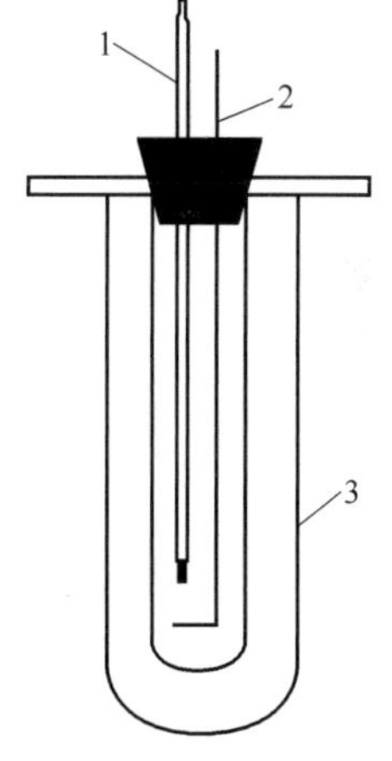

1—温度计；2—搅拌器；3—茹可夫瓶。

图 1-1-3　茹可夫瓶

测定步骤：100mL 干燥烧杯中，放入约 40g 研细的样品，在烘箱中加热至超过熔点 10～15℃，使其熔融，立即倒入预热至同一温度的茹可夫瓶中，至容积的 2/3，用带有温度计和搅拌器的软木塞塞紧瓶口。使用分度为 0.1℃的短温度计，其下端应距离管底 15mm，并与四周管壁等距。样品进行冷却时，以 60 次/min 以上的速度上下移动搅拌器，当液体开始不透明时，停止搅拌，注意观察温度计，可看到温度上升，当达到一定数值后，在短时间内温度保持不变，然后开始下降。读取上升并稳定的温度，即为凝固点。

三、沸点和沸程测定

1. 沸点测定

当液体的温度升高时，它的蒸气压也增加，当其蒸气压与大气压相等时，开始沸腾。液体在 0.1MPa 时的沸腾温度称为它的沸点。

测定沸点在沸点管中进行。沸点管由一个直径为 1mm，长 90～110mm 一端封闭的毛细管和一个直径为4～5mm，长80～100mm一端封闭的粗玻璃管组成。取样品0.25～0.50mL置于较粗的玻璃管内，将毛细管倒置于其内，封闭的一端向上。将沸点管附于温度计上，置于热浴中缓慢加热，当有一串气泡迅速由毛细管中连续逸出而液体刚要进入毛细管时，此刻温度即为沸点。

沸点测定后应对大气压力引起的误差进行校正。当大气压偏离101.325kPa（760mmHg），如相差仅在±666.610Pa（±5mmHg）以内，校正可以忽略；如相差仅在±2.0kPa（±30mmHg）以内，可用下列经验公式来校正：

$$t_0=t+\Delta t \tag{1-1-1}$$

对于缔合性液体（如醇、酸等）：$\Delta t=0.00010\times(760-p)\times(t+273)$。

对于非缔合性液体（如烃、醚等）：$\Delta t=0.00012\times(760-p)\times(t+273)$。

式中 t_0——校正沸点，℃；

t——温度计所示读数，℃；

Δt——大气压力引起的误差，℃；

p——气压计所示大气压力，mmHg。

2. 沸程测定

对于有机溶剂和石油产品，沸程是衡量其纯度的主要指标之一。对沸程的测定可以参考GB/T 615—2006《化学试剂　沸程测定通用方法》，采用沸程测定仪，如图1-1-4所示。

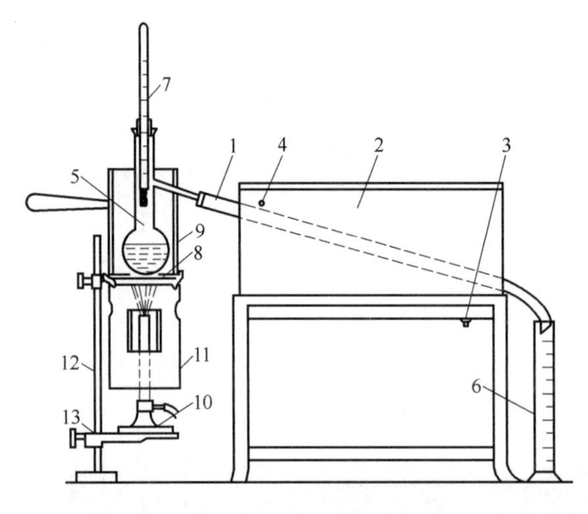

1—冷凝管；2—冷凝器；3—进水管；4—排水管；5—蒸馏烧瓶；6—量筒；7—温度计；8—石棉垫；9—带手柄的烧瓶罩；10—煤气灯；11—带有观察孔的保温罩；12—支架；13—托架。

图1-1-4　沸程测定仪

（1）准备工作

① 试样预先干燥脱水；

② 蒸馏前，用缠有软布的铜丝或铅丝擦拭冷凝管管内，除去上次蒸馏残余物；

③ 冷凝器内充满温度不高于30℃的自来水；

④ 蒸馏瓶内用石油醚洗涤，再用干空气吹干；

⑤ 用洁净干燥的100mL量筒量取100mL试样于蒸馏瓶中；

⑥ 量筒不需洗涤，直接置于冷凝管下面，冷凝管插入量筒的深度不得少于25mm，但也不能低于量筒100mL刻度线；

⑦ 插入气相温度计。

（2）测定操作

① 操作前先记录大气压力，随后开始加热，加热速度均匀，从开始加热到第一滴冷凝液滴下的时间控制在20～25min；

② 记录第一滴滴下时的温度为初馏点，调整量筒位置，其余馏分沿量筒壁流下；

③ 控制自初馏点到产出 10mL 馏出液时的流速为 3mL/min，以后流速为 4～5mL/min，相当于每 10s 馏出 20～25 滴；

④ 分别记录初馏点，馏出 5%、50%、95%和干点的温度，直至气相温度停止上升并开始下降，此时的最高温度为干点的温度，到达干点后立即停止加热，让馏出液继续流出 5min，记录量筒中体积；

⑤ 对于沸程不明的样品，试验时应记录下列温度：初馏点，馏出 10%、20%、30%、40%、50%、60%、70%、90%和 97%的温度；

⑥ 平行试验允许下列误差：初馏点 4℃，干点和中间馏出物 2℃，残留物小于 1mL。

(3) 温度校正

对温度计的露出部分水银柱，进行测定温度的校正：

$$T_1=t+0.00016(t-t_1)N \tag{1-1-2}$$

式中　T_1——对温度计露出部分进行校正后的温度,℃；

0.00016——液体视膨胀系数，即玻璃液体温度计内液体测温介质的平均体膨胀系数与玻璃平均体膨胀系数之差；

t——温度计所示温度,℃；

t_1——辅助温度计所示温度（辅助温度计绑定于主温度计上，测量主温度计暴露于塞子上方的温度）,℃；

N——温度计露出装置部分水银柱的刻度值，从塞子上部起计数。

对测量温度进行气压校正：

$$T=T_1+0.00012(760-p)(273+T_1) \tag{1-1-3}$$

式中　T——校正后的温度,℃；

p——测定时的气压，mmHg。

四、相对密度测定

相对密度是指 20℃时，样品的质量与同体积的纯水在 4℃时的质量之比，以 d_4^{20} 表示。若测定温度不在 20℃而在 t℃时，d_4^t 值可换算成 d_4^{20} 的数值。相对密度常用的测定方法有 3 种：密度瓶法、天平法和比重计法。

1. 密度瓶法

密度瓶法的原理：在 20℃时分别测定充满同一密度瓶的水及试样的质量，由水的质量可确定密度瓶的容积即试样的体积，根据试样的质量及体积可计算试样的密度，试样密度与水密度的比值为试样相对密度。密度瓶的结构如图 1-1-5 所示。

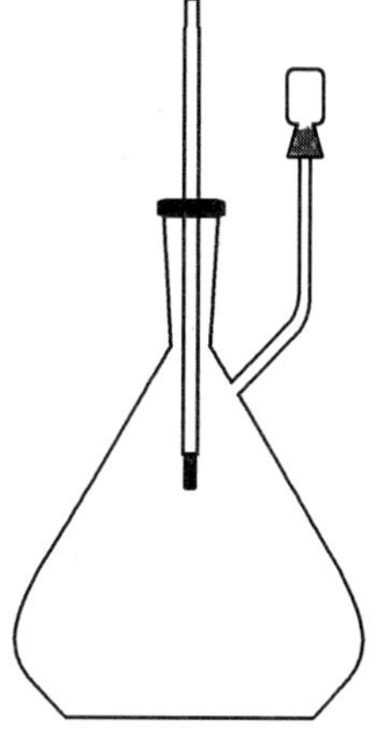
图 1-1-5　密度瓶

将密度瓶用乙醇或丙酮洗净并在不高于 60℃的温度下烘干，在干燥器中冷却到室温，称出精确质量 m_1（g）。将煮沸 30min 并冷却至 15～18℃的蒸馏水装满密度瓶，立即浸入（20±0.1）℃的恒温水浴中，当瓶内温度计示数达 20℃且温度保持 20min 不变后，取出密度瓶，用滤纸擦去溢出支管外的水，立即盖上小帽。擦去密度瓶外的水，称出质量 m_2（g）。将水从瓶中倒出，烘干，再用完全相同的方法测同一密度瓶和所盛试液的质量 m_3（g）。按下式计算相对密度：

$$d_4^{20}=\frac{m_3-m_1}{m_2-m_1}\times 0.99823 \quad (1\text{-}1\text{-}4)$$

其中，0.99823 为将 20℃的 d_{20}^{20} 换算成 d_4^{20} 的常数，即水在 20℃时的相对密度。

2. 天平法

天平法的原理：20℃时，分别测定玻锤在水及试样中的浮力，由于玻锤所排开的水的体积与排开的试样的体积相同，可根据玻锤在水中与试样中的浮力计算试样的密度，试样密度与水密度的比值为试样的相对密度。

天平法需要采用韦氏相对密度天平，其结构和操作步骤可参考 GB 5009.2—2016《食品安全国家标准　食品相对密度的测定》。

3. 密度计法

密度计法的原理：密度计利用了阿基米德原理，将待测液体倒入一个较高的容器，再将密度计放入液体中。密度计下沉到一定高度后呈悬浮状态，且不允许贴壁。此时液面的位置在玻璃管上所对应的刻度就是该液体的密度。测得试样和水的密度的比值即为相对密度。

密度计的基本结构如图 1-1-6 所示，常见的密度计的规格及适用范围见表 1-1-3。

图 1-1-6　密度计

测定方法：将试样混匀，注入量筒中，使样品的温度与周围环境的温度相差不超过±5℃。根据样品大致的相对密度取出相应的密度计。手执干净密度计的上端，小心置于量筒中，读数并读取温度。按下式进行计算：

$$d_4^{20}=d_4^t+r(t-20) \quad (1\text{-}1\text{-}5)$$

式中　d_4^{20}——样品的标准相对密度；

d_4^t——试验温度下的样品相对密度；

t——试验温度，℃；

r——相对密度的校正系数（见有关手册）。

表 1-1-3　Ⅰ、Ⅱ、Ⅲ型密度计的规格及适用范围

型号	Ⅰ型	Ⅱ型	Ⅲ型
分度	0.0005	0.001	0.001
刻度范围	0.650～0.710 0.710～0.770 0.770～0.830 0.830～0.890 0.890～0.950 0.950～1.010	0.690～0.750 0.750～0.830 0.830～0.910 0.910～0.990	0.650～0.710 0.710～0.770 0.770～0.830 0.830～0.890 0.890～0.950 0.950～1.010
温度计刻度范围/℃	−20～45	−20～45	不带温度计

五、折射率测定

折射率是液体的特征常数之一，通常用 n_D^t 表示，其中 D 表示使用钠光光源，t 为测定时的温度，n 为实测折射率。各种有机物的折射率可以在相关手册中查到，未知液体折射率则常用阿贝折射仪测定，准确度在±0.0001，每次测量需要样品 0.05～0.10mL。

测定步骤：阿贝折射仪的主要部分是两个直角棱镜，两棱镜中间留有微小缝隙，其中可以铺展一层待测溶液。实验时将棱镜打开，用擦镜纸将镜面擦洁净后，在镜面上滴上少量的待测液体，并使其铺满整个镜面。关闭棱镜，调节反射镜使入射光线达到最强，转动棱镜使目镜出现半明半暗，分界线位于十字线的交叉点，此时显示屏幕即给出液体的折射率。折射仪的校正可用一系列标准样品。常用的有甲苯（$n_D^{20}=1.49693$）、氯苯（$n_D^{20}=1.52460$）等。

温度对折射率影响很大，故应在恒温下测定，或给阿贝折射仪配制恒温系统。

六、黏度测定

液体定向流动时，在流动的两层流体平面间将产生内摩擦力，这种性质称为黏度。黏度与平面的宽度和该面垂直方向的速度梯度成比例，其比例常数称为绝对黏度，绝对黏度是该液体在一定温度下固有的常数。单位用帕·秒（Pa·s）、毫帕·秒（mPa·s）表示。将绝对黏度除以同温度液体的密度所得的值称为运动黏度，其单位为米^2/秒（m^2/s）。

1. 毛细管黏度计法

毛细管黏度计法主要用于测定牛顿流体的黏度，即所测流体的黏度与所受剪应力和作用时间无关。奥氏黏度计和乌氏黏度计（图 1-1-7）是目前应用较广泛的毛细管黏度计。液体在毛细管中流动是靠液体自身的静压头，故被测液体的黏度应较低，多数用于高聚物稀溶液黏度的测定。奥氏黏度计是一种较简单而常用的黏度计。管 2 上有一球形泡，泡的上下 A、B 处有两条标线，此两条标线是为了在测定黏度时使测量流体的体积一定和使推动液体流经毛细管的势能一定而设立的。球形泡下通毛细管，黏度测定即在毛细管中进行。管 1 上的球形泡是用来储存测量液体的。

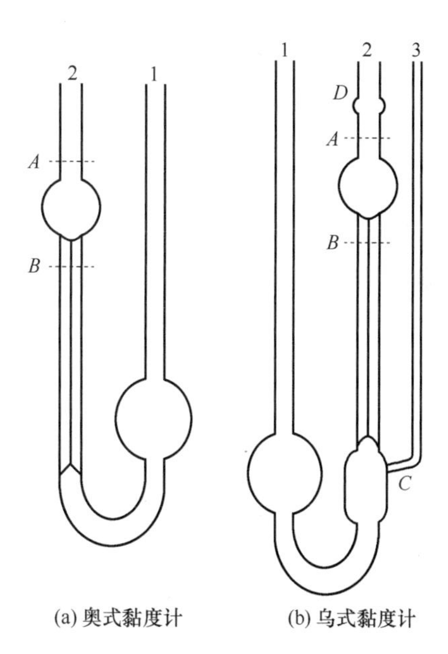

图 1-1-7　毛细管黏度计

测定步骤：将一定体积的被测液体放入管 1 中，在规定温度下恒温一定时间。将乳胶管套在管 2 顶端，把液体吸入管 2 中至标线 A 以上停止。去掉吸力，液体即自由流回。当液面流经标线 A，启动秒表，液面流经标线 B 停住秒表。如此重复测定 3 次，取平均值。

黏度（η）与毛细管黏度计的参数之间有如下关系：

$$\eta=\frac{\pi p R^4 t}{8ql} \tag{1-1-6}$$

式中　η——被测液体的黏度，Pa·s；

p——毛细管两端压力差，Pa；

R——毛细管半径，cm；

t——被测液体自标线 A 流至标线 B 的时间，s；

q——在 t 秒内自毛细管流出液体体积的总量，mL；

l——毛细管长度，cm。

一般情况下测定的是液体的相对黏度，即测定某一液体的黏度 η 与一已知液体的黏度 η_0 之比。

$$\frac{\eta}{\eta_0}=\frac{\rho t}{\rho_0 t_0} \tag{1-1-7}$$

式中 ρ、ρ_0——被测液体和已知液体的密度，kg/m^3；

t、t_0——被测和已知黏度液体流过毛细管的时间，s。

需要注意的是：奥氏黏度计的简单构造导致其测定过程容易受待测液体体积大小的影响。因此，使用奥氏黏度计时，各待测液体和已知液体的加入体积必须保持一致。

乌氏黏度计由奥氏黏度计改进而来，比奥氏黏度计多设计了一根管 3，连接在管 2 上，并在管 2 和管 3 的连接处增设了一个球形泡 C，这样就使乌氏黏度计在黏度测定过程中，使经过毛细管后的液体形成一个气承悬液柱，以免引入误差。测定方法与奥氏黏度计相同。测定时，先将黏度计的管 2 和管 3 接上乳胶管，再将 10mL 待测液加到管 1 中。恒温 10min 后，紧闭管 3 上的乳胶管，从管 2 上的乳胶管将溶液吸入管 2 至达到 D 泡的 1/2 为止。放开乳胶管 3，让液体自由流下，记录液面自 A 刻度下降到 B 刻度的时间。重复测定 3 次，取平均值。

2. 旋转式黏度计法

旋转式黏度计主要适用于非牛顿流体的黏度测定。旋转式黏度计在黏性液体中施加一个具有一定角速度旋转的转子，在转动时，转子对流体的黏性产生抵抗扭矩，由弹簧检出，最后换算成黏度。

表 1-1-4　换算常数表

转子种类	旋转数/(r/min)			
	60	30	12	6
接头	0.1	0.2	0.5	1.0
1 号	1	2	5	10
2 号	5	10	25	50
3 号	20	40	100	200
4 号	100	200	500	1000

转子的种类和转速可以改变，根据黏度范围，选用合适的转子和转速。

测定步骤：

① 装好转子和保护罩，设定好旋转速度；

② 将转子放入装有试样的容器中，使试样的液面与液体浸入的标记相一致；

③ 打开开关，转子开始转动，仪器显示数值，待数值稳定并位于适当的置信区间时，记录数值；

④ 根据使用转子的种类和旋转数的不同，用所测数值乘以表 1-1-4 中的换算常数，可以算出试样的绝对黏度。

七、旋光度测定

旋光度为光学活性物质或其溶液的偏振面旋转角度，与溶液浓度和厚度成比例，与温度和光的波长也具有一定关系。对于偏振光的进行方向，使偏振面向右旋转（顺时针）的物质称为右旋性物质，用＋或 R 表示，使偏振面向左旋转（逆时针）的物质称为左旋性物质，用－或 L 表示。

在一定温度 t（20℃或 25℃）下，采用一束黄色钠光 D（波长为 589.3nm）透过一定浓度（1g/mL）的厚度为 10cm 的旋光物质，测得的旋光度称为比旋光度或旋光率。可按下式计算：

$$[\alpha]_D^t=\frac{100a}{l\cdot c} \tag{1-1-8}$$

式中　$[\alpha]_D^t$——所测物质的比旋光度或旋光率；

t——测定温度，℃；

a——偏振面旋转角度，°；

l——试样厚度，即测试管长度，mm；

c——试样溶液中每毫升含试样克数（g/mL），试样为液体时可采用其相对密度。

测试方法：

① 10%（质量分数，后同）氨水溶液的配制：400mL 浓氨水加蒸馏水混匀，定容至 1L；

② 称取干燥试样 10g（精确至 0.0001g），加 10%氨水溶液 0.2mL，用水定容至 100mL；

③ 开启旋光仪，按仪器说明等待光源稳定时间，将测试管充满溶剂后装入旋光仪中，调节检偏器直至视场左、中、右三部分明暗程度相同，记录读数；

④ 将试样溶液充满测试管并装入旋光仪中，此时视场左、中、右区亮度出现差异，调节检偏器使其明暗程度相同，记录读数；

⑤ 前后两次读数差即为被测样品的旋光度，重复测定 3 次，取平均值。

第三节　有机官能团定量分析

大多数油性原料（如脂肪酸、油脂、高级脂肪醇）都是具有特定官能团的有机化合物。利用官能团的特征化学反应，可以建立分析这些原料的方法。因为化学分析法无需特殊设备，便于推广，因此，有机官能团的化学分析在日用产品原料监测中占有重要地位。

用于化学分析的官能团反应必须满足两个基本条件：①反应物必须定量地转化为产物，无副反应；②反应必须在较短时间内完成。对于具体的分析对象，应注意反应条件，如温度、溶剂、试剂浓度、反应时间和催化剂等，以便使化学反应定量迅速进行。

一、酸值测定

酸值定义：中和 1g 硬脂酸试样所消耗的氢氧化钾毫克数。测定方法可综合参照 GB/T 9104—2008《工业硬脂酸试验方法》和 GB 5009.229—2016《食品安全国家标准　食品中酸价的测定》。

1. 氢氧化钾水溶液法

本法适用于油脂、蜡类、羊毛脂、辛基十二醇、脂肪醇、羊毛脂肪醇、香料。

油脂会因储存时间过久或开封后与空气接触而逐渐水解，生成游离脂肪酸与甘油。新鲜的油脂含极低浓度的游离脂肪酸，酸值低，而当油脂的酸值增加，即表示油脂有变质的现象。所以通过测试酸值可知油脂的新鲜度。

分析方法：称取适量样品（精确至 0.0001g），置于 250mL 锥形瓶中，加入 95%（体积分数）乙醇（以酚酞为指示剂，用氢氧化钾溶液中和至微红色）约 70mL，加热使样品溶解。加入 1.0g/L 酚酞指示剂 6～8 滴，立即用 0.2mol/L 氢氧化钾标准溶液中和至微红色，并维持 30s 不褪色为终点。按下式进行计算：

$$AV=\frac{V\times c\times 56.11}{m} \tag{1-1-9}$$

式中　AV——酸值，mg KOH/g 样品；

V——滴定消耗氢氧化钾标准溶液的体积，mL；

c——氢氧化钾标准溶液的浓度，mol/L；

m——称取样品质量，g；

56.11——氢氧化钾的摩尔质量，g/mol。

注意点：

① 样品的称取量取决于样品中的脂肪酸量，一般油脂 3～5g，椰子油 15g，蜡类 1～3g，羊毛脂、辛基十二醇 1～3g，脂肪醇 5～6g，羊毛脂肪醇 5～6g；

② 对于香料，一般称取 2～5g，加酚酞指示剂 3 滴，所用氢氧化钾标准溶液的浓度为 0.1mol/L；

③ 测定醛类产品时，粉红色出现时即为终点，因为活泼的醛类在滴定时极易氧化成酸；

④ 测定冬青油和甜樟树油（含有大量的水杨酸甲酯）时，用水代替体积分数 95%乙醇，并用酚红作指示剂；

⑤ 测定甲酸酯类（如甲酸香叶酯、甲酸苄酯）时，由于此类化合物遇碱极易水解，使酸值偏高，测定时溶液温度应保持在 0℃左右；

⑥ 试样颜色较深时，可用中性乙醇稀释，或用 pH 计指示终点。

2. 氢氧化钾乙醇溶液法

本法适用于脂肪酸和山嵛醇的酸值的测定。

分析方法：称取 0.5g 样品（精确至 0.0001g），置于 250mL 锥形瓶中，加入 95%（体积分数）乙醇（以酚酞为指示剂，用氢氧化钾乙醇溶液中和至微红色）50mL，加热使样品溶解。加入 1.0g/L 酚酞指示剂 3 滴，立即用 0.1mol/L 氢氧化钾乙醇标准溶液滴定至微红色，并维持 30s 不褪色为终点。计算方法同上。

二、皂化值测定

皂化值定义：在规定条件下皂化 1g 油脂所需的氢氧化钾毫克数。测定方法可参照 GB/T 9104—2008《工业硬脂酸试验方法》和 GB/T 5534—2008《动植物油脂　皂化值的测定》。

油脂皂化值的测定主要用于判断油脂的品质，供制造肥皂时所需碱量的计算。

分析方法：称取 2g 样品（精确至 0.0001g），置于 250mL 锥形瓶中，用移液管加入 0.5mol/L 的氢氧化钾乙醇溶液，装上回流冷凝管，置于水浴上维持微沸状态 1h，勿使蒸气逸出冷凝管。取下冷凝管，加入 10g/L 酚酞指示剂 6～10 滴，趁热用 0.5mol/L 的盐酸标准溶液滴定至红色刚好消失为止。同时在相同条件下做空白试验，并按下式计算：

$$SV=\frac{(V_0-V_1)\times c\times 56.11}{m} \tag{1-1-10}$$

式中　SV——皂化值，mg KOH/g 样品；

V_0——空白试验消耗盐酸标准溶液的体积，mL；

V_1——试样试验消耗盐酸标准溶液的体积，mL；

c——盐酸标准溶液的浓度，mol/L；

m——称取样品质量，g；

56.11——氢氧化钾的摩尔质量，g/mol。

注意点：皂化反应在无水乙醇中进行，乙醇需要精制。

精制方法：称取硝酸银 1.5～2.0g，溶于 3mL 蒸馏水中，然后倒入 1000mL 乙醇中摇匀。另取氢氧化钾 3g，溶于 15mL 热乙醇中，冷却后，再注入上述硝酸银乙醇混合溶液中，摇匀，静置澄清后，移出澄清液进行蒸馏。

另外，皂化值测定方法也可作为油脂平均相对分子质量的参考，还可以推算甘油三酯中脂肪酸的平均相对分子质量。如下式：

$$M_O=\frac{3\times 56.11\times 1000}{SV} \tag{1-1-11}$$

$$M_A=\frac{M_O-38.01}{3} \tag{1-1-12}$$

式中　M_O——油脂平均摩尔质量，g/mol；

M_A——脂肪酸平均摩尔质量，g/mol；

SV——皂化值，mg KOH/g 样品；

56.11——氢氧化钾的摩尔质量，g/mol；

38.01——1mol 油脂除去 3 个脂肪酸后，剩余的 C_3H_2 部分的摩尔质量，g/mol。

三、酯 值 测 定

酯值定义：中和 1g 香料中所含的酯在水解后释放出的酸所需氢氧化钾的毫克数。测定方法可参照 GB/T 14455.6—2008《香料　酯值或含酯量的测定》。

方法一：酯值＝皂化值－酸值。

方法二：直接皂化法。

分析方法：称取 2g 样品（精确至 0.0001g），置于 250mL 锥形瓶中。加入 10mL 95%（体积分数）乙醇和 3 滴酚酞指示剂，用 0.1mol/L 氢氧化钾溶液中和，然后用移液管加入 0.5mol/L 的氢氧化钾乙醇溶液，装上回流冷凝管置于水浴上，维持微沸状态 1h，勿使蒸气逸出冷凝管。取下冷凝管，加入 10g/L 酚酞指示剂 6～10 滴，趁热用 0.5mol/L 的盐酸标准溶液滴定至红色刚好消失为止。同时在相同条件下做空白试验，按下式计算：

$$EV=\frac{(V_0-V_1)\times c\times 56.11}{m} \tag{1-1-13}$$

式中　EV——酯值，mg KOH/g 样品；

V_0——空白试验消耗盐酸标准溶液的体积，mL；

V_1——试样试验消耗盐酸标准溶液的体积，mL；

c——盐酸标准溶液的浓度，mol/L；

m——称取样品质量，g；

56.11——氢氧化钾的摩尔质量，g/mol。

四、羟值测定

羟值定义：中和1g样品乙酰化的醋酸所消耗的氢氧化钾的毫克数。

脂肪醇通过酰化试剂乙酰化后，剩余的酰化试剂经水解成醋酸，用标准碱滴定醋酸，可以计算出羟值。羟值大小可以表示一分子油脂中所含羟基的多少。

1. 高氯酸乙酰化法

分析方法：称取无水样品0.5～0.8g（精确至0.0002g），置于125mL碘量瓶中，用移液管加入5mL醋酸酐-乙酸乙酯酰化试剂，振摇之，直至样品溶解。在室温下反应10～15min后，加入10mL水，在室温下水解5min后，加入酚酞指示剂3滴，用0.5mol/L氢氧化钾乙醇标准溶液滴定至微红色，并维持30s不褪色为终点。同时在相同条件下做空白试验，并按下式计算：

$$HV=\frac{(V_0-V_1)\times c\times 56.11}{m} \tag{1-1-14}$$

式中　HV——羟值，mg KOH/g 样品；

V_0——空白试验消耗氢氧化钾乙醇标准溶液的体积，mL；

V_1——试样试验消耗氢氧化钾乙醇标准溶液的体积，mL；

c——氢氧化钾乙醇标准溶液的浓度，mol/L；

m——称取样品质量，g；

56.11——氢氧化钾的摩尔质量，g/mol。

醋酸酐-乙酸乙酯酰化试剂配制方法：将150mL乙酸乙酯置于250mL碘量瓶中，慢慢加入4g（2.35mL）71%（质量分数）高氯酸，再慢慢加入8mL醋酸酐，于室温静置10min，用冰水冷却至5℃，再加入42mL冷的醋酸酐，在5℃下继续冷却1h，此时溶液呈黄色。此试剂可保存两星期。

2. 对甲苯磺酸乙酰化法

本法可快速而安全地测定乙氧基化物的羟值，控制乙氧基化反应，特别适用于低加聚度的乙氧基化物的测定。但受到游离聚乙二醇等物质的干扰，应对酸度进行校正。

分析方法：称取5～6mmol羟基的样品（精确至0.0001g）于125mL碘价瓶中，用移液管加5mL醋酸酐-乙酸乙酯酰化试剂，加塞后置于（50±1）℃水浴中，烧瓶内容物完全浸在水面以下，5min后将烧瓶取出，轻轻摇动，然后在水浴中反应10min。取出烧瓶，加10mL水，加入时冲洗瓶壁。将烧瓶在室温下静置5min使过量的醋酐水解。加2～3滴混合指示剂，用0.5mol/L氢氧化钾乙醇标准溶液滴定至终点（由黄色变为蓝色）。同时在相同条件下做空白试验。重新称样，测定样品的酸度。

$$HV=\frac{(V_1+V_0-V_2)\times c\times 56.11}{m} \tag{1-1-15}$$

式中　HV——羟值，mg KOH/g 样品；

V_0——空白试验消耗氢氧化钾乙醇标准溶液的体积，mL；

V_1——测定样品酸度消耗氢氧化钾乙醇标准溶液的体积，mL；

V_2——试样试验消耗氢氧化钾乙醇标准溶液的体积，mL；

c——氢氧化钾乙醇标准溶液的浓度，mol/L；

m——称取样品质量，g；

56.11——氢氧化钾的摩尔质量，g/mol。

醋酸酐-乙酸乙酯酰化试剂的配制方法：在清洁干燥的 500mL 棕色瓶中，加入 300mL 乙酸乙酯，再加入对甲苯磺酸 14.4g，用电磁搅拌器搅拌溶液至完全溶解，然后慢慢加入 120mL 醋酸酐并同时搅拌，溶液呈淡黄色。此试剂只能保存一星期。

混合指示剂：1 份 1.0g/L 中性甲酚红和 3 份 1.0g/L 中性百里酚蓝混合液。

五、碘 值 测 定

碘值定义：100g 样品结合卤素（氯化碘，ICl）量，并以碘的克数表示。

油脂中的脂肪酸碳链若具有不饱和双键，则会与加入的卤素发生加成反应。含有越多的不饱和脂肪酸酯的油脂碘值越大。所以从碘值的大小可知油脂不饱和程度，并决定其属于干性或不干性油。若要降低原料油的碘值，可对油脂进行氢化。

测定碘值的方法是基于不饱和化合物容易被卤素加成的特性。卤素的加成反应以氯最为强烈，但是它也可以取代饱和烃链上的氢；溴的加成速度也很快，但也会发生部分取代反应；碘的加成反应很慢，并且也非定量。所以碘值测定中的加成试剂不能用游离的卤素，而是采用氯化碘等卤素化合物。氯化碘不仅能与不饱和化合物的双键迅速完成加成反应，而且不会发生取代反应。由于卤素化合物有多种，同时与多种溶剂配合，就会出现很多种碘值测定法。下面介绍最常用的韦氏法。

韦氏法：参照 GB/T 9104—2008《工业硬脂酸试验方法》。

用氯化碘与油脂中的不饱和双键发生加成反应，然后用硫代硫酸钠滴定过量的氯化碘，可以计算出油脂的碘值。其反应方程式如下：

$$I_2+Cl_2 \longrightarrow 2ICl \tag{1-1-16}$$

$$RCH{=}CHR'+ICl \longrightarrow \underset{\displaystyle I}{\underset{|}{RCH}}{-}\underset{\displaystyle Cl}{\underset{|}{CHR'}} \tag{1-1-17}$$

$$ICl+KI \longrightarrow KCl+I_2 \tag{1-1-18}$$

$$I_2+2Na_2S_2O_3 \longrightarrow 2NaI+Na_2S_4O_6 \tag{1-1-19}$$

分析方法：称取适量干燥的样品（精确至 0.0001g）于 250mL 碘量瓶中，加入三氯甲烷或四氯化碳 15mL。待样品完全溶解后，用移液管加入氯化碘溶液 25mL，充分摇匀后置于温度约为 25℃的暗处 30min。将碘量瓶取出，加入碘化钾溶液（150g/L）20mL，再加入水 100mL，用 0.1mol/L 的标准硫代硫酸钠滴定，边摇边滴定至溶液呈淡黄色，加入淀粉指示剂 1mL，再继续滴定至溶液蓝色消失。同时在相同条件下做空白试验，按下式计算：

$$IV=\frac{(V_0-V_1)\times c\times 0.1269}{m}\times 100 \tag{1-1-20}$$

式中 IV——碘值，g 碘/100g 样品；

V_0——空白试验消耗硫代硫酸钠标准溶液的体积，mL；

V_1——试样试验消耗硫代硫酸钠标准溶液的体积，mL；

c——硫代硫酸钠标准溶液的浓度，mol/L；

m——称取样品质量，g；

0.1269——碘原子的毫摩尔质量，g/mmol。

注意点：

① 氯化碘溶液的配制：直接溶解 16.24g 氯化碘于 1000mL 冰醋酸中。若无氯化碘，也可按韦氏法配制，即溶解 13g 碘于 1000mL 冰醋酸中，然后置于 1000mL 棕色瓶中。冷却后，倒出 100mL 于另一棕色瓶中，置于暗处供调整之用。通入氯气（99.9%，体积分数）于剩余的 900mL 碘溶液中，使溶液由深色渐渐变淡直至呈橘红色透明为止。氯气通入量按校正方法校正后，再用预留的碘溶液进行调整。

校正方法：分别取碘溶液及新配制韦氏溶液各 25mL，加入 150g/L 的碘化钾溶液各 20mL，再加入水 100mL，用 0.1mol/L 的标准硫代硫酸钠滴定，边摇边滴定至溶液呈淡黄色，加入淀粉指示剂 1mL，再继续滴定至溶液蓝色消失。新配制的韦氏溶液所消耗的硫代硫酸钠标准溶液应接近碘溶液的 2 倍。

② 称取样品的质量取决于样品的不饱和度，样品的质量应以使氯化碘-冰醋酸溶液过量 1 倍以上为宜。

③ 若加入 10mL 25g/L 醋酸汞的醋酸溶液作催化剂，在暗处反应时间可缩短为 5min。

④ 水分会影响氯化碘-冰醋酸溶液的存放时间，所以配制用冰醋酸的纯度要高，氯气要干燥，配制过程和测定操作所用仪器都必须绝对干燥。

⑤ 冰醋酸不得含有还原性物质，使用前按如下方法检验：

方法一：取 2mL 冰醋酸，用 10mL 水稀释，加入 0.1mol/L 高锰酸钾溶液 0.1mL 后，产生的粉红色在 2h 内不得完全消失。

方法二：取 10mL 冰醋酸，用 10mL 水稀释，加 1 滴饱和重铬酸钾硫酸溶液，混匀后溶液不立即产生绿色，即可直接使用。

冰醋酸精制方法：取 800mL 冰醋酸置于 1L 圆底烧瓶中，加入 8～10g 高锰酸钾，安装回流冷凝管并加热回流，使之氧化完全。随后搭建蒸馏装置，蒸馏接取 118～119℃馏分。

第四节　产品油性成分剖析

一、定 性 分 析

日用化学品的油性原料主要由油脂、脂肪酸、高级脂肪醇、烃类、硅油等组成，它们在红外光谱上有着特征吸收。对红外光谱图中峰的位置、峰形、峰的相对高度进行辨认，确定产品的谱峰主要是由哪类原料所做的“贡献”，进而可以确定产品中所含的成分。表 1-1-5 列出了某些原料的红外光谱吸收峰的位置等情况。

表 1-1-5　红外光谱吸收峰的情况

化合物	振动类型	波数范围/cm^{-1}	峰强
烷烃	C—H 伸缩振动	2960～2850	强
	C—H 变形振动	1470～1370	中等
	CH_2 面内摇摆	725	与碳链相关
	C—C 键	1200～1000	弱
脂肪醇	O—H—O 伸缩振动	3300	强
	—OH 变形振动	1420～1250	弱
	C—O 伸缩振动	1170～1000	伯、仲、叔取代相关
脂肪酸	C=O	1725～1695	强
	—OH 伸缩振动	3330	宽
	C—O 伸缩振动	1250	强
	—OH 面外弯曲振动	950～910	宽
有机硅化合物	Si—H 伸缩振动	2130	强
	Si—H 变形振动	950～800	强
	Si—CH_3 对称变形振动	1250	强
	CH_3 面内弯曲振动	860～760	单峰或多峰
	Si—O—Si	1110～1000	强
	Si—O—烷基	1110～1050	一般多重峰

从图 1-1-8 的白油的红外光谱上可以看出，在 2960～2850cm^{-1} 范围内，白油有碳氢键强吸收，结合 1470～1370cm^{-1} 范围的中等吸收峰，可推知白油是含有长碳链的烷烃。

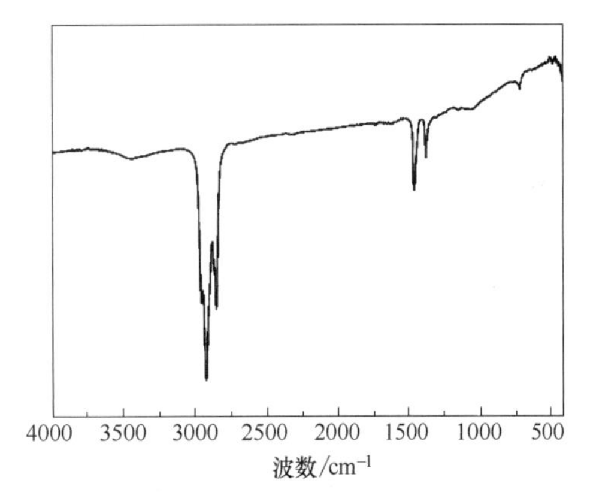

图 1-1-8　白油的红外光谱

从图 1-1-9 可看出，硅油一般在 1250，860～760cm^{-1} 出现强的吸收峰，在 1110～1050cm^{-1} 范围内有 1 峰或 2 峰出现，极具特征性。

从图 1-1-10 的十六醇的红外光谱上可以看出，在 3300cm^{-1} 出现羟基的吸收宽峰，在 1060cm^{-1} 附近的 C-O 伸缩振动，1462cm^{-1} 附近的 C-H 变形振动，以及 720cm^{-1} 附近的直链长烷基的面内摇摆振动，可以展现中长链脂肪醇的红外光谱特点。

二、碳氢类油性物质的定量分析

一般可采用气相色谱对油性原料的组分进行定量分析。由于油性原料中的高级脂肪醇、烃类、硅油可在气相色谱上直接汽化，原则上只要有各组分的标准样品，或已知各组分的校正因子，实现各组分的定量分析不是难事。对于脂肪酸类，由于其极性很强，而且挥发性小、热稳定性差，必须将脂肪酸转化为弱极性的脂肪酸酯类以提高其蒸气压和热稳定性。最常用的方法是转化成脂肪酸甲酯，再进行气相色谱分析。对于油脂，也可以先转化成脂肪酸甲酯，再进行气相色谱分析。

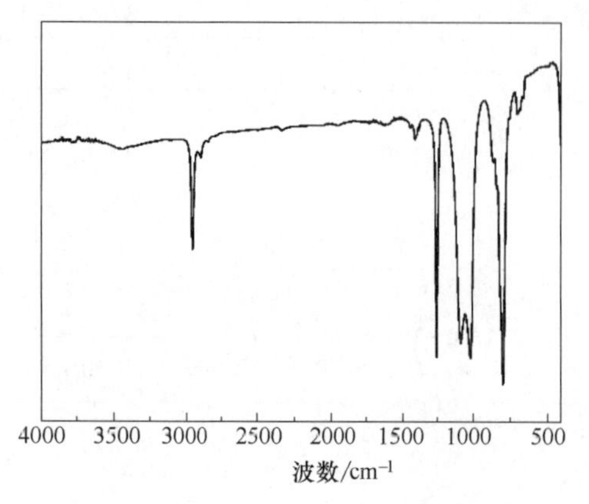

图 1-1-9　聚二甲基硅氧烷的红外光谱

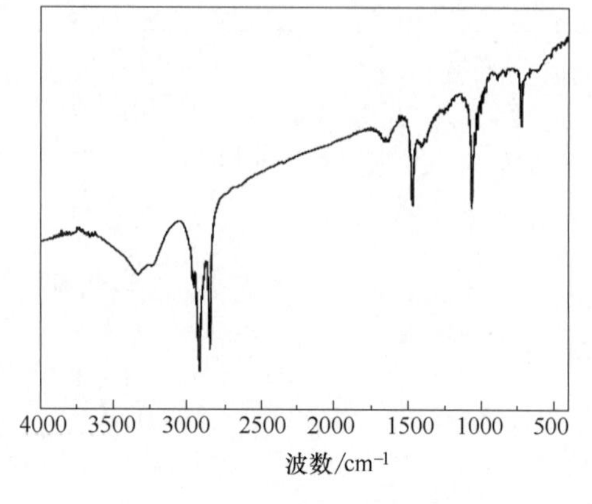

图 1-1-10　十六醇的红外光谱

1. 对于脂肪酸试样，脂肪酸甲酯的制备有以下 4 种方法：

① 甲醇-硫酸法：用浓硫酸作催化剂进行甲酯化。

$$RCOOH+CH_3OH \xrightarrow{H_2SO_4} RCOOCH_3 \quad (1\text{-}1\text{-}21)$$

② 乙酸铜-盐酸-甲醇酯化法：用乙酸铜、盐酸作催化剂进行甲酯化。

③ 季铵盐法：脂肪酸与四甲基氢氧化铵反应生成季铵盐，该季铵盐在高温下分解成脂肪酸甲酯。

$$RCOOH+(CH_3)_4NOH \longrightarrow RCOON(CH_3)_4 \xrightarrow{\triangle} RCOOCH_3+N(CH_3)_3 \quad (1\text{-}1\text{-}22)$$

④ 甲醇-三氟化硼酯化法：以三氟化硼为催化剂的直接酯化法。

$$RCOOH+CH_3OH \xrightarrow{BF_3} RCOOCH_3 \quad (1\text{-}1\text{-}23)$$

2. 对于油脂样品，可采取如下两种方法转化成脂肪酸甲酯：

① 酯交换法：油脂用过量甲醇溶解并酯化，得到脂肪酸甲酯。

$$\begin{array}{l} CH_2OOCR \\ | \\ CHOOCR \\ | \\ CH_2OOCR \end{array} + 3CH_3OH \longrightarrow 3RCOOCH_3 + \begin{array}{l} CH_2OH \\ | \\ CHOH \\ | \\ CH_2OH \end{array} \quad (1\text{-}1\text{-}24)$$

② 油脂皂化得到肥皂，再酯化的方法。

$$\begin{array}{l} CH_2OOCR \\ | \\ CHOOCR \\ | \\ CH_2OOCR \end{array} + KOH \longrightarrow 3RCOOK + \begin{array}{l} CH_2OH \\ | \\ CHOH \\ | \\ CH_2OH \end{array} \quad (1\text{-}1\text{-}25)$$

$$RCOOK+HCl \longrightarrow RCOOH \xrightarrow{CH_3OH} RCOOCH_3 \quad (1\text{-}1\text{-}26)$$

3. 脂肪酸组成分析（归一化法）：部分参照 GB 5009.168—2016《食品安全国家标准　食品中脂肪酸的测定》。

① 甲酯化：取约 0.1g 样品于 15mL 具塞试管中，加入 2～3mL 无水甲醇。在水浴上加热溶解后，滴加浓硫酸 5～8 滴，充分摇匀。放置约 10min 后加入 3～4mL 蒸馏水，0.5～1.0mL 乙醚-石油醚（1∶1，体积比）混合溶剂，剧烈摇动萃取 1min，静置分层后，取上层有机相作色谱分析。标准脂肪酸用同样方法进行甲酯化。

② 色谱分析条件：

色谱柱：聚乙二醇 2-硝基对苯二甲酸改性毛细管柱（FFAP），30m×0.32mm×0.5μm，或其他等效色谱柱。

进样口温度：250℃。

检测器温度：250℃。

升温程序：初始柱温为 150℃，以 5℃/min 升温至 220℃，保持 10min。

柱前压：100kPa。

载气：氮气（体积分数≥99.999%），30mL/min。

分流比：50∶1。

燃烧气：氢气，45mL/min。

助燃气：空气，30mL/min。

典型的脂肪酸甲酯的气相色谱如图 1-1-11 所示。

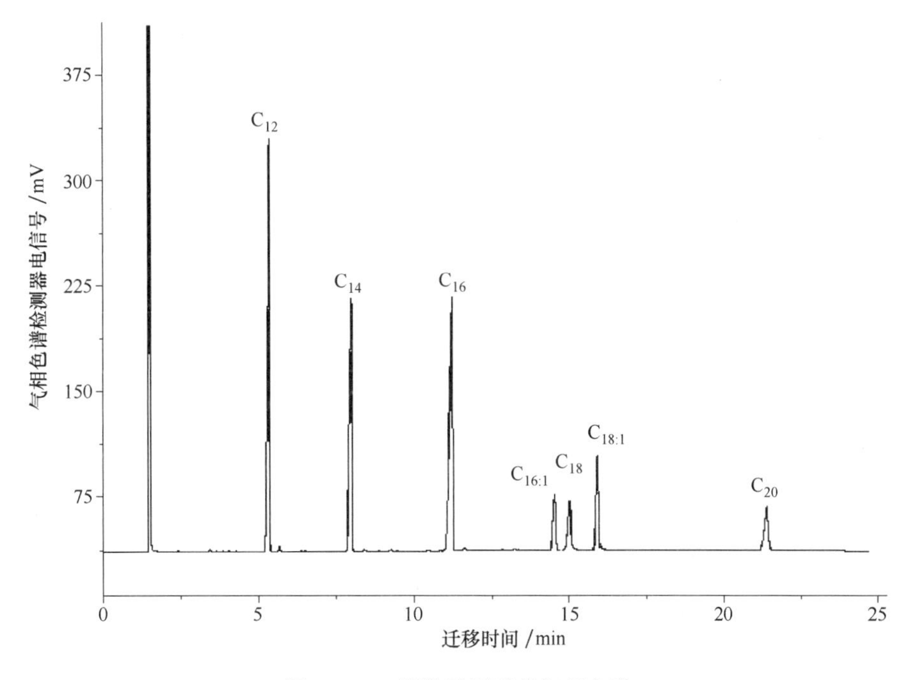

图 1-1-11　脂肪酸甲酯的气相色谱

③ 结果计算：用校正面积归一化法定量，样品中 i 碳链脂肪酸的质量分数 w（C_i）按下列公式计算：

$$w(C_i)=\frac{A_i f_i}{\sum_{i=1}^{\infty}A_i f}\times 100\% \tag{1-1-27}$$

式中　$w(C_i)$——i 碳链脂肪酸的质量分数，%；

A_i——i 碳链脂肪酸峰面积；

f_i——i 碳链脂肪酸的校正因子。

校正因子可用脂肪酸标准样品测定或使用表 1-1-6 给出的值。

表 1-1-6　　各单一碳链脂肪酸的校正因子

脂肪酸碳数	校正因子	脂肪酸碳数	校正因子	脂肪酸碳数	校正因子	脂肪酸碳数	校正因子
C_4	1.70	C_{10}	1.00	C_{16}	0.89	C_{21}	0.88
C_5	1.55	C_{11}	0.95	C_{17}	0.89	C_{22}	0.88
C_6	1.40	C_{12}	0.92	C_{18}	0.89	C_{23}	0.88
C_7	1.27	C_{13}	0.90	C_{19}	0.89	C_{24}	0.88
C_8	1.16	C_{14}	0.89	C_{20}	0.89		
C_9	1.07	C_{15}	0.89				

三、二甲基硅油的定量分析

目前硅油的定量测定是日用化学品成分分析的难点。二甲基硅油的适宜溶剂较少，分子量越大越难溶于甲醇、乙醇等常规有机溶剂，且不具备紫外吸收能力，难以通过常规方法进行检测。低分子量硅油挥发度高，一般可采用气-质联用方法直接检测。高分子量硅油检测的常规方法是经典的提取称重法，但需要除去共存的其他物质，需要较多的溶剂萃取和蒸发步骤。此外，尚有红外分光光度法、核磁共振、原子吸收光谱法等仪器方法，但是对于成分复杂的化妆品而言，定量检测受到的干扰较大。在此，主要针对洗护发用品中的聚二甲基硅氧烷类原料，提供提取称重法和红外光谱法两种定量检测方法。

1. 提取称重法

提取称重法通过有机试剂萃取实现。首先采用毒性较低的乙醇溶液除去试样中的干扰性物质，如表面活性剂和油脂类物质等。随后对萃余物采用二甲基硅油的良溶剂（如正己烷等）再次进行萃取，并将萃取液蒸发后称重即可。具体方法如下：

准确称取 10g 样品（称准至 0.01g）并置于 250mL 烧杯中，在 105℃的条件下鼓风干燥 2h，除去水分和挥发性物质。

烘干物中加入 100mL 95%（体积分数）乙醇溶液，搅拌均匀，加热至微沸并维持 5min，静置冷却至室温，随后过滤，保留沉淀物，重复两次。

沉淀物中加入 30mL 正己烷，搅拌均匀，静置 15min，待滤渣沉淀后过滤，取滤液，重复两次。

蒸发滤液中的正己烷，称重即得试样中硅油的质量。

2. 红外光谱法

二甲基硅油在波数 $1260cm^{-1}$ 附近具有较强的红外吸收，可作为硅油的红外特征波长。可以以硅油的浓度和特征吸收峰峰高建立线性关系，用于二甲基硅油的定量检测。由于在特征波长处，大部分表面活性剂和有机物均无特征吸收或者无强吸收，所以样品预处理残留的少量杂质不影响聚二甲基硅氧烷的红外光谱法定量分析，从而保证了定量的准确性。具体方法如下：

① 标准溶液的配制。准确称取 5g（精确到 0.001g）运动黏度已知的硅油标准样品，标样的运动黏度应为 10^{-5}～$0.55m^2/s$（即 10～550000cs），置于 100mL 容量瓶中，用正己烷溶解并定容，制成质量浓度为 50mg/mL 的标准储备液，备用。用正己烷对标准储备液进行稀释，获得质量浓度分别为 0.1，0.5，1，5，10mg/mL 的一系列标准溶液，用于标准曲线绘制。

② 标准曲线的绘制。组装液体样品池，设定液体池厚度为 0.5mm，每次测定前用正己烷清洗样品池并用空注射器吹干。向样品池中注入正己烷作为空白样品，进行背景采集。再向样品池中注入样品溶液进行光谱采集。红外光谱采集参数设置如下：波数范围为 4000～400cm^{-1}，采集时间为 16s，聚二甲基硅氧烷特征波数为 1261cm^{-1}。样品吸收峰高必须扣除正己烷背景峰高，获得校正高度。以标准样品的校正高度和质量浓度绘制标准曲线。

③ 样品预处理。称取 10g 样品（精确到 0.001g），在 105℃的条件下烘干 2h，除去水分和挥发性物质。将烘干物在搅拌条件下用正己烷萃取 3 次，每次 30mL，过滤，滤液用正己烷定容至 100mL，用于红外光谱分析。

④ 计算。将样品的校正高度代入标准曲线方程，即可计算样品溶液中二甲基硅油的质量浓度，进而推算样品中硅油的质量分数。

第二章 表面活性剂

溶液中的溶质在气体-液体、液体-液体、液体-固体的界面（表面）上吸附，并将这些界面（表面）的性质显著改变的性质称为界面（表面）活性。科学上，“表面”这一术语特指气液界面，其余形式均用“界面”进行表述。表面活性剂通常指有显著界面活性的物质，具有乳化、增溶、润湿、分散和洗涤的能力，还具有保湿、杀菌、润滑、抗静电、柔软和消泡等性质。表面活性剂的种类繁多，但基本分子结构相似，即分子内同时存在亲油基团和亲水基团。亲油基团和亲水基团的不同种类和组合可以显著改变表面活性剂的各项性能。一般根据亲水基团离子解离的特点将表面活性剂分为阴离子型、阳离子型、两性离子型和非离子型。

表面活性剂的应用极为广泛，根据中国洗涤用品工业协会表面活性剂专业委员会2018年规模以上原料及产品生产企业数据统计，当年全国表面活性剂产品合计产出350.20万t，销量合计347.68万t（含出口量）。其中阴离子型表面活性剂产销量分别为120.31万t和120.71万t，非离子型表面活性剂产销量分别为210.23万t和207.67万t，阳离子型表面活性剂产销量分别为7.91万t和7.98万t，包括甜菜碱、氧化胺等在内的其他及两性离子型表面活性剂产销量分别为11.73万t和11.32万t。

第一节 表面活性剂简介

一、阴离子表面活性剂

阴离子表面活性剂在水中溶解时亲水基团将解离出阴离子，根据阴离子种类的不同，又可以分为羧酸型、硫酸型、磺酸型和磷酸型。阴离子表面活性剂亲水基团的对离子一般为钠、钾、三乙醇胺等可溶性盐，亲油基团则以直链烷基、支链烷基等为主，也有在构造上再加上酰胺键、酯键、醚键等的阴离子表面活性剂。常用的阴离子表面活性剂有：

（1）高级脂肪酸皂

基本分子结构：RCOOM［其中：R——$C_{7\sim21}$；M——Na，K，N（$CH_2CH_2OH)_3$］。

高级脂肪酸皂是由牛脂、椰子油和棕榈油等代表性的动植物油脂与碱水溶液加热皂化的产物。因其优良的起泡力和洗涤力，可应用在肥皂、洗脸制品、剃须膏中。

（2）烷基硫酸盐

基本分子结构：$ROSO_3M$。

脂肪醇经氯磺酸、三氧化硫、发烟硫酸等硫酸化后，再用碱中和可制得烷基硫酸盐。因其优良的起泡力和洗涤力，可在洗发香波和牙膏中使用。

（3）烷基聚氧乙烯醚硫酸盐

基本分子结构：$RO(CH_2CH_2O)_nSO_3M$。

脂肪醇用环氧乙烷加聚后硫酸化，再用碱中和可制得烷基聚氧乙烯醚硫酸盐。因其溶解性好，起泡力和洗涤力也很好，常用于洗发香波中。烷基为C_{12}～C_{14}，环氧乙烷加聚数为2～3时，起泡力和洗涤力最佳。

（4）*N*-烷酰基-*N*-甲基牛磺酸盐

基本分子结构：$RCON(CH_3)CH_2CH_2SO_3M$。

在碱存在的环境下烷基酰氯和甲基牛磺酸盐发生脱盐酸反应，或者脂肪酸和甲基牛磺酸发生脱水反应可制得*N*-烷酰基-*N*-甲基牛磺酸盐。由于安全性高，耐酸，耐硬水，起泡力好，在洗发香波和洗面奶中使用。

（5）烷基聚氧乙烯醚磷酸盐

脂肪醇（或其聚氧乙烯衍生物）经磷酸酯化后，再用碱中和可制得烷基聚氧乙烯醚磷酸盐，含有单酯、双酯和三酯盐。市场出售的是混合物。单酯可溶于水，三酯盐仅微溶于水，可在洗发香波和洗面奶中使用。

（6）*N*-烷酰基氨基酸盐

由于氨基酸分子中含有氨基和羧基，可以引入亲油烷基后成为表面活性剂。其中有代表性的是由脂肪酸反应得到的*N*-烷酰基氨基酸盐。具体的有*N*-烷酰基肌氨酸盐、*N*-烷酰基-*N*-甲基-*β*-丙氨酸盐、*N*-烷酰基谷氨酸盐、*N*-烷酰基甘氨酸盐等。

二、阳离子表面活性剂

阳离子表面活性剂溶解在水中时解离出来的亲水基为阳离子，由于和阴离子表面活性剂的性质相反，也称为逆性肥皂。阳离子表面活性剂具有洗涤、乳化和增溶等一般表面活性效果，同时由于其吸附在头发上有柔软头发和抗静电效果，常在护发素中使用。阳离子表面活性剂可分为季铵盐和胺衍生物。由于胺衍生物很少在化妆品中使用，这里省略。

（1）烷基三甲基氯化铵

基本分子结构：$RN^+(CH_3)_3Cl^-$（其中：R——$C_{16\sim22}$）。

烷基胺和氯化烃以碱为催化剂，在高压下经过中间体烷基二甲基叔胺，得到季铵盐。

（2）二烷基二甲基氯化铵

基本分子结构：$RRN^+(CH_3)_2Cl^-$（其中：R——$C_{16\sim22}$）。

本品对纤维有柔软和抗静电效果，在护发素中使用，杀菌力弱，毒性、皮肤刺激性也弱。

（3）烷基二甲基苄基氯化铵

本品是逆性肥皂，一般作为杀菌剂。在洗发香波、护发剂和整发剂中也作为杀菌剂来使用。

三、两性表面活性剂

两性表面活性剂是指分子内分别含有一个或一个以上阴离子型官能团和阳离子型官能团的表面活性剂。一般情况下，它在碱性条件下解离出阴离子，酸性条件下解离出阳离子。两性表面活性剂可以补充离子型表面活性剂的不足，其特点是皮肤刺激性低，毒性低，同时具有洗涤力、杀菌力、抑菌力、起泡力、柔软等优点。因此，可用于洗发香波、婴儿用制品，也可以用于气溶胶制品中起稳泡和起泡促进作用。

（1）烷基甜菜碱

基本分子结构：$RN^{+}(CH_3)_2CH_2COO^{-}$（其中：R——$C_{12\sim18}$）。

由上式可知，烷基甜菜碱是由季铵盐型阳离子部分和羧酸盐型阴离子部分组成的表面活性剂。在水中溶解性好，在较广 pH 范围内稳定，对头发有柔软、抗静电、润湿等作用，常用于洗发香波和护发素中。

（2）烷基酰胺丙基甜菜碱

本品也同样用于洗发香波中。

（3）2-烷基-1-(羧甲基 β-羟乙基)-2-咪唑啉

该表面活性剂在各种表面活性剂中属于毒性低、皮肤刺激性弱和眼睑刺激性低的一种，有增加头发光泽并使头发柔软的效果，在硬水中也能维持其原有的物理化学性质，主要用于头发用制品中。

四、非离子表面活性剂

非离子表面活性剂分子中一般含有不解离的基团，如羟基（—OH）、醚键（—O—）、酰胺键（—CONH—）、酯基（—COOR）等。根据亲水基团的不同一般分为聚氧乙烯型和多元醇型两大类。在疏水基团相同的情况下，根据聚氧乙烯链长度和羟基数量的不同，可以合成在水中溶解度不同的系列产品。

（1）聚氧乙烯型

① 脂肪醇聚氧乙烯醚，$RO(CH_2CH_2O)_nH$（其中：R——$C_{12\sim24}$）。

② 脂肪酸聚氧乙烯酯，$RCOO(CH_2CH_2O)_nH$（其中：R——$C_{12\sim18}$）。

③ 烷基酚聚氧乙烯醚，$RO_6H_4O(CH_2CH_2O)_nH$（其中：R——$C_{8\sim9}$）。

以上化合物由亲油基团在碱性催化剂作用下，在常温或加压条件下，与环氧乙烷加聚而成。亲油基团有高级脂肪醇、高级脂肪酸、烷基苯酚、烷基酰胺、山梨醇高级脂肪酸酯等。由于是环氧乙烷加聚产物，通常得到的不是单一组分，而是按聚合度分布的混合物。可以用浊点来判断表面活性剂的水溶性，亲油基相同、聚氧乙烯链长时，浊点高，亲水性好。由于此类表面活性剂乳化力强，溶解性好，常作为膏霜和乳液的乳化剂，也作为化妆水中香料、药物的增溶剂。

（2）多元醇酯型

将甘油等各种多元醇的一部分羟基酯化成脂肪酸酯，剩余的羟基作为表面活性剂的亲水基。常用的多元醇有：3 个羟基的甘油和三羟甲基丙烷，4 个羟基的季戊四醇和失水山梨醇，6 个羟基的山梨醇，8 个羟基的蔗糖，以及羟基数更多的多聚甘油和棉子糖等，可以通过合成反应得到具有单酯和多元酯的产品。其中代表性的产品有单脂肪酸甘油酯、二脂肪酸甘油酯、失水山梨醇高级脂肪酸酯和蔗糖高级脂肪酸酯等。

这种类型的非离子表面活性剂在水中仅能达到乳化分散状态，一般是亲油型表面活性剂，常与亲水型表面活性剂组合使用。如将剩余的羟基适当地加聚环氧乙烷，可以得到有各种 HLB 值的非离子表面活性剂。例如失水山梨醇高级脂肪酸酯的剩余羟基适当地加聚环氧乙烷，氢化蓖麻油加聚环氧乙烷，都显示出比原表面活性剂更好的乳化和增溶能力。

（3）环氧乙烷环氧丙烷嵌段共聚物（泊洛沙姆）

$HO(CH_2CH_2O)_m[CH(CH_3)CH_2]_n(CH_2CH_2O)_mH$，$(m+n+m=20\sim80, n=15\sim50)$

亲油基为聚丙二醇，亲水基为聚乙二醇，将上述结构中的 m 和 n 自由改变，可以得到 HLB 值范围广泛的非离子表面活性剂。该类表面活性剂具有分子量大、对皮肤刺激性小的优势。

五、其他表面活性剂

（1）高分子表面活性剂

一般表面活性剂亲油基的碳原子数多为 10～18，相对分子质量在 300 左右。在环氧乙烷环氧丙烷嵌段共聚物中聚氧乙烯的聚合度比较大，相对分子质量可达到 1000～2000，但通常也都控制在 1000 以下。

高分子表面活性剂是在某种程度以上的相对分子质量大并显示出高表面活性的高分子化合物。例如聚乙烯醇可以形成纤维，也可以形成薄膜。就其显出的乳化作用和凝聚作用来看，可以称为高分子表面活性剂。从这样的观点出发，也使用海藻酸钠、淀粉衍生物和黄原胶作为乳化剂、凝聚剂和分散剂。

（2）天然表面活性剂

在自然条件下存在并具有表面活性的物质称为天然表面活性剂，一般有植物、动物和微生物 3 种来源。

卵磷脂是有名的天然表面活性剂，结构中包含磷酸酯阴离子表面活性剂和季铵盐阳离子表面活性剂两种基团。卵磷脂是从大豆和蛋黄等中提取，其主要成分为磷脂酰丝氨酸、磷脂酰乙醇胺、磷脂酰胆碱。配有卵磷脂的膏霜、乳液等化妆品，皮肤呈现滑爽的使用感和柔软效果。其他具有天然表面活性的物质还有羊毛脂、胆固醇、皂角苷、鼠李糖脂等。

第二节　表面活性剂定性分析

表面活性剂种类繁多，对未知表面活性剂的结构鉴定可采用光谱分析和化学分析相结合的方法。定性分析的内容包括表面活性剂类型判断、元素定性分析和官能团检验。

一、表面活性剂类型判断

（1）离子类型判定

离子型表面活性剂在水溶液中电离后，在直流电场下，表面活性剂离子就向相反的电极移动，并在电极表面失去电荷，同时失去亲水性，沉降形成黏性层。因此，可在 50g/L 的试样水溶液中，用铜电极、45V 电压进行电解的方法来判断离子类型。

（2）根据与反电荷表面活性剂作用判断

分别配制阳离子表面活性剂（如十四烷基二甲基苄基氯化铵）和阴离子表面活性剂（如 2-琥珀酸二辛酯磺酸钠）的 1.0g/L 溶液。

量取质量浓度约为 0.1g/L 的试样 1～2mL 于试管中，滴加阳离子表面活性剂溶液，若产生沉淀或混浊，说明试样中存在阴离子表面活性剂。

反之，滴加阴离子表面活性剂溶液，若产生沉淀或混浊，则试样中存在阳离子表面活性剂。

（3）根据表面活性剂-染料络合物判定

酸性染料或碱性染料可与反离子的表面活性剂形成络合物，这是表面活性剂定性分析中最重要的方法之一。

① 亚甲蓝-氯仿法。亚甲蓝是水溶性碱性染料，但阴离子表面活性剂与亚甲蓝可形成油溶性的络合物，利用该性质可定性定量分析阴离子表面活性剂。

将 0.03g 亚甲蓝、12g 浓硫酸和 50mL 无水硫酸钠溶于水中，稀释至 1L 得亚甲蓝溶液。量取 5mL 10g/L 试样水溶液于 25mL 带玻璃塞的试管或具有塞的量筒中，加入 10mL 亚甲蓝溶液和 5mL 氯仿，充分振荡数分钟后静置，观察两相颜色。如氯仿层呈蓝色，表明阴离子表面活性剂存在。

② 百里酚蓝法。量取 5mL 中性 0.01%～0.10%的表面活性剂试样于试管中，加入 5mL 百里酚蓝试剂（向 3 滴 10g/L 百里酚蓝溶液中加入 0.005mol/L 盐酸溶液至 5mL）。若溶液呈红紫色，表明有阴离子表面活性剂存在。

③ 溴化底米鎓-二硫化蓝（VN150 检验）

溶解少量的产品于水中，将它分成两份，一份用浓盐酸调节 pH 至 1.0，另一份用 1mol/L 氢氧化钠溶液调节 pH 至 11.0。每一份加 5mL 溴化底米鎓-二硫化蓝混合指示剂溶液和 10mL 氯仿。充分振荡后静置分层，当有阴离子表面活性剂存在时，氯仿相呈粉红色；当有阳离子表面活性剂存在时，氯仿相呈蓝色。常见表面活性剂的显色反应如表 1-2-1 所示。

表 1-2-1　　表面活性剂的显色反应

表面活性剂	显色反应	
	酸性溶液	碱性溶液
阴离子表面活性剂	粉红	粉红
阳离子季铵盐	蓝色	蓝色
叔胺及其氢卤化物	蓝色	阴性
氧化胺	蓝色	阴性
氧肟酸季铵盐	蓝色	阴性
甲基牛磺酸羟烷基酯	阴性	粉红
非离子表面活性剂	阴性	阴性
烷基季铵盐磺基甜菜碱	阴性	阴性
吡啶磺基甜菜碱	阴性	阴性
烷基季盐类甜菜碱	阴性	蓝色
肌氨酸盐	阴性	粉红
肥皂	阴性	粉红

④ 溴酚蓝法

混合 75mL 0.2mol/L 乙酸钠和 925mL 0.2mol/L 乙酸，再加入 20mL 1g/L 溴酚蓝-乙醇溶液，得到酸性溴酚蓝试剂，pH＝3.6～3.9。调节 10g/L 试样水溶液的 pH 至 7.0，加 2～5 滴试样溶液于 10mL 溴酚蓝试剂中。如呈深蓝色，表示有阳离子表面活性剂存在，两性的长链氨基酸和甜菜碱类则呈现具有紫蓝荧光的亮蓝色。

⑤ 硫氰酸钴盐试验

称取硝酸钴 30g，氯化铵 143g，硫氰酸钾 256g，配成 1L 溶液。用 10mL 水稀释 1mL 硫氰酸钴盐试剂溶液，加入约 10g/L 的表面活性剂溶液，充分混合。当有多于 3 个环氧乙烷（EO）加成链段的化合物存在时，生成蓝色溶液或沉淀。聚氧丙烯化合物也有类似反应。

⑥ 橙-Ⅱ试验

橙-Ⅱ可以分别与两性离子型和阳离子表面活性剂按等摩尔比例生成络合物，在 pH＝1.0～2.0 时，两种络合物都可以被氯仿萃取。当 pH＝3～5 时，只有与阳离子表面活性剂生成络合物才可被氯仿萃取。若在以上两种 pH 条件下得到的氯仿萃取物在 484nm 波长处的吸光度有差异，则表示存在两性离子表面活性剂。

⑦ 亚甲蓝-邻苯二酚磺酞试验

对试样水溶液依次用氯仿、乙醚和石油醚萃取，弃去有机层，用盐酸或氢氧化钠溶液调节 pH＝5.0～6.0。量取 5mL 试验溶液于试管中，加 5 滴指示剂溶液和 5mL 石油醚，激烈振荡后静置分层。

如水层呈绿色，石油醚层无色，两相界面呈绿色或无色，表示试样中无表面活性剂。

如水层呈黄色，石油醚层无色，两相界面呈深蓝色，表示试样中有阴离子表面活性剂。

如水层呈蓝色，石油醚层无色，两相界面呈黄色，表示试样中存在阳离子表面活性剂。

如两层的界面生成很薄的乳化层，则表示试样中存在非离子表面活性剂。

⑧ Dragendorff 试剂试验

溶解 17g 碱性硝酸铋于 20mL 冰醋酸中，用水定容至 100mL；65g 碘化钾溶于 200mL 水中。将这两种溶液混合，加入 200mL 冰醋酸，用水稀释至 1L，得溶液 A。将 290g 氯化钡溶于水中，稀释至 1L，得溶液 B。使用前将 2 份溶液 A 与 1 份溶液 B 混合，得到 Dragendorff 试剂。

溶解少量的待测物的醇萃取物于水中，加入 5mL Dragendorff 试剂，并搅拌混合物。如果生成黄色沉淀，表示存在非离子表面活性剂。

二、元素定性分析

元素定性分析对表面活性剂的结构分析非常重要，将元素定性分析与离子类型鉴定相结合，可得到很有价值的信息。例如：

阴离子表面活性剂：除碳、氢、氧外，往往含有硫、氮、磷 3 种元素中的 1～2 种，极少有 3 种元素同时存在的表面活性剂，一般还含有 Na^{+}、K^{+}、Ca^{2+}、Mg^{2+} 等金属元素。金属离子有可能由无机盐带入，但是，若表面活性剂中确有金属离子时，一般不会是阳离子或非离子表面活性剂。

阳离子表面活性剂：元素定性分析结果多数含氮元素和卤素元素，无金属离子。

两性离子表面活性剂：基本上含有氮元素，或氮、硫共存（如磺化甜菜碱、磺基咪唑啉、磺基氨基酸），或氮、磷共存（如卵磷脂、磷酸化咪唑啉）。

非离子表面活性剂多数不含硫、磷，烷醇酰胺中含有氮元素。

自动元素分析仪可快速测定，得到结果。对于常规实验室而言，化学分析方法更常用，成本更低。

（1）钠熔法

钠熔法是检验氮、硫、磷、卤素的常用方法。把金属钠与样品一起灼烧，将这些元素转化为无机离子后加以分析。

取干燥试管，加入一粒绿豆大、洁净、有光泽的金属钠，用酒精喷灯在管底加热使钠熔化并产生钠蒸气，再加入 3～5mg 试样（玻璃棒挑取），轻轻搅动玻璃棒使样品与钠混匀，继续加热 1min 后离开火源冷却。向内容物中加入 95%（体积分数）乙醇溶液以除去未反应的钠，再加入去离子水进行溶解，搅拌后过滤，滤液供元素分析用。

（2）硫元素的检验——乙酸铅试验

取钠熔法所得试液 1mL，加入 3mol/L 乙酸酸化，再加数滴 100g/L 乙酸铅溶液。有棕色至黑褐色硫化铅沉淀生成，表示有硫存在。

（3）氮元素的检验：普鲁士蓝试验或氯胺 T-双甲酮试验

① 普鲁士蓝试验

取钠熔法所得试液 2mL，加入 2.5mol/L 氢氧化钠数滴，硝酸亚铁饱和溶液 4～5 滴，将溶液煮沸。试样中若含有硫，则会产生黑色沉淀，加入稀硫酸将沉淀溶解后，加入 20g/L 三氯化铁溶液 1 滴，若有普鲁士蓝沉淀析出，表示有氮存在。

② 氯胺 T-双甲酮试验

取钠熔法所得试液 1mL，加入 1mL 10g/L 氯胺 T 溶液，用 1mol/L 盐酸酸化。1min 后溶液变混浊，再加入 3mL 30g/L 双甲酮-吡啶溶液，摇匀。若样品含有氮，则出现紫红色，放置片刻呈蓝紫色。

（4）磷的检验：磷钼黄比色法

在 1mL 脱硫、脱氮的钠熔滤液中，加入 3 滴钼酸铵试剂（90g 钼酸铵溶于 4mL 浓氨水中，加入 5mL 水，24g 硝酸铵，再稀释至 100mL 后获得），加热至 60℃，搅拌并摩擦试管壁，如出现鲜黄色磷钼酸铵沉淀，表明有磷存在。

（5）硅的检验：钼蓝试验

含硅表面活性剂灼烧后生成 SiO_2，溶于氢氧化钠溶液中与钼酸铵反应生成复合物，能把联苯胺氧化为蓝色醌型产物，而本身被还原为钼蓝。化学反应方程如下：

$$SiO_2 + 2NaOH \rightarrow Na_2SiO_3 + H_2O \qquad (1\text{-}2\text{-}1)$$

$$Na_2SiO_3 + 12(NH_4)_2MoO_4 + 26HNO_3 \rightarrow H_8[Si(Mo_2O_7)_6] + 24NH_4NO_3 + 2NaNO_3 + 9H_2O \qquad (1\text{-}2\text{-}2)$$

$$H_8[Si(Mo_2O_7)_6] + (C_6H_5NH_2)_2 + 2NH_4OH \rightarrow \text{联苯胺蓝(醌式产物)} + H_8[Si(Mo_2O_7)_4(Mo_2O_6)_2]\text{(蓝色)} \qquad (1\text{-}2\text{-}3)$$

取数滴试样于铂坩埚内灼烧，用表面皿接触烟雾，将收集到的白色固体溶于 2.5mol/L 氢氧化钠热溶液中。取此溶液 1 滴于试管中，加入 2 滴钼酸铵溶液（6g 钼酸铵溶于 15mL 蒸馏水中，加入 5mL 氨水，24mL 浓硝酸，稀释至 100mL，滤去不溶物），微微加热，冷却后，加入 1 滴联苯胺溶液（0.1g 联苯胺溶于 10mL 冰乙酸中，加水稀释至 100mL，过滤），3～8 滴饱和乙酸钠溶液，如出现蓝色，则表示有硅存在。

（6）卤素检验：硝酸银试验

如钠熔法所得试液检验无硫、氮存在，取试样 1mL，加入 2 滴 50g/L 硝酸银溶液。若有白色沉淀生成，表示有氯存在，若沉淀带有黄色，则表示有溴或碘存在。

若试样中含有硫或氮元素，应加入 2mol/L HNO_3 酸化试样，煮沸 1～2min，除去可能存在的氢氰酸和硫化氢，才可用于卤素的检验。

三、官能团鉴定

根据元素定性分析和离子型鉴别结果，可以将表面活性剂按离子类型及存在的元素进行分类，由此可以判断可能存在的官能团，然后针对这些官能团进行相应试验，进一步确定产品的结构。下面介绍一些常用的官能团试验方法。

（1）盐酸水解试验：用于检验硫酸酯基。

将脱盐后的表面活性剂试样，加稀盐酸及少量稀硝酸煮沸，取水解液水相，加入100g/L的氯化钡溶液，若生成不溶于水的白色沉淀（$BaSO_4$），表明试样中有硫酸酯基。

（2）氢氧化钾水解试验：用氢氧化钾水溶液或甲醇溶液水解，对水解物进一步采用化学或光谱分析，可得到很多有价值的信息。

如碳数在26以下的季铵盐因水解而逸出氨臭；吡啶、喹啉鎓和异喹啉鎓等杂环化合物因水解散发出相应的吡啶、喹啉和异喹啉特有的气味；脂肪酸聚氧乙烯酯水解后产生相应的脂肪酸和乙二醇、聚乙二醇；Span水解后产生脂肪酸、山梨醇、失水山梨醇或山梨醇酐；糖酯水解后产生脂肪酸和糖；Tween水解后产生脂肪酸和山梨醇乙氧基化合物。

（3）磷酸分解试验：可用于检验聚氧乙烯和聚氧丙烯基。

将2g无水样品和1.5mL 85%（体积分数）磷酸加于试管中，振荡，试管口填上脱脂棉，加胶塞，塞上装有弯成60°的玻璃导管，将试管倾斜30°，使导管部分垂直。将试管加热至内容物呈暗褐色。将热分解物导入装有检验液（2滴硝普钠盐溶液、1滴二乙醇胺和1mL水混合均匀的溶液）的另一试管中，继续加热至检验液出现蓝色或橙色。

在此条件下，聚氧乙烯链分解出乙醛，与硝普钠盐作用生成蓝色；聚氧丙烯链分解出丙醛及聚合物，与硝普钠盐作用生成橙色；对聚氧乙烯和聚氧丙烯基兼有的化合物，首先显出橙色，随即变为暗褐色。

（4）Dragendorff试验：用于检验聚氧乙烯衍生物。

将试样点于滤纸上，以Dragendorff试剂向其喷雾，若存在聚氧乙烯衍生物即呈现橙红色斑点。

（5）酯的羟肟酸试验：用于检验酯或含有内酯链的全部化合物。

该方法对噁唑啉、咪唑啉季铵盐、烷醇酰胺及聚氧乙烯脂肪酰胺等均呈阳性。酚对试验有干扰，用氯化铁能够检验出酚的存在。具体方法如下：

将7g盐酸羟胺和0.02g百里酚酞溶解于甲醇中，形成100mL溶液。将在110～115℃下干燥过的无水试样约0.1g加入1mL盐酸羟胺溶液中，加2mol/L氢氧化钾-甲醇溶液至混合物呈蓝色，再加入0.5mL氢氧化钾-甲醇溶液。煮沸30s后，冷却，滴加2mol/L盐酸-甲醇溶液至蓝色消失。再加入2滴100g/L氯化铁溶液，继续加入2mol/L盐酸-甲醇溶液至溶液出现紫色（阳性）或黄色（阴性）。如果紫色立即褪去，加过氧化氢3滴，紫色重新出现，羧酸酯可得到鉴定。

（6）氯化铁试验：用于检验醇类化合物。

醇类化合物与氯化铁作用，可生成蓝、紫、绿、红、黑等有色沉淀。有色沉淀物的颜色，往往因所用溶剂、反应物的浓度、溶液的pH以及反应时间的不同而不同。干扰也比较大，如羟基联苯的磺化物呈蓝紫色，而木质素磺酸盐类呈黑色。

（7）催化酯化反应：用于检验酯的羟肟酸试验中呈阴性的物质，可鉴定羧酸和羧酸盐。

将试样与己二醇在浓硫酸存在的条件下加热，然后对生成物进行酯的羟肟酸试验，羧酸和羧酸盐呈阳性反应。

（8）酚酞反应：用于检验季铵盐类化合物。

取0.1g试样，加入3mL 50g/L氢氧化钠溶液，振荡使成悬浊液，如有必要可加热。冷却后加入2滴酚酞指示剂（1g/L的甲醇溶液）和2mL苯。盖紧，振荡后静置分层，观察苯层颜色。若苯层显桃红色，表明有C_{25}以上的高碳数季铵盐存在。

（9）茚三酮试验：用于氨基酸型两性离子表面活性剂鉴定。

滤纸上滴加1g/L茚三酮溶液2滴，吹干。在1mL 50g/L试样中，加水4mL，将此溶液加于上述滤纸的试剂上。于100～105℃下将滤纸干燥10min，若显出紫色，表明存在氨基酸型两性离子型表面活性剂。而咪唑啉型、甜菜碱型两性表面活性剂则无此显色反应。

四、未知表面活性剂鉴定方法

在进行了离子类型鉴别、元素检测、官能团鉴定后，将表面活性剂的结构进行分类鉴定，加上必要的仪器分析手段，可以系统地鉴定未知表面活性剂。

（1）碳、氢和氧的衍生物（Ⅰ类活性物）

可能含有脂肪酸聚氧乙烯化合物、脂肪酸糖酯、脂肪酸失水山梨醇酯（Span）、聚氧乙烯脂肪酸失水山梨醇酯（Tween）、聚氧乙烯聚氧丙烯型聚醚、脂肪醇聚氧乙烯醚、烷基酚聚氧乙烯醚等。该类化合物的鉴定步骤是令试样经氢氧化钾、盐酸、磷酸水解后，对水解产物进行进一步分析。该类化合物的鉴定方案见图1-2-1。

（2）碳、氢、氧和硫的衍生物（Ⅱ类活性物）

该类化合物可用盐酸水解，通过水解产物来进行鉴定。对水解产生的醇可用红外光谱进行组成分析。

烷基硫酸盐、烷基酚聚氧乙烯醚硫酸盐、脂肪醇聚氧乙烯醚硫酸盐、脂肪酸单甘油酯硫酸盐、脂肪酸羟乙基酯磺酸盐（Igepon A）、硫醇聚氧乙烯醚等类型的表面活性剂可得到相应的产物。其鉴定方案见图1-2-2，其反离子为Na^+、K^+等。

烷基芳基磺酸盐、烷基磺酸盐、磺基羧酸、烯基磺酸盐、烷基甘油醚磺酸盐等磺酸型的表面活性剂在盐酸中不水解，需采用其他方法鉴定，如烷基芳基磺酸盐在220nm和270nm处具有典型的紫外吸收特性。烷基甘油醚磺酸盐与烷基磺酸盐、烯基磺酸盐在红外光谱上能明显区分，因为它有1∶1（摩尔比）的磺酸基和羟基并且存在醚键。烯基磺酸盐含有羟基磺酸盐，并且还存在不饱和键，这些特性有助于区别烯基磺酸盐与烷基磺酸盐。

（3）碳、氢、氧、硫和氮的衍生物（Ⅲ类活性物）

这一类表面活性剂中，若氮来源于反离子中的铵盐、单乙醇胺盐、二乙醇胺盐、三乙醇胺盐等，其鉴定方法类似于Ⅱ类活性物。对可水解的硫酸酯盐型表面活性剂，其水解产物除类似于Ⅱ类活性物外，还有氨、醇胺。乙醇酰胺、牛磺酸型表面活性剂在较长时间或高温高压条件下也可水解，通过水解产物分析可实现结构鉴定。该类化合物的鉴定方案见图1-2-3。

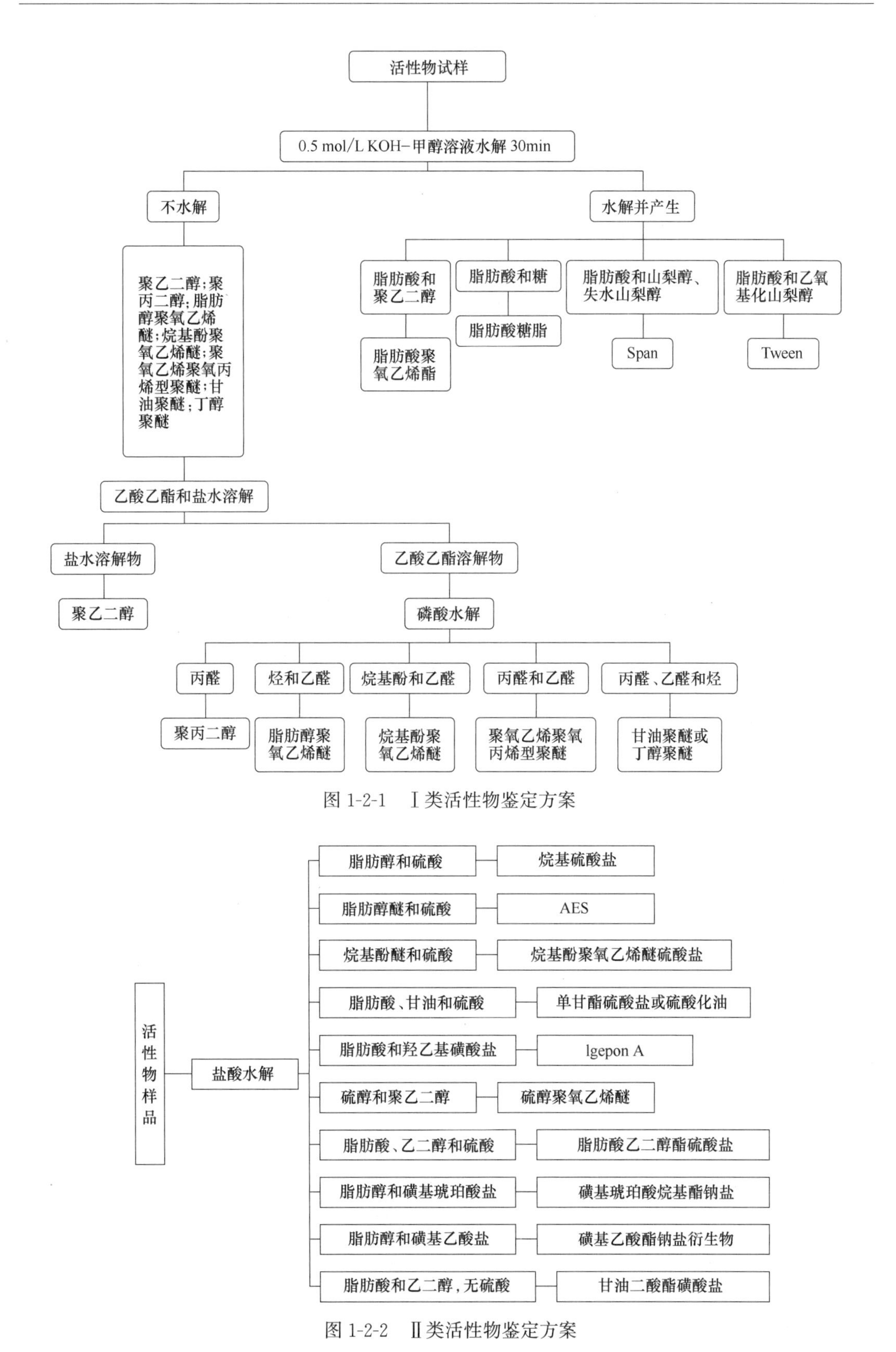

图 1-2-1　Ⅰ类活性物鉴定方案

图 1-2-2　Ⅱ类活性物鉴定方案

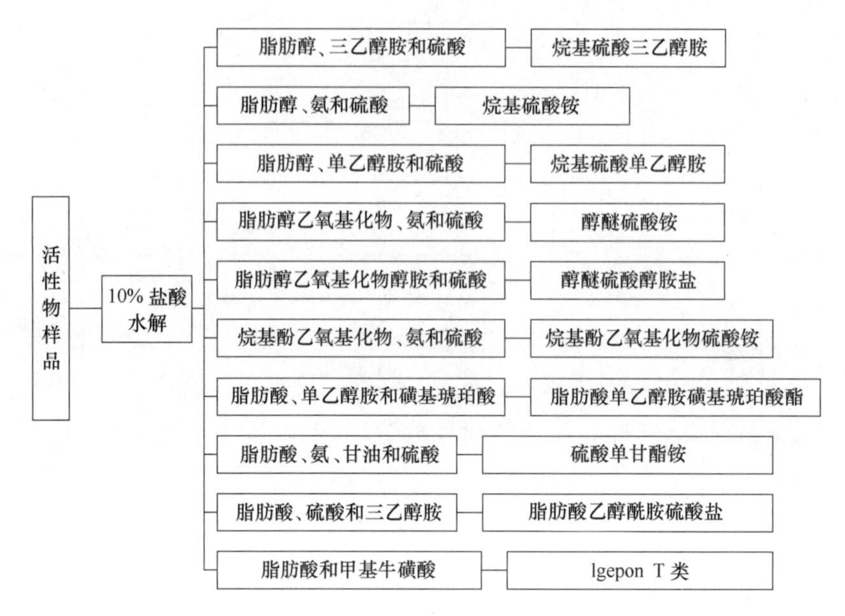

图 1-2-3　Ⅲ类活性物鉴定方案

五、表面活性剂的分离和纯化

表面活性剂商品中一般都含有多种无机盐和多种有机物，而且表面活性剂大多是同系物的混合物。因此，在鉴定分析前往往要进行表面活性剂的分离和纯化。一般采用溶剂萃取的方法将活性物与无机物分离。对于活性物混合物的分离，可采用离子交换树脂法、柱色谱法、薄层色谱法、气相色谱法、高压液相色谱法和凝胶色谱法等。

1. 溶剂萃取法

活性物可通过溶剂萃取法与无机物分离。选用的溶剂要对活性物溶解度高，而对无机盐的溶解能力则越低越好。最常用的是 95%（体积分数）的乙醇，此外还有无水乙醇、80%（体积分数）甲醇、95%（体积分数）异丙醇、丁醇、异戊醇、丙酮、乙酸乙酯、二氧六环等。

无水溶剂中很少溶解或完全不溶解无机盐，对一些盐类表面活性剂的溶解效果也不好。如 95%（体积分数）乙醇萃取离子型表面活性剂的效果往往好于无水乙醇，只是要进行氯化钠的校正。在大多数情况下，重新萃取已蒸发至干的乙醇萃取物，可除去残留的无机盐。用 1∶1（体积比）的丙酮-乙醚混合溶剂萃取，可除去无机盐，肥皂不溶于此混合溶剂，可与表面活性剂分开。

① 95%乙醇萃取法

用热的乙醇反复萃取样品，样品中的活性物可全部被乙醇提出，从而分出乙醇可溶物及乙醇不溶物。对于乙醇可溶物，首先用硝酸银法对其中的氯化钠进行定量分析，扣除氯化钠的含量后，得出样品中总活性物的含量。肥皂和表面活性剂都可以被乙醇提出。提出物经酸化，肥皂转化为脂肪酸，用乙醚萃取除去脂肪酸，使肥皂与表面活性剂分离。活性物中的脂肪物、未磺化油等可用石油醚萃取除去。

② 95%乙醇抽提法

该法使用索氏提取器，用乙醇反复提取样品，可有效地将样品中的活性物提出。称取相当于0.5～1.0g活性物的样品，放在滤纸筒中，在索氏提取器中用乙醇提取12h。在已称重的蒸发皿中蒸发提取液至干，并在105℃烘箱或60℃真空干燥箱中干燥至恒重。

③ 无水乙醇萃取法

本法可用于萃取硫酸化酰胺。准确称取2g试样，于85～90℃下干燥后，用50mL热无水乙醇萃取，残渣用20mL无水乙醇萃取2次，每次加热回流15min，合并萃取液，蒸发出乙醇后称重，得乙醇可溶物含量。

④ 丙酮萃取法

该法是烷基芳基磺酸盐的工业分析方法，萃取物除活性物外，尚含有氯化钠及水分，需用滴定法校正氯化钠，并用共沸蒸馏法或卡尔·费休法进行水分分析。

准确称取0.5～1.0g试样于已称重的250mL烧杯中，加200mL丙酮，加热，用已称重的玻璃棒搅拌，过滤（过滤漏斗先称重），用50mL丙酮分2次洗涤残渣。干燥该烧杯、搅拌棒、漏斗至恒重，称重后计算收集盐的质量。活性物含量为扣除上述3项（水分、丙酮萃取物中氯化钠、丙酮不溶物）后的量。

⑤ 乙酸乙酯萃取法

聚氧乙烯型非离子表面活性剂（脂肪醇聚氧乙烯醚及烷基酚聚氧乙烯醚）可以溶于乙酸乙酯中。采用乙酸乙酯萃取的方法将活性物从样品中提出，而无机盐和聚乙二醇不溶于乙酸乙酯。用氯仿进一步提取乙酸乙酯不溶物，将聚乙二醇从无机物中提取出来进行定量。

该法在国际标准ISO 2268：1972《表面活性剂（非离子）聚乙二醇和非离子活性物（加合物）的测定》及国家标准GB/T 5560—2003《非离子表面活性剂　聚乙二醇含量和非离子活性物（加成物）含量的测定　Weibull法》中用于聚氧乙烯型非离子表面活性剂活性物分析，称为威布尔（Weibull）法。

2. 离子交换树脂法

离子交换树脂法可将非离子型表面活性剂与离子型表面活性剂有效地分离。首先对溶剂萃取出的活性物进行初步定性试验，以确定样品中含有的表面活性剂类型，然后做进一步的分离工作。

① 阴离子-非离子活性物的分离

洗涤剂中非离子表面活性剂含量的测定方法就是离子交换树脂法。图1-2-4是用离子交换树脂分离阴离子-两性离子-非离子表面活性剂的操作流程。

② 阳离子-非离子活性剂的分离

分离这两类表面活性剂最好采取离子交换树脂和离子纤维素并用的方法，因为阳离子活性物在酸性树脂中的吸附极其牢固，很难从树脂上洗脱下来。图1-2-5为用离子交换纤维素进行分离的流程图。

3. 氧化铝柱层析法

氧化铝柱层析法分离一般分两步。首先，将各种非离子活性物与其他活性物进行初步分离，一般采用氯仿对样品中的有机活性物进行萃取处理，上样后用氯仿从柱上洗脱非离子活性物，将其他活性物保留于层析柱中。接着用等体积比的氯仿和乙醇洗脱脂肪酸烷醇

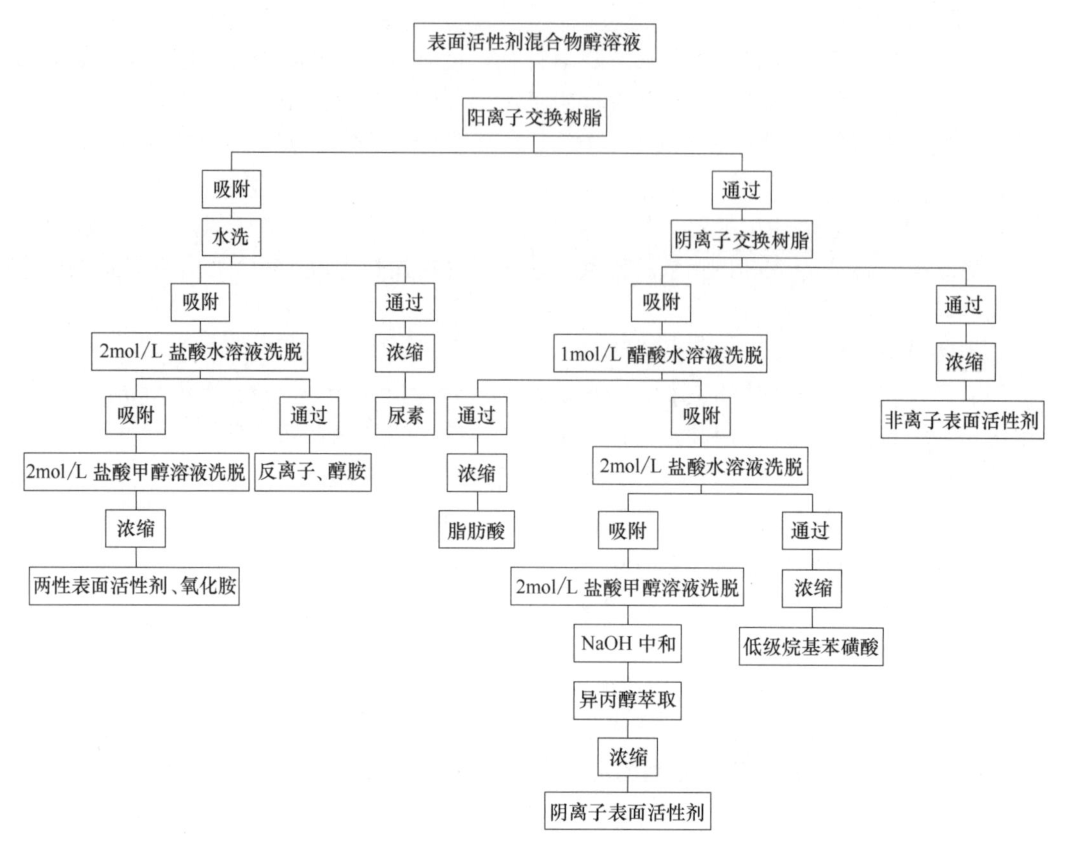

图 1-2-4　阴离子-两性离子-非离子表面活性剂分离流程

酰胺。最后用体积分数 90%～50%的乙醇水溶液洗脱阴离子型表面活性剂。在乙醇水溶液洗脱之前，先用氢氧化钾的无水乙醇溶液（0.5mol/L）冲洗层析柱，可分离出一些杀菌剂，然后用无水乙醇冲洗。

氯仿洗脱的非离子活性物用另一根氧化铝柱进一步分离。用石油醚洗脱烃类，用石油醚-乙醚（体积比为 3∶1）的混合溶剂可洗脱脂肪醇，用乙醚洗脱蜡、甘油单脂肪酸脂和甘油三酯，最后用氯仿洗脱非离子表面活性剂。

叔胺盐、氧化胺、磺基甜菜碱可用无水乙醇洗脱，以酸性基团占优势的两性表面活性剂一般在含水乙醇的洗脱液中。

六、表面活性剂红外光谱分析

红外光谱法分析不需要破坏样品，最多只需要 100mg 样品。由于其操作简便而迅速，相对来讲，能在最短时间内提供大量数据，是定性分析表面活性剂的有力手段。

（一）试样的准备

试样的准备是整个光谱测定中极其重要的一步，因为杂质引起的光谱吸收可以掩盖表面活性剂官能团的光谱吸收，或者导致吸收带的错误分布，所以试样中的无机盐、未转化的碱性物质、非表面活性物质等都应设法除去。溶剂也应尽可能地除去，例如水在波数约为 $3300cm^{-1}$ 和 $1640cm^{-1}$ 处有较强的吸收峰，因此，若试样含水，应在 50℃真空烘箱中

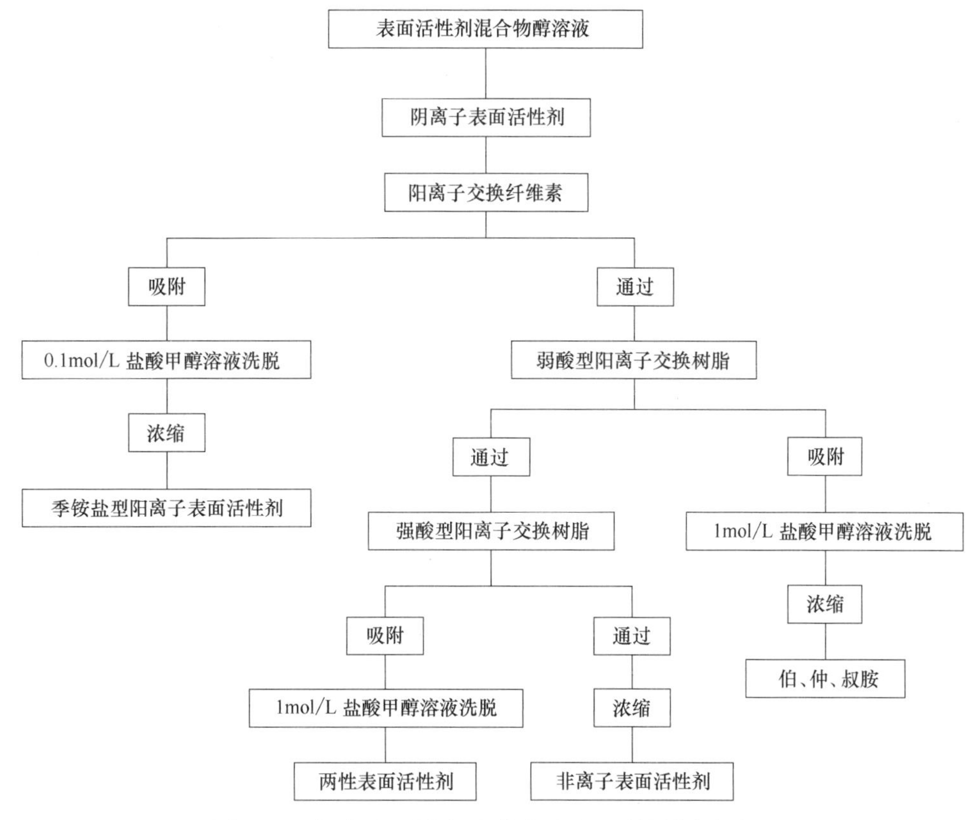

图 1-2-5　阳离子-两性离子-非离子表面活性剂分离流程

除去水分。

如果阴离子和两性表面活性剂中含有金属反离子，阳离子和两性表面活性剂中含有卤素反离子，应该用离子交换树脂处理，以除去可能干扰分析的反离子。在阳离子表面活性剂中，如果存在硫酸二甲酯或硫酸二乙酯这样一些反离子或短链羧酸阴离子，都应尽量除去，否则会大大增加分析工作的复杂性。反离子可以从离子交换树脂柱上洗脱，并进行分析。

混合表面活性剂体系可用离子交换法进行分离，将同类活性物进行进一步的物理化学性质分析以及官能团分析后，再进行红外光谱检测，得到的情报就更确切可靠。

在某些情况下（特别是在分子中可能存在羧酸时），可以分别获得在酸性和碱性 pH 下试样的红外光谱。为此，应该用 NaOH 或 HCl 将表面活性剂水溶液的 pH 调节至适当值，将水分蒸发干，将产物在 50℃真空烘箱中干燥以后再用于分析。

（二）操作步骤

1. KBr 压片法

如果试样不是低熔点固体，最好用 KBr 压片法测定。将 1 份仔细碾碎了的试样与大约 20 份碾碎了的 KBr 混合。在室温下用 2.06×10^{8}Pa（2100kg/cm^{2}）的压强，压成直径为 10mm，厚度为 1～2mm 的圆片。

2. 糊糊法

将 2～3mg 试样用玛瑙研钵充分研细，加 1～2 滴液体石蜡，再研磨 5min，刮至盐片上，压上另一片盐片，放在可拆液体槽架上或专门的糨糊槽架上，即可进行测定。液体石蜡可以引起以下红外吸收：3030～2860，1470，1370cm^{-1}，分析图谱时应加以注意。

3. 薄膜法

如果试样是液体，则制成薄膜，即将 1 滴试样或用易挥发溶剂稀释后的试样涂抹于 KBr 盐片上，放在支架上测定薄膜的光谱。低熔点的固体也可用类似的方法处理：即将试样熔化后或用易挥发溶剂溶解后滴于盐片上，形成薄膜后进行检测。

红外光谱仪的详细操作方法请参考相关仪器的操作说明书。

4. 光谱解析

在红外区（2～15μm）各种吸收带的位置是用波长（μm）或波数（cm^{-1}）和它的相对强度以图形记录来测定的。有代表性的表面活性剂的红外光谱如图 1-2-6～图 1-2-14 所示。

① 肥皂

肥皂在 1568cm^{-1} 呈特征吸收，如图 1-2-6（b）所示。近羧基的碳链上引入吸电子基团，特征吸收移向高波数。由羧酸盐中和为羧酸时，此吸收消失，在 1710cm^{-1} 出现吸收，如图 1-2-6（a）所示。

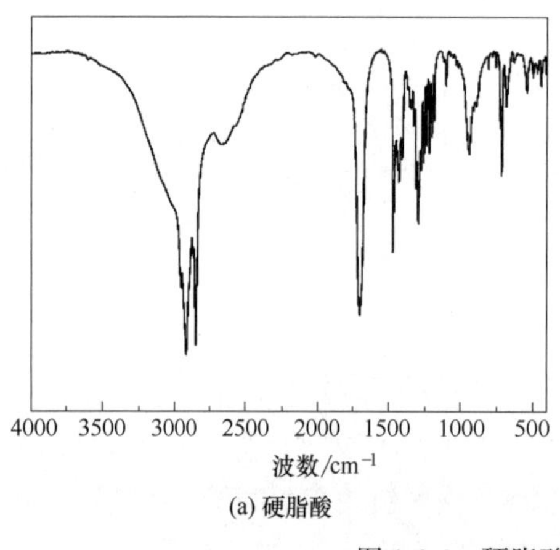

(a) 硬脂酸

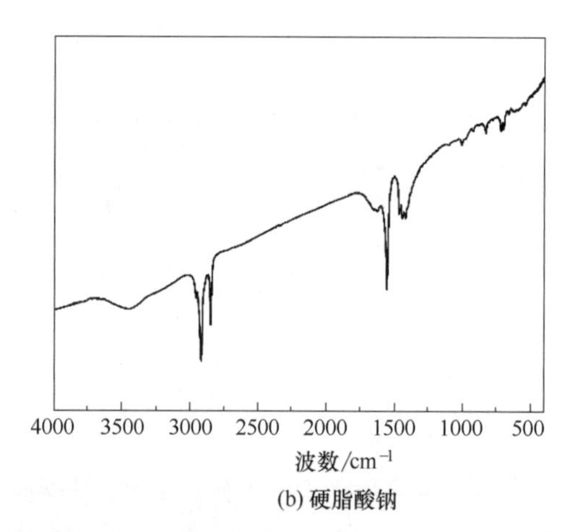

(b) 硬脂酸钠

图 1-2-6 硬脂酸和硬脂酸钠的红外光谱

② 磺酸盐和硫酸（酯）盐

在 1220～1170cm^{-1} 出现宽的强吸收时，则可以推断存在磺酸盐或硫酸（酯）盐。磺酸盐的最大吸收波长的波数低于 1200cm^{-1}，硫酸（酯）盐的最大吸收波长的波数在 1220cm^{-1} 附近。在磺基的第一个碳原子上有吸电子基团时，吸收峰则移向高于 1200cm^{-1} 的波数。

支链和直链烷基苯磺酸钠除 1180cm^{-1} 的强而宽的吸收外，还有 1600，1500，900～700cm^{-1} 的芳香环吸收，1135cm^{-1} 和 1045cm^{-1} 的 υ_{SO_3} 吸收为特征。支链型（ABS）在 1400，1380，1367cm^{-1} 存在特征吸收，直链型（LAS）在 1410，1430cm^{-1} 存在特征吸收。

α-烯基磺酸盐除 1190cm^{-1} 的强吸收和 1070cm^{-1} 的谱带外，在 965cm^{-1} 由于反式双键的 CH 面外变角振动引起的吸收而出现特征吸收带。链烷磺酸盐和烯基磺酸盐类似，有 965cm^{-1} 的吸收，但烯基磺酸盐有 1050cm^{-1} 的吸收，而链烷磺酸盐有 1070cm^{-1} 的吸收。

琥珀酸酯磺酸盐呈现 υ_{CO} 的 1740cm^{-1}，$\upsilon_{asC-O-C}$ 和 υ_{SO_3} 重叠的 1250～1210cm^{-1}，υ_{SO_3} 的 1050cm^{-1} 吸收。

烷基硫酸酯（AS）以 1245，1220cm^{-1} 的强吸收，1085cm^{-1} 和 835cm^{-1} 的吸收为特征。除在 1220cm^{-1} 附近吸收外，在 1120cm^{-1} 附近有宽吸收的话，即表明是 AES，随着环氧乙烷（EO）聚合度增加，1120cm^{-1} 附近吸收带增强。

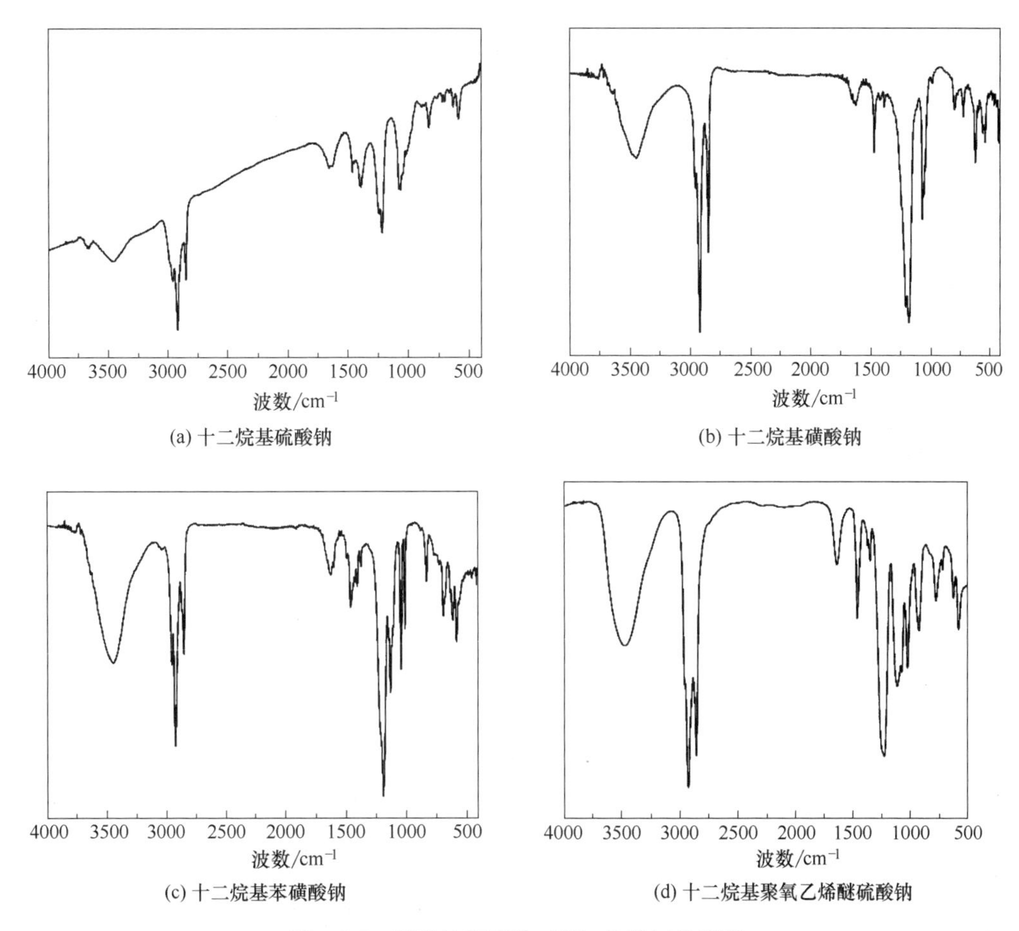

图 1-2-7　磺酸盐和硫酸（酯）盐的红外光谱

③ 磷酸（酯）盐

烷基磷酸（酯）盐有 1290～1235cm^{-1}（$\upsilon_{P=O}$）和 1050～970cm^{-1}（主要在 1030～1010cm^{-1}）（υ_{P-O-C}）两处宽而强的吸收，如图 1-2-8 所示。一般后者也有裂分为两个强峰的场合。比较其吸收带的位置和强度，可以和磺酸盐、硫酸盐区别出来。

④ 伯、仲、叔胺

如图 1-2-9 所示，伯胺在 3340～3180cm^{-1} 有 υ_{asNH} 的中等程度的吸收，在 1640～1588cm^{-1} 有 δ_{NH} 的弱吸收。仲胺在上述范围内的吸收都很弱或者不出现，其他吸收和烷烃类似。叔胺在红外区得不到有效的情报。二烷醇胺的红外吸收光谱和伯醇类似，将其转变成盐酸盐，则在 2700～2315cm^{-1} 出现缔合的 N^+H 基的强吸收。一般来讲，将胺转变成盐酸盐，其吸收增强。

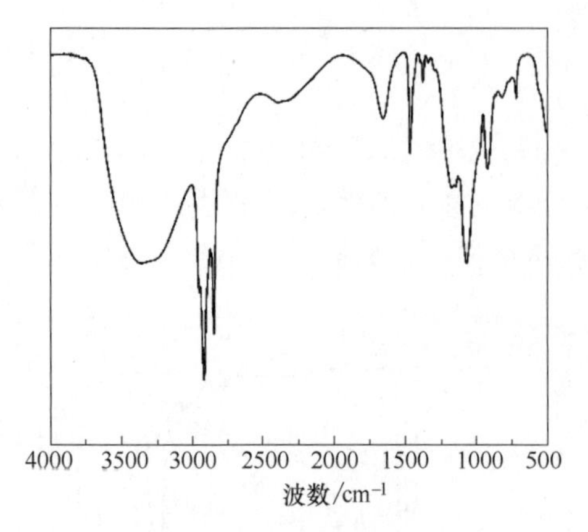

图 1-2-8　月桂基磷酸酯钾的红外光谱

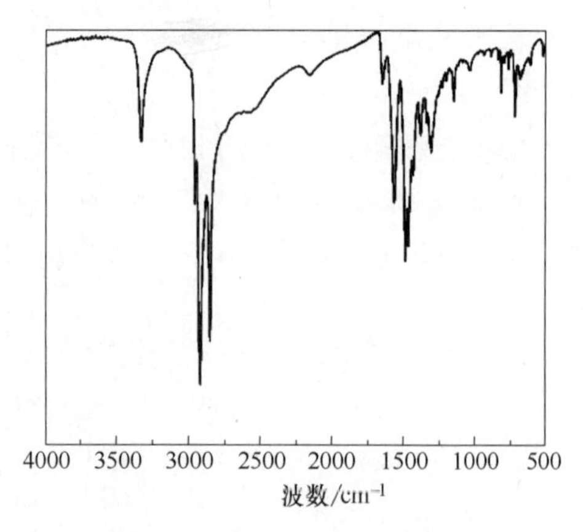

图 1-2-9　十二胺的红外光谱

⑤ 季铵盐

双烷基二甲基型季铵盐，除在 1470cm^{-1} 和 720cm^{-1} 的尖锐吸收外，在 2900cm^{-1} 前后有强吸收，但存在结合水和不纯物时，吸收出现在 3400cm^{-1} 前后和 1600cm^{-1}。

烷基三甲基型季铵盐，在 1470cm^{-1} 附近裂分为两个峰，在 970cm^{-1} 和 910cm^{-1} 有吸收。若 970cm^{-1} 和 910cm^{-1} 的峰强度相同，720cm^{-1} 处裂分为 720cm^{-1} 和 730cm^{-1}，则烷基链长为 C_{18} 左右；若 910cm^{-1} 处峰较强，720cm^{-1} 处裂分，则链长为 C_{12} 左右，如图 1-2-10 所示。

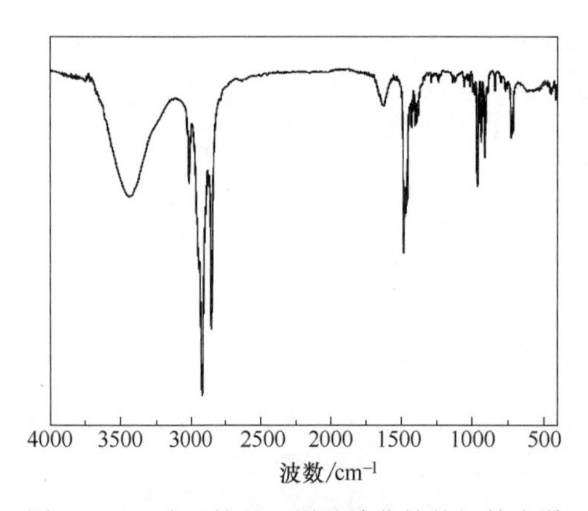

图 1-2-10　十二烷基三甲基溴化铵的红外光谱

此外，在 1620～1600cm^{-1} 有吸收，在 1500cm^{-1} 也有吸收，则可能存在咪唑啉环。若在 780cm^{-1} 和 690cm^{-1} 有吸收，则可能为吡啶盐。若在 1585cm^{-1} 有弱而尖锐吸收，在 1220cm^{-1} 有中等程度的尖锐吸收，在 720cm^{-1} 和 705cm^{-1} 有强而尖锐吸收的话，则可能为三烷基苄基铵盐。

⑥ 聚氧乙烯型

聚氧乙烯型非离子表面活性剂的特征是在 1120～1110cm^{-1} 具有宽大而强的吸收。这种吸收的强度随着 EO 数的增加而增强，如图 1-2-11 所示。醇的环氧乙烷加成物除上述吸收外再没有其他特征吸收，而烷基酚的环氧乙烷加成物还会呈现 1600～1580cm^{-1} 和 1500cm^{-1} 的苯核吸收，取代苯在 900～700cm^{-1} 呈现吸收，因此可以和前者区别开来。

聚氧乙烯聚氧丙烯嵌段共聚物的吸收与脂肪醇聚氧乙烯醚的吸收相似，前者在 1380cm^{-1} 的吸收带比 1350cm^{-1} 的吸收带强，后者则相反。

⑦ 脂肪酰烷醇胺

烷醇酰胺的吸收特征是在 1640cm^{-1} 前后的酰胺吸收带和 1050cm^{-1} 的羟基的强吸收带，如图 1-2-12 所示。单乙醇酰胺具有 1540cm^{-1} 的单取代酰胺的强吸收。

两性表面活性剂随着 pH 的变化而变成酸型或盐型，根据红外光谱可以了解其相应构造。

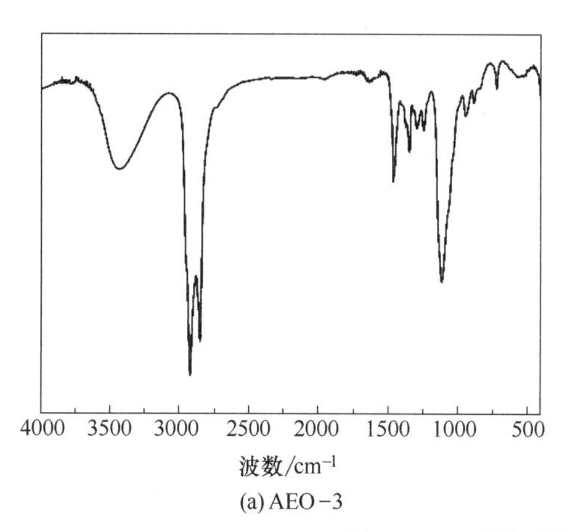

(a) AEO-3

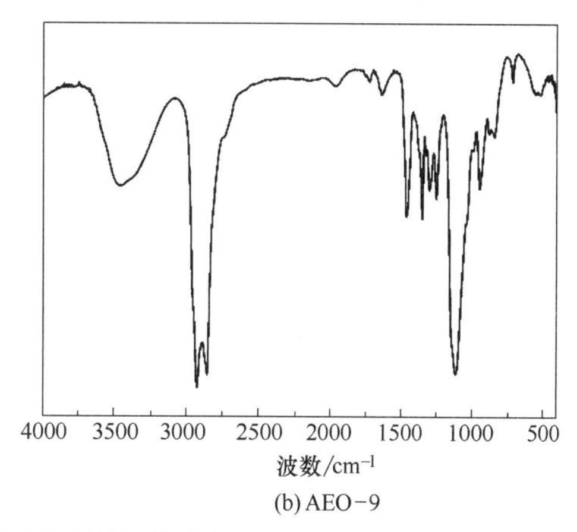

(b) AEO-9

图 1-2-11 脂肪醇聚氧乙烯醚的红外光谱

⑧ 氨基酸型

氨基酸的酸型特征是 1725cm^{-1} 的 $\upsilon_{C=O}$，1200cm^{-1} 的 υ_{C-O} 和弱的 1588cm^{-1} 的 δ_{NH_2} 的吸收。在碱性条件下转变成盐型，则 1725，1200cm^{-1} 的吸收消失，出现 1610～1550cm^{-1} 和 1400cm^{-1} 的 υ_{COO-} 吸收，如图 1-2-13 所示。对于两性离子，1400cm^{-1} 的吸收发生转移，和—CH_3 的 1380cm^{-1} 吸收重叠。这种现象是以两性离子形式存在的一切氨基酸的特征。

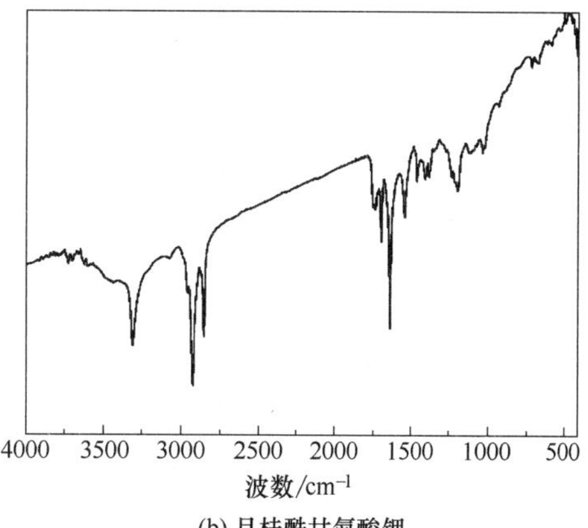

图 1-2-12 椰子油脂肪酸二乙醇酰胺的红外光谱

⑨ 甜菜碱型

甜菜碱是在分子中具有酸性基团的季铵盐化合物。酸型在 1740cm^{-1}（$\upsilon_{C=O}$）以及 1200cm^{-1}（υ_{C-O}）呈吸收。盐型的上述吸收消失，而出现 1640～1600cm^{-1}（υ_{COO-}）的吸收，如图 1-2-14 所示。$(CH_3)_3N$—的特征吸收是 960cm^{-1}。

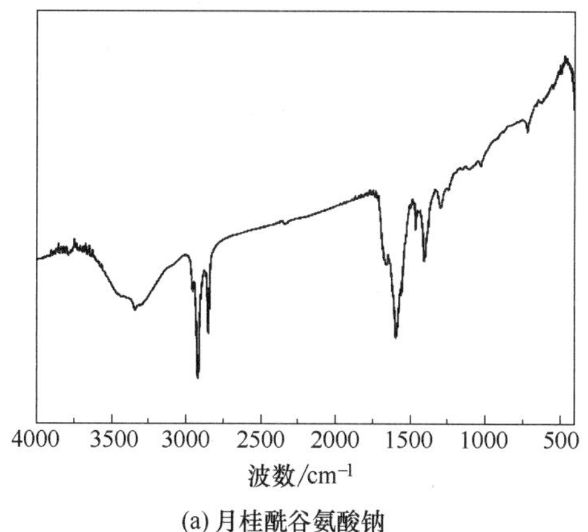

(a) 月桂酰谷氨酸钠

(b) 月桂酰甘氨酸钾

图 1-2-13 月桂酰谷氨酸钠和月桂酰甘氨酸钾的红外光谱

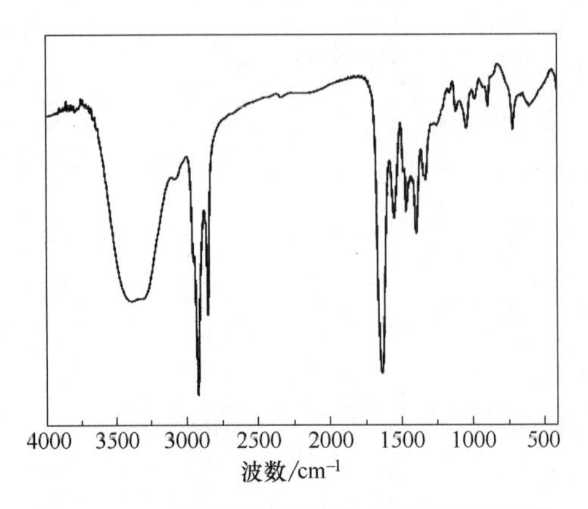

图 1-2-14　椰油酰胺丙基甜菜碱的红外光谱

第三节　阴离子表面活性剂定量分析

当待测阴离子表面活性剂相对分子质量已知时，可用混合指示剂或亚甲蓝作指示剂，采用直接两相滴定法。该法可给出每克样品中含有的表面活性剂的物质的量（mmol），进而换算成百分含量（%）。此外，对阴离子型表面活性剂的分析还可以采用对甲苯胺法、水解法等。

1. 混合指示剂法

该法参见 GB/T 5173—2018《表面活性剂　洗涤剂　阴离子活性物含量的测定　直接两相滴定法》。

在水和三氯甲烷的两相介质中，在酸性混合指示剂存在下，用阳离子表面活性剂氯化苄苏鎓标准溶液进行滴定，测定阴离子型表面活性剂的含量。

原理如下：阴离子活性物与阳离子染料溴化底米鎓生成复合盐，此盐溶解于三氯甲烷中，使三氯甲烷层呈粉红色。滴定过程中，水溶液中所有阴离子活性物与氯化苄苏鎓反应。氯化苄苏鎓与阴离子活性物的亲和力更强，将复合盐中的溴化底米鎓取代，使溴化底米鎓转入水层，三氯甲烷层红色褪去，稍过量的氯化苄苏鎓与阴离子染料（酸性蓝-1）结合生成盐，溶解于三氯甲烷层中，使其呈蓝色。

本法适用于分析烷基苯磺酸盐、烷基磺酸盐、烷基硫酸盐、烷基羟基硫酸盐、烷基酚硫酸盐、脂肪醇甲氧基及乙氧基硫酸盐、二烷基琥珀酸酯硫酸盐和 α-烯基磺酸钠，以及每一个分子含一个亲水基的其他阴离子活性物的固体或液体产品。不适用于有阳离子表面活性剂存在的产品。

若以质量分数表示分析结果，阴离子活性物的相对分子质量必须已知或预先测定。

（1）试剂规格及配制方法

硫酸：245g/L 溶液。

氢氧化钠标准溶液和硫酸标准溶液浓度：0.5mol/L。

酚酞：10g/L 乙醇溶液。

月桂基硫酸钠［$CH_3(CH_2)_{11}OSO_3Na$］标准溶液：0.004mol/L；所用月桂基硫酸钠

用气相色谱法测定，其中小于 C_{12} 的组分应少于 1.0%，使用前如需干燥，温度应不超过 60℃。标准溶液配制步骤如下：

称取 1.14～1.16g 月桂基硫酸钠，称准至 1mg，并溶解于 200mL 水中，移入 1000mL 容量瓶中，用水稀释至刻度。溶液的浓度以摩/升（mol/L）表示：

$$c_2 = m_2 P / 1000 \tag{1-2-4}$$

式中　c_2——月桂基硫酸钠标准溶液的浓度，mol/L；

m_2——月桂基硫酸钠的质量，g；

P——月桂基硫酸钠的纯度，mmol/L。

氯化苄苏鎓标准溶液：0.004mol/L；氯化苄苏鎓（benzethonium chloride）的化学名为苄基二甲基-2-[2-4(1,1,3,3-四甲丁基）苯氧-乙氧基] 基氯化铵单水合物，化学式为 $[(CH_3)_3C—CH_2—C(CH_3)_2—C_6H_4OCH_2CH_2OCH_2CH_2—N(CH_3)_2CH_2C_6H_5]^+Cl^- \cdot H_2O$，海明 1622（Hyamine1622）为其商品名。当没有此试剂时，可以用其他阳离子试剂，如十六烷基三甲基溴化铵或十二烷基二甲基苄基氯化铵。但仲裁法只用氯化苄苏鎓。

混合指示剂：由阴离子染料——酸性蓝-1 和阳离子染料——溴化底米鎓或溴化乙啶鎓配制。指示剂储备液及酸性混合指示剂的配制方法如下：

称取（0.5±0.005）g 溴化底米鎓或溴化乙啶鎓于 50mL 烧杯内，再称取（0.25±0.005）g 酸性蓝-1 至 50mL 烧杯内，均称准至 1mg。向每一烧杯中加 20～30mL 10%（体积分数）热乙醇，搅拌使其溶解。将两种溶液转移至同一只 250mL 容量瓶中，用 10%乙醇冲洗烧杯，将洗液倒入容量瓶中，再稀释至刻度，得指示剂储备液。吸取 20mL 储备液于 500mL 容量瓶中，加入 200mL 水，再加入 20mL 245g/L 的硫酸，用水稀释至刻度并混匀，得酸性混合指示剂溶液。避光储存。

（2）测定步骤

① 阳离子标准溶液的配制和标定：称取 1.75～1.85g 氯化苄苏鎓，溶于水并定量转移至 1000mL 容量瓶中，稀释至刻度并混匀。

用移液管移取 25.0mL 月桂基硫酸钠标准溶液至具塞玻璃量筒中，加 10mL 水，15mL 三氯甲烷，10mL 酸性混合指示剂溶液。

用配好的氯化苄苏鎓溶液滴定。开始时，每次加入 2mL 溶液滴定后，塞上塞子，充分振摇，静置分层，下层呈粉红色。继续滴定并振摇，当接近滴定终点时，由于振摇，形成的乳状液较易破乳。然后逐滴滴定，充分振摇。当三氯甲烷层的粉红色完全褪去，变成淡灰蓝色时，即达到终点。

氯化苄苏鎓溶液的浓度 c_3 以摩尔/升（mol/L）表示，按下列公式计算：

$$c_3 = c_2 \times 25.00 / V_2 \tag{1-2-5}$$

式中　c_3——氯化苄苏鎓溶液的浓度，mol/L；

c_2——月桂基硫酸钠标准溶液的浓度，mol/L；

V_2——滴定时消耗氯化苄苏鎓溶液的体积，mL。

② 测定：称取含有 3～5mmol 阴离子活性物的实验室样品，准确称准至 1mg，于一只 150mL 烧杯内，将所称取试样溶于水，加入 3 滴酚酞溶液，并按需用氢氧化钠溶液或硫酸溶液中和至呈淡粉红色。定量转移至 1000mL 的容量瓶中，用水稀释至刻度，混匀。

用移液管移取 25mL 试样溶液至具塞量筒中，加 10mL 水，15mL 三氯甲烷和 10mL

酸性混合指示剂溶液，按上述方法，用氯化苄苏鎓溶液滴定至终点。

(3) 计算

阴离子活性物含量以质量分数（%）表示，按下列公式计算：

$$w(X)=4\times V_3\times c_3\times M_r/m_3 \tag{1-2-6}$$

阴离子活性物含量 m_B 以毫摩/克（mmol/g）表示，按下列公式计算：

$$m_B=40\times V_3\times c_3/m_3 \tag{1-2-7}$$

式中 $w(X)$——阴离子活性物质量分数，%；

m_3——试样质量，g；

M_r——阴离子活性物的平均摩尔质量，g/mol；

c_3——氯化苄苏鎓溶液的浓度，mol/L；

V_3——滴定时所耗用的氯化苄苏鎓溶液体积，mL；

m_B——阴离子活性物含量，mmol/g。

2. 亚甲蓝法

亚甲蓝溶于水而不溶于氯仿，但阴离子表面活性剂与亚甲蓝生成的配合物溶于氯仿。用阳离子表面活性剂标准溶液滴定试样溶液中的阴离子表面活性剂，当接近终点时，阳离子表面活性剂与配合物发生复分解反应，释放出亚甲蓝，蓝色从氯仿层转移至水层。当水层与氯仿层呈同一蓝色时为滴定终点。

上述方法习惯上称为直接两相滴定法。在实际操作中也可采用反滴定法：在阴离子表面活性剂的试样溶液中加入过量的阳离子表面活性剂标准溶液、亚甲蓝溶液和氯仿，充分振荡，使无色的氯仿层和蓝色水层分开。由滴定管加阴离子表面活性剂溶液滴定，稍过终点时，阴离子表面活性剂与亚甲蓝生成配合物，水层的蓝色转移至氯仿层。以水层和氯仿层的颜色相同为滴定终点。国内常用直接两相滴定法，下面对其进行介绍。

(1) 试剂规格及配制方法

月桂醇硫酸钠标准溶液：0.004mol/L。

亚甲蓝溶液：溶解 0.1g 亚甲蓝于 50mL 水中，稀释至 100mL，吸取 30mL 于 1000mL 容量瓶中。另溶解 50g 无水硫酸钠，加 6.8mL 浓硫酸，转移至容量瓶中，用水稀释至刻度。

阳离子标准溶液：0.004mol/L。称取 3.5g 纯度为 100%的苯扎溴铵，溶于水并稀释至 2000mL。

(2) 测定步骤

① 阳离子标准溶液的标定：用移液管移取 25.0mL 月桂醇硫酸钠标准溶液至 100mL 具塞玻璃量筒中，按试样测定步骤滴定至终点。按下列公式计算阳离子标准溶液的浓度（c_2）：

$$c_2=c_1\times 25.00/V_2 \tag{1-2-8}$$

式中 c_2——阳离子标准溶液的浓度，mol/L；

c_1——月桂醇硫酸钠标准溶液的浓度，mol/L；

V_2——滴定时消耗阳离子标准溶液的体积，mL。

② 试样测定：称取 1g（准确至 0.001g）样品，将试样溶于水，并定量转移至 1500mL 的容量瓶中，用水稀释至刻度，混匀。

用移液管移取25.00mL试样溶液至100mL具塞量筒中，加10mL水，25mL亚甲蓝溶液，15mL氯仿。摇匀，用阳离子标准溶液滴定，先加2mL，振荡均匀，放置2min待分层。继续加入阳离子标准溶液滴定，每次加入后都应振荡并放置，直到蓝色开始稳定地出现在水中，降低滴定速度，最后降到每次1滴。以白色板为背景，两相颜色相同时为滴定终点。

（3）计算

阴离子活性物含量以质量分数（%）表示，按下列公式计算：

$$w(X)=2\times V_2\times c_2\times M_r/m_3 \quad (1\text{-}2\text{-}9)$$

式中　$w(X)$——阴离子活性物的质量分数，%；

m_3——试样质量，g；

M_r——阴离子活性物的平均摩尔质量，g/mol；

c_2——阳离子标准溶液的浓度，mol/L；

V_2——滴定时所消耗的阳离子标准溶液体积，mL。

3. 对甲苯胺法

在阴离子表面活性剂水溶液中，加入对甲苯胺盐酸盐，生成配合物沉淀，可用乙醚定量萃取。加入乙醇作助溶剂，用甲酚红作指示剂，用氢氧化钠标准溶液滴定。终点由黄色变为紫色。将碱滴定后的溶液再用硝酸银标准溶液滴定，以校正溶于有机层的微量对甲苯胺盐酸盐造成的误差。

在另一水溶液中制备上述配合物沉淀，经干燥后称重，由此值和滴定值可求出阴离子表面活性剂的相对分子质量。

（1）试剂规格及配制方法

硫酸：0.1mol/L水溶液。

硝酸银：0.1mol/L水溶液。

铬酸钾：100g/L水溶液。

甲酚红溶液：1.0g/L甲醇溶液。

氢氧化钠溶液：0.1mol/L水溶液。

对甲苯胺试剂：将100g对甲苯胺溶于78mL 38%（体积分数）盐酸中，加水稀释至1000mL，此溶液的pH不能超过2.0，若需要，加盐酸调节。

（2）测定步骤

① 相对分子质量已知试样的测定

称取相当于1～2g阴离子表面活性剂的试样，溶解于80mL水中，转移至250mL分液漏斗中。用盐酸调节至刚果红试纸呈蓝色，加15mL对甲苯胺试剂及50mL乙醚，强烈振荡，静置分出乙醚层。再用25mL乙醚萃取水相，合并乙醚萃取液，并用乙醚洗分液漏斗。在乙醚萃取液中加入10mL对甲苯胺试剂及40mL水，强烈振荡，分层。

在500mL滴定瓶中加入100mL乙醇，15滴甲酚红指示剂，滴加氢氧化钠溶液至指示剂呈紫色。向其中加入乙醚萃取液，一边强烈振荡一边用氢氧化钠溶液滴定至呈紫色。溶液随着滴定开始乳化，因此在滴定终点前数滴时会变色，而充分振荡后又恢复原色。此时需继续滴定至即使振荡紫色仍不消失时。

为了校正溶液中的氯离子，加入1mL铬酸钾溶液，加入0.1mol/L硫酸至溶液呈黄色后，用硝酸银标准溶液滴定至溶液呈红褐色为止。

阴离子活性物含量以质量分数（%）表示，按下列公式计算：

$$w=\frac{(V_1-V_2)\times M_r}{m\times 100} \quad (1\text{-}2\text{-}10)$$

式中　w——阴离子活性物的质量分数，%；

V_1——滴定时所消耗的 0.1mol/L 氢氧化钠标准溶液体积，mL；

V_2——滴定时所消耗的 0.1mol/L 硝酸银标准溶液体积，mL；

M_r——阴离子活性物的平均摩尔质量，g/mol；

m——试样质量，g。

② 相对分子质量未知试样的测定

称取相当于 2～4g 阴离子表面活性剂的试样，溶解于 50mL 水中，用盐酸调节至刚果红试纸呈蓝色，加入 50mL 乙醇。将此溶液转移至 250mL 分液漏斗中，用 25mL 石油醚清洗容器并加入分液漏斗中，振荡后静置分层。若此时发生乳化现象，可加入少量乙醇使之分层。分出石油醚层，再用 20mL 乙醚萃取水相。将水层在水浴上加热蒸发除去乙醇。冷却后将溶液移入 250mL 分液漏斗中，加入 25mL 对甲苯胺试剂及 50mL 乙醚，强烈振荡后分层。再用 25mL 乙醚萃取水层，合并乙醚萃取液。在乙醚萃取液中加入 10mL 对甲苯胺试剂及 40mL 水，强烈振荡，分层。

将乙醚萃取液转移至 250mL 容量瓶中，用乙醚稀释至刻度。用移液管移取 25mL 于已称重的蒸发皿中，在水浴上蒸去大部分乙醚，然后将蒸发皿于真空干燥器中用水流泵抽吸 3～4h 至恒重，精确称重。

同时，在 500mL 滴定瓶中加入 100mL 乙醇、15 滴甲酚红指示剂，滴加氢氧化钠溶液直至指示剂呈紫色。加入 100mL 乙醚萃取液，用 0.1mol/L 氢氧化钠溶液滴定至呈紫色。向滴定后的溶液中加入 1mL 10%铬酸钾溶液，加入 0.1mol/L 硫酸至溶液呈黄色后，用 0.1mol/L 硝酸银标准溶液滴定至呈红褐色。

阴离子表面活性剂的相对分子质量及质量分数按下列公式计算：

$$M_r=\frac{40m_1-143.5V_2}{V_1-V_2}-85 \quad (1\text{-}2\text{-}11)$$

$$w(X)=\frac{2\times(V_1-V_2)\times M_r}{m_0\times 100} \quad (1\text{-}2\text{-}12)$$

式中　M_r——阴离子活性物的平均相对分子质量；

$w(X)$——阴离子活性物的质量分数，%；

m_0——试样质量，g；

m_1——蒸发残渣质量，g；

V_1——滴定时所消耗的 0.1mol/L 氢氧化钠标准溶液体积，mL；

V_2——滴定时所消耗的 0.1mol/L 硝酸银标准溶液体积，mL。

4. 水解法

硫酸酯盐型表面活性剂，在酸性条件下加热，产生硫酸氢钠，可以用氢氧化钠溶液滴定。该法可精确测定样品的含量。

以月桂醇硫酸钠的纯度测定为例：

$$C_{12}H_{25}OSO_3Na+H_2O\rightarrow C_{12}H_{25}OH+NaHSO_4 \quad (1\text{-}2\text{-}13)$$

$$NaHSO_4+NaOH\rightarrow Na_2SO_4+H_2O \quad (1\text{-}2\text{-}14)$$

（1）试剂规格及配制方法

硫酸标准溶液：0.5mol/L。

酚酞溶液：10g/L 乙醇溶液。

氢氧化钠标准溶液：0.5mol/L。

（2）测定步骤

称取（2.5±0.2）g 月桂醇硫酸钠，称准至 0.001g，放入具有磨砂颈的 250mL 圆底烧瓶中，准确加入 25mL 硫酸标准溶液，装上水冷凝管，将烧瓶沸水浴加热 60min。在最初的 5～10min，溶液变稠，且易发泡，可将烧瓶撤离热源并振摇烧瓶中内容物从而予以控制；再经 10min，溶液变清，停止发泡，再移至热源上加热回流 90min。移去热源，冷却烧瓶，分别用 30mL 乙醇和水小心冲洗冷凝管。加入数滴酚酞溶液，用氢氧化钠标准溶液滴定。同时，用氢氧化钠标准溶液滴定 25mL 硫酸溶液，进行空白试验。

月桂醇硫酸钠的纯度以 mmol/g 表示，按下列公式计算：

$$P=\frac{(V_1-V_0)\times c_1}{m_1} \tag{1-2-15}$$

式中　P——月桂醇硫酸钠的纯度，mmol/g；

V_1——试样耗用氢氧化钠溶液的体积，mL；

V_0——空白试验耗用氢氧化钠溶液的体积，mL；

c_1——氢氧化钠溶液的浓度，mol/L；

m_1——月桂醇硫酸钠试样的质量，g。

第四节　阳离子表面活性剂定量分析

当阴离子表面活性剂作基准时，用于阴离子表面活性剂的定量分析中的方法也可用来分析未知阳离子表面活性剂的含量，如上述的混合指示剂法和亚甲蓝法。

此外，阳离子表面活性剂的两相滴定法还有用溴酚蓝和二氯乙烷的溴酚蓝法，用四碘荧光素和四氯化碳的四碘荧光素法，用甲苯胺蓝和氯仿的甲苯胺蓝法等。利用色素变化的方法有四苯硼钠法、磷钨酸容量法。利用阳离子活性剂沉淀试剂的容量分析法有重铬酸盐法、铁氰化钾法等。质量法主要有磷钨酸法。此外还有薄层色谱法等。

1. 亚甲蓝法

该法的原理、试剂等参见“第三节　阴离子表面活性剂定量分析”中有关内容，其测定方法如下：

称取约含 2g 阳离子表面活性剂的试样，溶于水并定容至 1000mL，用移液管移取 10mL 液体至 100mL 具塞量筒中，加 25mL 亚甲蓝溶液、15mL 氯仿，用阴离子表面活性剂标准溶液滴定。以白色板为背景，当两层的蓝色相同时为终点。

阳离子表面活性剂的质量分数按下式计算：

$$w(X)=\frac{c\times V\times M}{m\times 10}\times 100\% \tag{1-2-16}$$

式中　$w(X)$——阳离子表面活性剂的质量分数，%；

c——阴离子标准溶液的浓度，mol/L；

V——滴定耗用阴离子溶液的体积，mL；

M——阳离子表面活性剂的摩尔质量，g/mol；

m——试样质量，g。

2. 混合指示剂法

本法参见 GB/T 5174—2018《表面活性剂 洗涤剂 阳离子活性物含量的测定 直接两相滴定法》。

其原理、试剂的配制参见阴离子表面活性剂分析有关内容。该方法适用于单、双、三脂肪烷基叔胺季铵盐，硫酸甲酯季铵盐，长链酰胺乙基及烷基的咪唑啉盐或 3-甲基咪唑啉盐，氧化胺及烷基吡啶鎓盐。试样中存在非离子表面活性剂、肥皂、尿素和乙二胺四乙酸盐时，方法不受干扰。试样中若存在助溶剂如甲苯磺酸盐及二甲苯磺酸盐时，如当其相对于活性物的质量分数低于 15%时，则干扰较小。

称取 5g 试样（准确至 0.001g），溶于水，定容至 1000mL。用移液管移取 10.00mL 0.004mol/L 月桂醇硫酸钠标准溶液，加入 100mL 具有塞的量筒中，加 10mL 水、15mL 氯仿、10mL 混合指示剂。用配制的试样溶液滴定至终点，阳离子表面活性剂的质量分数为：

$$w(X)=\frac{c\times 10.0\times M}{m\times V}\times 100\% \tag{1-2-17}$$

式中 $w(X)$——阳离子表面活性剂的质量分数，%；

c——月桂醇硫酸钠标准溶液浓度，mol/L；

M——阳离子活性物的摩尔质量，g/mol；

m——试样质量，g；

V——滴定耗用试样溶液体积，mL。

3. 溴酚蓝法

当样品中存在未反应的叔胺基团时，在酸性条件下易出现“假阳离子化”，即具有电负性的叔胺氮原子吸引质子呈正电性，进而与阴离子表面活性剂络合，使得测定结果偏大的情况。碱性环境有利于避免“假阳离子化”。本法用溴酚蓝（BPB）作指示剂，二氯乙烷作分相试剂，在碱性条件下用阴离子表面活性剂标准溶液滴定待测阳离子表面活性剂溶液，至下层溶剂层呈蓝色为终点。

（1）试剂规格及配制方法

月桂醇硫酸钠标准溶液：0.003mol/L。

BPB 溶液：50mg BPB 溶于 100mL 水中。

二氯乙烷预处理：二氯乙烷用 10g/L 氢氧化钠溶液洗涤 2 次，水洗，干燥后蒸馏，收集 82～84℃馏分；

碳酸钠溶液：100g/L 的水溶液。

pH 为 11.0 的缓冲液：将 194.6mL 0.05mol/L 碳酸钠溶液和 5.4mL 0.05mol/L 硼砂溶液混合制得。

pH 为 12.0 的缓冲液：将 43.2mL 的 0.1mol/L 氢氧化钠溶液和 50mL 的 0.1mol/L 磷酸氢二钠溶液混合，加水至 100mL 制得。

（2）测定步骤

用移液管吸取 5.00mL 月桂醇硫酸钠溶液于 50mL 具有塞的量筒中，加 10mL 水，

0.5mL 100g/L 的碳酸钠溶液。也可以加入 10mL pH=11.0～12.0 的缓冲液代替水及碳酸钠溶液。再加入 0.5～2.0g 氯化钠，7 滴 BPB 指示剂，10mL 二氯乙烷，充分振荡下用待测阳离子表面活性剂溶液滴定至二氯乙烷层呈蓝色时为终点。待测阳离子表面活性剂的质量浓度按下式计算：

$$\rho(x)=\frac{5.00\times c\times M}{V\times 10}\times 100\% \tag{1-2-18}$$

式中　$\rho(x)$——待测阳离子表面活性剂的质量浓度，g/L；

c——月桂醇硫酸钠溶液浓度，mol/L；

M——阳离子活性物的摩尔质量，g/mol；

V——滴定耗用阳离子活性物溶液体积，mL。

4. 磷钨酸容量法

长链季铵盐与磷钨酸发生定量反应，生成难溶于水的络合物沉淀。另外，长链季铵盐与偶氮磺酸系色素（刚果红，甲基橙等）结合，即使在酸性溶液中也不显酸性色，当用磷钨酸滴定至终点时，则显酸性色。

以刚果红为指示剂，用磷钨酸直接滴定阳离子活性物酸性溶液，根据其滴定值和络盐沉淀质量计算出阳离子活性物的绝对浓度。

（1）试剂规格及配制方法

盐酸溶液：0.1mol/L 及 1mol/L 水溶液。

刚果红指示剂：0.1g 刚果红溶于 100mL 水中。

磷钨酸标准溶液：22.8g 磷钨酸溶于水，定容至 1000mL，移取 25mL 该溶液，加 2～3mL 1mol/L 盐酸，边搅拌边滴加 25mL 0.02mol/L 联苯胺盐酸水溶液让其生成沉淀。为使沉淀完全凝结，煮沸 2～3min。冷却后，用 G_4 玻璃漏斗过滤，于 120℃烘箱中干燥至恒重，冷却称重。则磷钨酸溶液的浓度（c_1）为：

$$c_1=m/263.03 \tag{1-2-19}$$

式中　c_1——磷钨酸溶液的浓度，mmol/L；

m——络盐沉淀质量，mg；

263.03——络盐的摩尔质量，g/mol。

（2）测定步骤

移取 10.00mL 含有 0.5～20.0g/L 有效成分的阳离子表面活性剂溶液，加 2 滴刚果红指示剂，再加 2～3 滴 1mol/L 盐酸溶液，使溶液呈弱酸性，然后加 2～3 滴硝基苯作滴定助剂，用磷钨酸标准溶液滴定至溶液呈蓝色时为终点。据此滴定值，求出待测阳离子活性物的浓度。

当分子量未知时，可另取 10.00mL 待测溶液，加 2mL 1mol/L 盐酸溶液后，加入过量的磷钨酸溶液（约为滴定值的 1.5 倍）以生成络盐沉淀，煮沸 2～3min，冷却，用预先干燥称重的 G_4 漏斗过滤，将容器和沉淀用总量为 30mL 的冷水洗涤，110℃下干燥至恒重，冷却，精确称重，求出络盐沉淀质量。根据以上得到的滴定值和络盐沉淀质量计算出阳离子活性剂样品的绝对浓度和分子量。

$$n=V\times c_1 \tag{1-2-20}$$

$$w(X)=\frac{V\times c_1\times M}{m}\times 100 \tag{1-2-21}$$

$$M_x=\frac{m_P-(959.3\times V\times c_1)}{V\times c_1}+X \quad (1\text{-}2\text{-}22)$$

式中 $w(X)$——阳离子活性物的质量分数，%；

n——阳离子活性物物质的量，mmol；

M_x——未知样的相对分子质量；

V——滴定用磷钨酸溶液的量，mL；

c_1——磷钨酸溶液的浓度，mmol/L；

M——阳离子活性物的相对分子质量；

m——10mL 测定溶液中样品的质量，mg；

m_P——络盐沉淀质量，mg；

X——卤素的相对原子质量。

第五节　非离子表面活性剂定量分析

非离子表面活性剂的分析有质量法、容量法、比色法、离子交换层析法、氧化铝层析法等。质量法有磷钼钨酸法、磷钨酸法、硅钨酸法等。容量法有亚铁氰化钾法、四苯硼钠法、四苯硼钠络盐返滴定法等。比色法有硫氰钴胺法和磷钼酸法等。

1. 四苯硼钠络盐（NaTPB）返滴定法

聚氧乙烯型非离子表面活性剂在酸性溶液中和 Ba^{2+} 共存下，与 NaTPB 定量反应，生成非离子活性剂-钡-TPB 络合盐沉淀。这种络合盐沉淀不含结晶水及化合水，TPB 与钡的摩尔结合比为 2∶1。TPB 与 EO 的摩尔结合比为 1∶(5.5±0.5)。

基于上述反应，在非离子表面活性剂样品的盐酸溶液中，在 Ba^{2+} 存在的情况下，加入过量的 NaTPB，生成络合盐沉淀。再以甲基橙作指示剂，用季铵盐标准溶液返滴定过量的 NaTPB，以甲基橙的酸性色（红色）变为碱性色（橙色）为终点，同时做空白试验。

（1）试剂规格及配制方法

氯化钡溶液：100g/L 的水溶液。

甲基橙溶液：0.164g 甲基橙溶于 100mL 水中。

盐酸溶液：0.1mol/L 水溶液。

四苯硼钠法标准溶液：溶解 9g NaTPB 于水中，稀释至 1000mL，加入 2g 氢氧化铝，充分搅拌，过滤后取澄清液。用如下方法标定：用移液管吸取 20.00mL NaTPB 溶液，加入 3 滴 0.1mol/L 的氯化铝溶液，边搅拌边加入 0.02mol/L 氯化钾，放置 20min，用干燥并称重的漏斗过滤。将沉淀用四苯硼钾饱和水溶液和少量水洗净后，于 100℃ 干燥至恒重，根据其质量计算出物质的量浓度：

$$c=\frac{m\times 1000}{358.33\times 20} \quad (1\text{-}2\text{-}23)$$

式中 c——NaTPB 标准溶液的物质的量浓度，mol/L；

m——沉淀物四苯硼钾的质量，g；

358.33——沉淀物四苯硼钾的摩尔质量，g/mol。

阳离子标准溶液：溶解 4.75g 十四烷基二甲基苄基氯化铵于水中，稀释至 500mL。用如下方法标定：用移液管吸取 10mL 此溶液，加甲基橙溶液 1 滴，用 0.1mol/L 盐酸调至 pH=3.0 后，用 NaTPB 标准溶液滴定至终点，以此计算其摩尔浓度。

（2）测定步骤

称取相当于 50～100mg 有效成分的非离子表面活性剂样品于烧杯中，加 10mL 水溶解，再加 1mL 100g/L 氯化钡溶液，以 0.1mol/L 盐酸调至 pH=3.0 后，搅拌下缓慢加入 20mL NaTPB 标准溶液。用干燥并称重的漏斗过滤，用 20mL 水洗涤烧杯和沉淀。滤出的沉淀经 60℃真空干燥后称重，求出络盐沉淀质量。

滤液用 0.1mol/L 盐酸调至 pH=3.0 后，加入 2 滴甲基橙溶液，用阳离子标准溶液滴定至橙色为终点，同时做空白试验。

（3）计算

非离子表面活性剂质量分数按下式计算：

$$w(X)=\frac{m_P-(V_0-V_1)\times c\times 387.92}{m}\times 100\% \tag{1-2-24}$$

式中　$w(X)$——非离子表面活性剂质量分数，%；

m_P——络盐沉淀质量，mg；

V_0——空白试验消耗阳离子溶液的体积，mL；

V_1——试样消耗阳离子溶液的体积，mL；

c——阳离子标准溶液的浓度，mmol/L；

m——样品质量，mg。

2. 硫氰酸钴比色法

聚氧乙烯非离子表面活性剂与高浓度硫氰酸钴盐反应，生成蓝色复合物，用二氯甲烷萃取，取一定二氯甲烷萃取液，用异丙醇稀释后，在 640nm 处测其吸光度值，其吸光度值与聚氧乙烯非离子表面活性剂浓度成比例关系。需要注意，阴离子表面活性剂、甲苯磺酸盐等物质对测试有一定干扰。

（1）试剂规格及配制方法

硫氰酸钴铵试剂的配制方法：

方法一：准确称取硝酸钴［$Co(NO_3)_2\cdot 6H_2O$］30g，氯化铵 143g，硫氰酸钾 256g，用蒸馏水溶解并定容至 1L。

方法二：准确称取硝酸钴 30g，氯化钾 200g，硫氰酸铵 200g，用蒸馏水溶解并定容至 1L。

（2）标准曲线的绘制

称取 0.8g 聚氧乙烯非离子表面活性剂（称准至 0.0002g），溶于水并转移至 250mL 容量瓶中，用水定容并摇匀。取 5 只 250mL 分液漏斗，分别用移液管加入 20mL 二氯甲烷和 20mL 硫氰酸钴铵试剂，然后依次加入 2，4，6，8，10mL 上述聚氧乙烯非离子表面活性剂标准溶液和 18，16，14，12，10mL 蒸馏水。每只漏斗均加塞并振荡 1min（注意释放蒸气），静置分层。

用移液管分别将 10mL 异丙醇加至完全干燥的 5 只 25mL 容量瓶中。待上述分液漏斗中液体完全分层后，先放出 1mL 二氯甲烷萃取液并弃去。随后，将剩余的二氯甲烷萃取液注入容量瓶中，直至定容刻度线。容量瓶摇匀后，溶液倒入 1cm 厚度比色皿，立即采用已预热完毕的可见分光光度计，在 640nm 处检查吸光度值。以蒸馏水为空白组，绘制浓度—吸光度值标准曲线。

（3）样品测试

准确称取1g样品（含质量分数为2%～4%的聚氧乙烯非离子表面活性剂，称准至0.0002g）溶于水中，转移并定容于100mL容量瓶中，即为试样溶液。然后在250mL分液漏斗中，分别用移液管加入20mL二氯甲烷，20mL硫氰酸钴铵试剂和20mL试样溶液。按上述方法进行萃取和测试。根据试样溶液的吸光度值，从标准曲线中计算其中聚氧乙烯非离子表面活性剂的含量。

（4）计算

$$w(X)=\frac{\rho_1}{\rho_2}\times 100\% \qquad (1\text{-}2\text{-}25)$$

式中 $w(X)$——试样中非离子表面活性剂的质量分数，%；

ρ_1——由标准曲线计算所得的试样溶液中非离子表面活性剂的质量浓度，mg/mL；

ρ_2——试样溶液的样品质量浓度，mg/mL。

3. 氧化铝柱层析法

利用氧化铝柱层析将表面活性剂分离为被吸附物和未吸附物（图1-2-15）。未被吸附物质中可溶于氯仿的部分包括非离子活性物和石油醚可溶物。

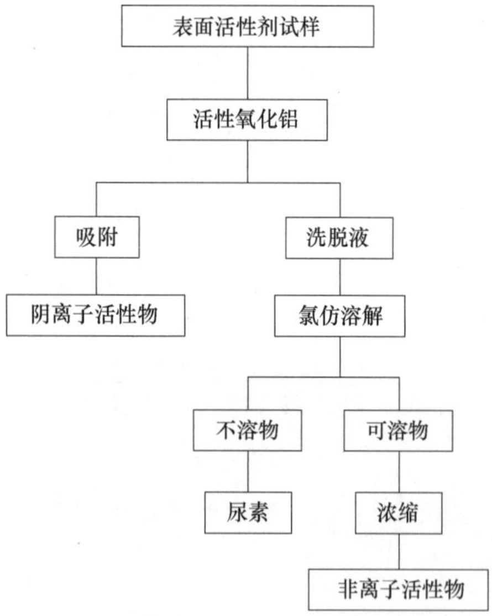

表面活性剂试样
活性氧化铝
吸附
洗脱液
阴离子活性物
氯仿溶解
不溶物
可溶物
尿素
浓缩
非离子活性物

图1-2-15 活性氧化铝层析柱操作流程

（1）试剂规格及配制方法

活性氧化铝：色谱用（43～74μm）。

洗脱液：V（乙酸乙酯）∶V（甲醇）=1∶1。

（2）测定步骤

① 层析柱的制备。取80～100g活性氧化铝，用湿法装柱，柱要装实，不要有气泡，上部留少量溶剂。

② 洗脱。称取2～3g试样（准确至0.001g），溶于尽量少的洗脱液中，移入柱中。用少量洗脱液洗涤试样烧杯，装入柱中。随后向柱中注入300mL洗脱液，以0.3～0.5mL/min的速度流出。流出液收集于锥形瓶中，蒸出溶剂干燥后称重，可计算流出物的含量。

③ 测定。加40mL氯仿于流出物中，于50℃水浴上加热溶解，随后用常温水冷却约10min，过滤，滤液放入已称重的200mL锥形瓶中，加20mL氯仿于不溶物中，再在50℃水浴上加热溶解后冷却，过滤，滤液合并，蒸去氯仿，于105℃干燥30min，称重。

（3）计算

非离子表面活性剂质量分数按下式计算：

$$w(X)=\frac{m_1}{m_0}\times 100\%-w(D) \qquad (1\text{-}2\text{-}26)$$

式中　$w(X)$——非离子表面活性剂质量分数，%；

m_1——氯仿可溶物质量，g；

m_0——试样质量，g；

$w(D)$——石油醚可溶物的质量分数，%。

第六节　两性表面活性剂定量分析

两性离子表面活性剂定量分析的方法有磷钨酸法、铁氰化钾法、高氯酸铁法、碘化铋络盐螯合滴定法、电位滴定法等。

1. 磷钨酸法

在酸性条件下，甜菜碱型两性离子表面活性剂和苯并红紫 4B 络合成盐，这种络合物能溶于过量的两性表面活性剂中，即使为酸性，在苯并红紫 4B 的变色范围内也不呈酸性色。两性表面活性剂在等电点以下的 pH 溶液中呈阳离子性，所以同样能与磷钨酸定量反应，并生成络盐沉淀，而使色素不呈酸性色。

用磷钨酸滴定含苯并红紫 4B 的两性表面活性剂酸性溶液时，首先与未与色素结合的两性表面活性剂络合成盐，继而两性表面活性剂-苯并红紫 4B 的络合物被磷钨酸破坏，在酸性溶液中游离出色素，等当量点时呈酸性色。

（1）试剂规格及配制方法

盐酸：0.1mol/L 和 1mol/L 水溶液。

1g/L 苯并红紫 4B 指示剂：0.1g 苯并红紫 4B 溶于 100mL 水中。

0.02mol/L 阳离子标准溶液：称取 4.4～4.7g 海明 1622（精确至 0.001g），溶于水中，并定容于 500mL 容量瓶中。参考阴离子表面活性剂定量方法对其进行标定。

0.02mol/L 磷钨酸标准溶液：称取 25g 磷钨酸（$P_2O_5 \cdot 24WO_3 \cdot nH_2O$，$n=26\sim30$），溶于 1000mL 水中。

磷钨酸标准溶液标定方法：吸取 0.02mol/L 阳离子标准溶液 20.00mL，置于 250mL 锥形瓶中，加 2 滴 1g/L 刚果红指示剂，用 1mol/L 盐酸调节至 pH=2.0 左右，加硝基苯 10 滴，用待标定磷钨酸溶液滴定至溶液由红色变为蓝色时终止。按下式计算磷钨酸溶液的浓度：

$$c=\frac{20\times c'}{V'} \tag{1-2-27}$$

式中　c——磷钨酸标准溶液的浓度，mol/L；

V'——滴定所需的磷钨酸溶液的体积，mL；

c'——阳离子标准溶液的浓度，mol/L。

（2）测定步骤

移取 10.00mL 含有 2～20g/L 有效成分的两性离子表面活性剂溶液，用适量水稀释，加 3 滴苯并红紫 4B 指示剂，用 1mol/L 盐酸溶液调节至 pH=2.0～3.0，加 5～6 滴硝基苯作滴定助剂，摇匀，用磷钨酸标准溶液滴定至溶液呈浅蓝色时为终点。据此滴定值，求出待测两性离子表面活性剂的浓度。

对未知分子量的样品，重新移取 10.00mL 同一试样，加 1mL 1mol/L 盐酸和 0.5g 氯化钠，待氯化钠溶解后，加入滴定量1.5倍的磷钨酸标准溶液，使生成络合盐沉淀。用干燥并称重的漏斗过滤，用50mL水洗净容器和沉淀后，于60℃真空干燥器中干燥至恒重，称得最终沉淀质量。

（3）计算

两性离子表面活性剂的质量分数和未知两性离子表面活性剂的相对分子质量按下列公式计算：

$$w(X)=\frac{V\times c\times M}{m}\times 100\% \quad (1\text{-}2\text{-}28)$$

$$M=\frac{m_{P}-(959.3\times V\times c)}{V\times c} \quad (1\text{-}2\text{-}29)$$

式中 $w(X)$——两性离子表面活性剂的质量分数，%；

V——滴定用磷钨酸溶液的体积，mL；

c——磷钨酸溶液的浓度，mmol/L；

M——两性离子活性物摩尔质量，g/mol；

m——10mL测定溶液中样品的质量，mg；

m_{P}——络盐沉淀质量，mg；

959.3——1mL 1mol/L磷钨酸溶液中磷钨酸的质量，mg。

2. 比色法

如果存在甜菜碱氧肟酸盐，则可以与铁离子试剂反应生成红色铁络合物，可用于定性鉴定，也可用于定量分析。用橙-Ⅱ试剂比色法，也可在阳离子-两性离子表面活性剂混合物的分析中使用。通过调节适当的pH，即可分别定量出阳离子和两性离子表面活性剂的含量。下面介绍铁离子试剂法。

（1）试剂规格及配制方法

铁离子试剂：溶解含0.4g铁元素的氯化铁于5mL浓盐酸中，加入5mL 70%（质量分数）高氯酸，在通风橱内蒸发至干。用水稀释残渣至100mL。将10mL该溶液与1mL 70%（质量分数）高氯酸溶液混合，用乙醇稀释至100mL。

（2）测定步骤

① 绘制标准曲线。

用纯氧肟酸盐在250mL水中制备含0.30g氧肟酸基团（—CONHOH）的溶液作储备液。分别吸取1，2，3，4，5mL储备液于5只250mL容量瓶中，补加水稀释至5mL。再分别加入5mL铁离子试剂，用乙醇稀释至刻度。以铁离子试剂作参比，用1cm比色皿，在520nm处测定吸光度。绘制氧肟酸基团毫克数-吸光度曲线。

② 样品测定。

制备含0.1g氧肟酸基团的试样水溶液。吸取5mL此液于250mL容量瓶中，加入5mL铁离子试剂，用乙醇稀释至刻度。以铁离子试剂作参比，用1cm比色皿，在520nm处测定吸光度。根据标准曲线计算测定结果。

第三章　香精香料分析

成品的香精产品组成复杂，具有含量低，原料多，挥发度大的特点，一些产品甚至由几十乃至上百种香原料组成。因此，常规化学分析方法对香精香料的定量分析往往难度较大或产生较大误差，常用于定性分析。而定量分析一般采用仪器分析方法进行解析，优先采用气相色谱仪，对于有经验的调香师，可在仪器出口安装嗅辨系统，进行辅助辨析。

对于香原料的分析主要关注相关物理常数，如相对密度、旋光度、折光率等，相关内容不再赘述。此外，对香料中有机官能团含量的检测有助于我们更好地把握香原料的组成和品质。本节主要介绍香原料中醛、酮、醇、酚类官能团含量的化学分析方法。

第一节　醛类和酮类含量的测定

1. 亚硫酸氢钠法

本方法利用样品中的醛类和酮类物质与亚硫酸氢钠发生反应，产物溶于亚硫酸氢钠溶液，进而测得其体积分数。

（1）仪器和试剂

醛瓶：150mL，瓶颈有 0～10mL 刻度，分刻度为 0.1mL。

亚硫酸氢钠水溶液：质量浓度 300g/L，现配现用。

（2）步骤

用移液管吸取干燥并已过滤的样品 10mL，注入 150mL 醛瓶中，加入 75mL 300g/L 亚硫酸氢钠溶液，摇匀后浸入沸水浴中，并加以振荡。溶液温度恒定后，继续加 25mL 亚硫酸氢钠溶液，振荡均匀，在水浴中静置 10min。最后，继续缓缓加入亚硫酸氢钠溶液，使油层下界高过醛瓶刻度，静置冷却 1h，读取油层的体积。

（3）计算

醛（酮）的体积分数按下式计算：

$$\varphi(X)=\frac{V-V_1}{V}\times 100\% \tag{1-3-1}$$

式中　$\varphi(X)$——醛（酮）的体积分数，%；

V——试样的体积，mL；

V_1——油层的体积，mL。

2. 亚硫酸钠法

本方法利用样品中的醛类和酮类物质与亚硫酸钠发生反应，产物溶于亚硫酸钠溶液，进而测得其体积分数。

（1）仪器和试剂

醛瓶：150mL，瓶颈有 0～10mL 刻度，分刻度为 0.1mL。

饱和亚硫酸钠溶液：在澄清的饱和亚硫酸钠溶液中，以酚酞为指示剂，加入 300g/L

亚硫酸氢钠溶液调至中性，现配现用。

醋酸溶液：体积分数为 50%。

酚酞指示剂：10g/L 的乙醇溶液。

（2）步骤

用移液管吸取干燥并已过滤的样品 10mL，注入 150mL 醛瓶中，加入 7.5mL 饱和亚硫酸钠溶液，摇匀后加入 3 滴酚酞指示剂，随后浸入沸水浴中，并加以振荡。反应过程中有碱析出，及时用体积分数为 50%的醋酸溶液中和至红色消失，反应持续至红色不再出现为止。取出醛瓶静置冷却至室温，使油层与水溶液完全分离。最后，继续缓缓加入饱和亚硫酸钠溶液，使油层下界高过醛瓶刻度，静置 1h，读取油层的体积。

（3）计算

醛（酮）的体积分数按下式计算：

$$\varphi(X)=\frac{V-V_1}{V}\times 100\% \tag{1-3-2}$$

式中 $\varphi(X)$——醛（酮）的体积分数，%；

V——试样的体积，mL；

V_1——油层的体积，mL。

3. 盐酸羟胺法

本方法基于醛、酮类样品与过量盐酸羟胺反应产生肟和盐酸的原理，采用氢氧化钠标准溶液滴定盐酸，从而实现定量检测。滴定指示剂采用溴酚蓝，终点为 pH=3.4，但用目视法判断较困难，常结合 pH 计进行终点判断。

（1）试剂

氢氧化钠标准溶液：0.5mol/L。

盐酸羟胺-溴酚蓝溶液：称取 40g 盐酸羟胺溶于 50mL 水中，加入 95%（体积分数）乙醇 900mL。称取 0.01g 溴酚蓝，溶于 10mL 50%（体积分数）乙醇溶液中。随后将溴酚蓝溶液加入盐酸羟胺溶液中，并摇匀，溶液呈黄色。继续向溶液中加入 0.5mol/L 氢氧化钠标准溶液至溶液呈现黄绿色，或者用 pH 计监控至 pH=3.0～4.0。

（2）步骤

称取一定量的试样（称准至 0.0002g）置于 250mL 锥形瓶中，加入 50mL 盐酸羟胺-溴酚蓝溶液并摇匀，反应条件和时间可参考表 1-3-1 和表 1-3-2。随后以 0.5mol/L 氢氧化钠标准溶液滴定至溶液呈黄绿色，或者在 pH 计监控下滴定至和盐酸羟胺-溴酚蓝溶液相同的 pH。

（3）计算

$$w(X)=\frac{V\times c\times M}{m}\times 100\% \tag{1-3-3}$$

式中 $w(X)$——醛（酮）的质量分数，%；

V——滴定消耗氢氧化钠标准溶液的体积，mL；

c——氢氧化钠标准溶液的浓度，mol/L；

M——醛（酮）的摩尔质量，g/mol；

m——试样的质量，mg。

4. 羟胺法

本方法基于醛、酮类样品与过量的羟胺溶液反应产生肟，余下的羟胺采用盐酸标准溶液滴定，从而实现定量检测。注意与盐酸羟胺法的原理加以区别。

(1) 试剂

盐酸标准溶液：0.5mol/L。

氢氧化钾乙醇溶液：0.5mol/L。

溴酚蓝指示剂：质量浓度 1.0g/L，用 50%（体积分数）乙醇溶液配制。

羟胺-溴酚蓝溶液：称取 20g 盐酸羟胺溶于 40mL 水中，加入 95%（体积分数）乙醇 400mL，加入 0.5mol/L 氢氧化钾乙醇溶液 300mL，并搅匀。最后加入 2.5mL 溴酚蓝指示剂，静置 30min 后过滤，备用。溶液应现配现用。

(2) 步骤

称取一定量的试样（称准至 0.0002g）置于 250mL 锥形瓶中，加入 75mL 羟胺-溴酚蓝溶液并摇匀，反应条件和时间可参考表 1-3-1 和表 1-3-2。随后以 0.5mol/L 盐酸标准溶液滴定至试样溶液呈黄绿色。同时做空白试验。

(3) 计算

$$w(X)=\frac{(V_0-V_1)\times c\times M}{m}\times 100\% \tag{1-3-4}$$

式中　$w(X)$——醛（酮）的质量分数，%；

V_0——空白滴定试验消耗盐酸标准溶液的体积，mL；

V_1——样品滴定试验消耗盐酸标准溶液的体积，mL；

c——盐酸标准溶液的浓度，mol/L；

M——醛（酮）的摩尔质量，g/mol；

m——试样的质量，mg。

表 1-3-1　精油中醛、酮试样的反应时间及条件

精油	主要有效成分		反应时间和条件
	组分	摩尔质量/(g/mol)	
山苍子油	柠檬醛	152.24	1h,室温
香茅油	香草醛	154.25	1h,室温
薄荷油	薄荷酮	154.25	1h,加热回流
柠檬草油	柠檬醛	152.24	1h,室温
柑橘油	癸醛	156.27	1h,室温

表 1-3-2　单离和合成香料中醛、酮试样的反应时间及条件

名称	摩尔质量/(g/mol)	取样量/g	反应时间和条件
洋茉莉醛	150.14	1.0	1h,室温
紫罗兰酮	192.30	0.5	1h,加热回流
柠檬醛	152.24	1.0	1h,室温
薄荷酮	154.25	0.5	1h,室温
香草醛	154.25	1.0	1h,加热回流
癸醛	156.27	1.0	1h,室温
苯甲醛	106.13	1.0	1h,室温

续表

名称	摩尔质量/(g/mol)	取样量/g	反应时间和条件
苯乙酮	120.15	1.0	1h,加热回流
庚醛	114.19	1.0	1h,室温
桂醛	132.16	1.0	1h,室温
α-戊基桂醛	202.30	1.0	1h,加热回流
对甲氧基苯乙酮	150.18	1.0	1h,加热回流
对甲基苯乙酮	134.18	1.0	1h,加热回流
羟基香草醛	172.27	1.0	1h,加热回流
甲基庚烯酮	126.20	1.0	1h,加热回流

第二节　醇类含量和总醇含量的测定

醇类含量是指试样中存在的游离状态的醇类含量；总醇含量是指试样中游离状态醇和酯化物中醇的总含量。

1. 乙酰化-皂化法

试样中的游离醇通过乙酸酐乙酰化后生成乙酰酯，与试样中的酯类一起被提取后，再用皂化法测定其酯值，即可计算出试样中的总醇含量。

（1）仪器和试剂

乙酰化瓶：100mL，附空气冷凝器。

皂化瓶：150～250mL，附空气冷凝器（1m）。

乙酸酐：蒸馏精制，沸程为138～141℃。

碳酸钠饱和食盐水溶液：称取2g无水碳酸钠，溶于98g饱和食盐水中。

氢氧化钾乙醇溶液：0.5mol/L。

盐酸标准溶液：0.5mol/L。

酚酞指示剂：10g/L的乙醇溶液。

无水乙酸钠：新鲜熔融。

（2）步骤

① 量取10mL试样置于100mL乙酰化瓶中，加入10mL乙酸酐和2g无水乙酸钠，连接空气冷凝器，在油浴中微沸1h。

② 取出液体并冷却0.5h，加50mL水，在水浴上加热15min并振荡，冷却后倒入分液漏斗，静置分层。

③ 弃去下层液体，加入50mL饱和食盐水，充分振荡，静置分层。

④ 弃去下层液体，再分别用50mL碳酸钠饱和食盐水溶液和饱和食盐水依次清洗，最后用水清洗至下次液体呈中性。

⑤ 取上层乙酰化试样置于25mL锥形瓶中，加3g无水硫酸镁，塞紧瓶塞，振荡使之充分干燥。

⑥ 取1滴乙酰化试样加入10滴二硫化碳中，不出现混浊现象即干燥完毕，用预干燥的滤纸过滤。

⑦ 取干燥后的乙酰化试样 2g（精确至 0.0002g），测定其酯值（按第一章第三节中酯值测定方法——直接皂化法）。同时对试剂进行空白试验。

（3）计算

试样中总醇含量按下式计算：

$$w(X)=\frac{(V_0-V_1)\times c\times M}{m-(V_0-V_1)\times c\times 42}\times\left(1-0.21\times\frac{w(P)}{100}\right)\times 100\% \tag{1-3-5}$$

若试样中酯含量可以忽略，则总醇含量可按下式计算：

$$w(X)=\frac{(V_0-V_1)\times c\times M}{m-(V_0-V_1)\times c\times 42}\times 100\% \tag{1-3-6}$$

式中　$w(X)$——试样中总醇含量，%；

V_0——空白试验消耗的盐酸标准溶液的体积，mL；

V_1——试样试验消耗的盐酸标准溶液的体积，mL；

c——盐酸标准溶液的浓度，mol/L；

M——醇的摩尔质量，g/mol；

m——称取乙酰化试样的质量，mg；

42——乙酰基（59）和羟基（17）的平均相对分子质量；

0.21——乙酰基与其酯的平均质量比；

$w(P)$——试样中酯的质量分数，%。

2. 酯值直接测定法

取 10mL 试样，按方法一所述进行操作，测出试样中总醇含量。同时称取 2g 试样（精确至 0.0002g）用直接皂化法测定其酯值。

计算：

$$w(P)=\frac{(V_0-V_1)\times c\times M}{m}\times 100\% \tag{1-3-7}$$

$$w(X')=w(X)-w(P) \tag{1-3-8}$$

式中　$w(P)$——试样中酯结合醇的质量分数，%；

$w(X')$——试样中游离醇质量分数，%；

$w(X)$——试样中总醇含量，%；

V_0——测定酯值空白试验消耗的盐酸标准溶液的体积，mL；

V_1——测定酯值试样试验消耗的盐酸标准溶液的体积，mL；

c——盐酸标准溶液的浓度，mol/L；

M——醇的摩尔质量，g/mol；

m——测定酯值称取试样的质量，mg。

第三节　酚类含量测定

酚类含量是指试样中所含氢氧化钾的可溶物体积分数。

（1）仪器和试剂

醛瓶：150mL，瓶颈有 0～10mL 刻度，分刻度为 0.1mL。

氢氧化钾溶液：1mol/L。

（2）步骤

用移液管吸取干燥并经过过滤的试样 10mL，注入 150mL 醛瓶中，分 3 次加入总计 70～100mL 的氢氧化钾溶液，每加入一次需振摇 5min。静置 30min 后，继续缓慢加入氢氧化钾溶液，使油层下界高过醛瓶刻度，静置 1h，读取油层的体积。

（3）计算

酚含量的体积分数按下式进行计算：

$$\varphi(X)=\frac{V-V_1}{V}\times 100\% \tag{1-3-9}$$

式中 $\varphi(X)$——试样中酚类体积分数，%；

V——试样的体积，mL；

V_1——油层的体积，mL。

（4）注意

① 若有油滴粘附于瓶壁上，可将醛瓶置于掌心快速旋转或轻击瓶壁，使油滴上升至瓶颈。

② 如果试样中含重金属离子，则油水分层较慢，可在测定前向试样中添加少量（约 10g/L）酒石酸粉末并剧烈振摇，随后过滤即可。

第四章　保湿剂分析

皮肤的健康、润泽和美观与皮肤水含量密切相关。皮肤角质层中有被称为天然保湿因子（natural moisturizing factor，NMF）的亲水性吸湿物质存在，起着皮肤保湿的重要作用，在天然保湿因子中，吡咯烷酮羧酸钠是特别重要的成分。目前常用的保湿剂以甘油、丙二醇、丁二醇、山梨糖醇等多元醇为主，用量较大。此外，吡咯烷酮羧酸钠、乳酸及其盐、透明质酸钠等天然来源的保湿剂也早已成为化妆品保湿成分中的热点原料。

第一节　保湿剂简介

1. 甘油（glycerin）

甘油是最古老的、现在依然广泛使用的一种保湿剂。动植物油脂制造肥皂时的副产物经脱水和脱臭等精制工序可得到无色无臭的液体甘油。甘油水溶性好，是水包油（O/W）型乳化体系中最常用的保湿原料，可用于水剂、粉体和膏体产品中，对皮肤起柔软和润滑作用。

2. 丙二醇（propylene glycol）

分子结构一般为1，3-丙二醇，外观和物理性质与甘油类似，为无色无臭的液体，但比甘油黏度低，肤感好。丙二醇同样用于生产各种乳化制剂和液体制剂类产品，作为保湿剂和增溶剂使用。

3. 丁二醇（butylene glycol）

分子结构为1，3-丁二醇，由乙醛的醇醛缩合物经加氢得到的无色无臭的液体，黏度高于丙二醇低于甘油，安全性好，同样在膏霜、乳液、化妆水等产品中作为保湿剂使用。同时，提高多元醇的含量有利于提升防腐体系的协同防腐能力。

4. 聚乙二醇（polyethylene glycol，PEG）

由环氧乙烷和水加聚或乙二醇在碱催化下逐步缩合而成的一系列水溶性聚合物。每一种牌号的聚乙二醇都不是相对分子质量均一的单体化合物，而是聚合度不同的混合物。平均相对分子质量为200～600时，PEG在常温下呈液体，随着相对分子质量的增加，逐渐变为半固体或蜡状固体。

PEG水溶性好，温和亲肤，对皮肤起润滑保湿作用，在化妆品和制药工业中均有应用。低分子量PEG可从空气中吸水用于皮肤保湿，作为保湿剂使用，相对分子质量较高时，吸湿能力下降。

5. 山梨醇（sorbitol）

山梨醇是苹果、桃、山梨等果汁中含有的糖醇，为无色无臭的白色晶体粉末，也可通过还原葡萄糖制得。其吸湿作用与上述保湿剂相比属于缓和型，在低湿度环境下保湿效果显著，是很好的保湿剂，可使用在膏霜、乳液和牙膏中。山梨醇也作为生产吐温和司盘系列非离子表面活性剂的原料。

6. 乳酸和乳酸钠（sodium lactate）

乳酸和乳酸钠是存在于 NMF 中的重要天然保湿成分（质量分数约为 12%），是皮肤表面厌氧生物新陈代谢的最终产物，安全无毒，与多元醇相比具有更高的吸湿性能。乳酸和乳酸钠可以改善皮肤柔软度和弹性，对毛发也具有较好的亲和度。此外，乳酸和乳酸钠的组合是良好的 pH 调节剂，乳酸同样具有一定的抑菌能力，对皮肤微生物菌群的调控具有重要的作用。

7. 果酸（alpha hydroxyl acid）

果酸泛指在 α 位上含有羟基的羧酸，即 α-羟基酸（AHA），是一组弱的吸湿性有机酸。用于化妆品的果酸种类较多，如水杨酸、柠檬酸、麦芽糖酸、壬二酸、杏仁酸等。低浓度 AHA 加入化妆品中时，对皮肤干燥、细微皱纹、斑点有显著的改善作用。AHA 浓度高时，引起角质脱落和溶解，用于“换肤”，应谨慎使用。为此，我国《化妆品安全技术规范》中规定：中国境内化妆品果酸含量不得超过 6%，产品 pH 不得小于 3.5。

8. 吡咯烷酮羧酸盐（sodium 2-pyrrolidone-5-carboxylate，PCA）

吡咯烷酮羧酸盐是在 NMF 中起重要作用的保湿成分（质量分数约为 12%）。可以由谷氨酸经脱水反应制得，纯品为无色固体，商品一般为无色、无臭、略有碱性的透明水溶液，吸湿性远高于多元醇类。可用于化妆品水、乳、霜制剂中，以保湿剂和调理剂的形式使用。

9. 多糖（polysaccharide）

多糖是由多个单糖分子脱水缩合而成，是一类分子结构复杂、种类繁多的糖类物质。根据结构单元组成，可以把多糖分为同多糖和杂多糖，前者由一种单糖组成，后者由一种以上单糖及其衍生物组成，甚至可以含有非糖类物质。

透明质酸是一种典型的多糖类保湿剂，是由 *N*-乙酰葡糖胺和 *D*-葡糖醛酸组成的糖胺聚糖，属于杂多糖，是优异的保湿剂。大分子量透明质酸吸水性极强，用于保湿、锁水，小分子量透明质酸可以实现透皮吸收，协助提高皮肤弹性，延缓衰老。此外，果胶、硫酸软骨素、硫酸皮肤素、酵母-β-葡聚糖等均属于化妆品用多糖。多糖类物质除具有保湿性能外，还具有免疫调节、抗病毒、抗癌、降压等多种生物学功能，本书不做赘述。

第二节　保湿剂分析

一、多元醇分析

针对常用的保湿剂：甘油、丙二醇、山梨醇、聚乙烯二醇等多元醇，分析方法主要采用液相色谱（HPLC）法和气相色谱（GC）法。

1. HPLC 法

① 标准曲线绘制

用 70%（体积分数）乙腈配制 0.5mg/mL 丙二醇，2.5mg/mL 甘油和 5.0mg/mL 山梨醇 3 种标准溶液，并稀释至一系列浓度，根据各成分的峰面积与浓度绘制标准曲线。

保湿剂的 HPLC 测定条件如下：

柱：氨基丙基键合硅石（5μm），尺寸规格：4.6mm×150mm。

流动相：乙腈-水（体积比为 70∶30），流速为 0.5mL/min。

柱温：25℃。

检测器：视差折光检测器（RI）。

② 定性定量分析

用 70%（体积分数）的乙腈配制适当浓度的试样溶液，取 20μL 该溶液，在与绘制标准曲线同样条件下进行测定，根据各组分的保留时间进行定性，再根据峰面积进行定量分析。同样条件下也可以测定聚乙烯醇。

2. GC 法

按表 1-4-1 中的比例制备 3 种标准溶液。这 3 种标准溶液含有丙二醇、甘油、1，2，3,4-丁四醇和山梨醇。用带螺纹瓶盖的样品瓶密封，除转移液体时可以拧开瓶盖外，其余时间均要拧紧。准确移取 3mL 吡啶，加入每种标准溶液中，搅拌使之溶解。再分别移取 1.2mL 六甲基二硅氨烷和 0.4mL 三甲基氯硅烷加入每种标准溶液中，搅拌后在蒸汽浴上静置 0.5h。产物中白色沉淀下沉 5～10min，直至有足够的上层清液供取样用，将上层清液 1～2μL 注入气相色谱中。

表 1-4-1　　标准溶液的制备

组分含量/g		丙二醇	甘油	丁四醇(内标物)	山梨醇
标准溶液	①	0.010	0.010	0.020	0.010
	②	0.010	0.010	0.010	0.010
	③	0.020	0.020	0.010	0.020

保湿剂的 GC 测定条件如下：

柱：交联苯基乙烯基二甲基硅氧烷（SE-54）毛细管柱，60m×0.32mm×0.5μm 或等效色谱柱。

柱温：起始温度为 110℃，以 6℃/min 升温至 240℃。

检测器：氢火焰离子法检测器。

载气：氮气。

燃烧气：氢气。

助燃气：空气。

各组分按下列次序洗脱：丙二醇，甘油，丁四醇，山梨醇。得到各个峰的峰面积后，按下式计算每种保湿剂的响应因子（f）：

$$f=\frac{A_h \times m_e}{A_e \times m_h} \tag{1-4-1}$$

式中　f——保湿剂的响应因子；

A_h——保湿剂的峰面积；

A_e——丁四醇的峰面积；

m_h——保湿剂的质量，g；

m_e——丁四醇的质量，g。

精确称取 0.08～0.10g 样品于已称量过的具塞试管中，加 3mL 吡啶，轻轻振荡，直至悬浮液为均相。用移液管将 1mL 丁四醇内标液（将 500mg 丁四醇溶于 50mL 吡啶中得到）加入悬浮液中，振荡样品和内标物 1min。用适当的移液器，依次加入 1.2mL 六甲基二硅氨烷，0.4mL 三甲基氯硅烷。轻微振荡，并让溶液在蒸汽浴上静置 0.5h。冷却，让溶液沉淀 5～10min，将上层清液 1～2μL 注入气相色谱中。按相同测试条件测出峰面积。保湿剂的质量分数按下式计算：

$$w(X)=\frac{\frac{A_h}{A_e}\times m_e\times 100}{m\times f} \tag{1-4-2}$$

式中 $w(X)$——保湿剂的质量分数，%；

m——样品质量，g；

m_e——丁四醇的质量，g；

A_h——保湿剂的峰面积；

A_e——丁四醇的峰面积；

f——保湿剂的响应因子。

二、果酸分析

《化妆品安全技术规范》中规定：化妆品果酸含量不得超过 6%（以酸计），产品 pH 需大于 3.5（淋洗类发用产品除外）。对于非防晒类护肤化妆品，当果酸含量超过 3%时或标签上宣称含 α-羟基酸时，应注明“与防晒化妆品同时使用”。化妆品中果酸的分析方法主要有 HPLC 法，离子色谱法，GC 法和高效毛细管电泳（HPCE）法。

1. HPLC 法

以纯水提取化妆品中各种果酸成分（酒石酸、乙醇酸、丙酮酸、苹果酸、乳酸、柠檬酸），用高效液相色谱仪进行分析，以保留时间定性，以峰面积定量。

① 试剂规格和配制方法

称取各种果酸标准品适量，用纯水溶解后转移至 100mL 容量瓶中，定容，配成如表 1-4-2 所示的标准储备液和系列标准溶液。

表 1-4-2　各种果酸的标准储备液和系列标准溶液

果酸	标准储备液质量浓度/(g/L)		系列标准溶液质量浓度/(mg/L)	
酒石酸	5	100	250	500
乙醇酸	8	160	400	800
苹果酸	20	400	1000	2000
乳酸	40	800	2000	4000
柠檬酸	20	400	1000	2000

② 样品处理方法

称取样品 1g（精确到 0.001g）于 10mL 具塞比色管中，水浴去除挥发性有机溶剂，加水至 10mL，超声提取 20min，取适量样品在 10000r/min 下高速离心 15min，取上清液过 0.22μm 的水性滤膜后作为待测溶液。

③ 测定方法

色谱柱：C_8 柱（250mm×4.6mm×10μm），或等效色谱柱。

流动相：0.1mol/L 的磷酸二氢铵溶液，用磷酸调 pH 为 2.45。

流速：0.8mL/min。

检测波长：214nm。

柱温：室温。

进样量：5μL。

取果酸的混合标准系列溶液进样，进行色谱分析，以标准系列溶液浓度为横坐标，峰面积为纵坐标，绘制标准曲线，如图 1-4-1 所示。再取待测样品溶液进样，根据保留时间和紫外光谱图定性，测得峰面积，根据标准曲线得到待测溶液中果酸的浓度。

④ 计算

按下式计算各果酸组分含量：

$$X=\frac{\rho\times V}{m} \tag{1-4-3}$$

式中 X——样品中果酸的含量，μg/g；

ρ——标准曲线上查得果酸的质量浓度，μg/mL；

V——样品的稀释体积，mL；

m——样品质量，g。

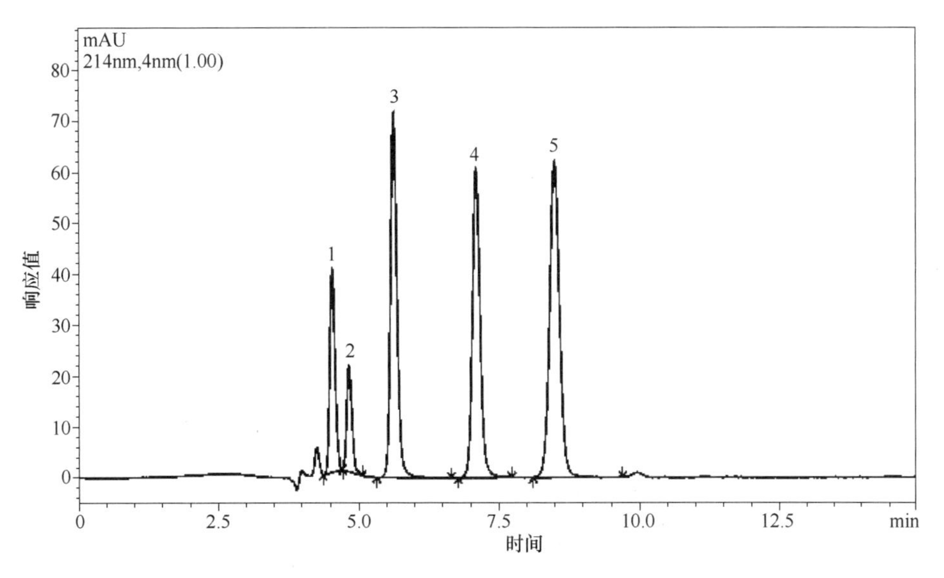

1—酒石酸（4.520min）；2—乙醇酸（4.816min）；3—苹果酸（5.614min）；4—乳酸（7.089min）；5—柠檬酸（8.483min）。

图 1-4-1　果酸标准品的色谱图

2. 离子色谱法

以水提取化妆品中乙醇酸等 5 种果酸组分，用离子色谱柱分离各组分，电导检测器检测，以保留时间定性，峰面积定量。

① 试剂规格和配制方法

离子色谱用水必须为 GB/T 6682—2008《分析实验室用水规格和试验方法》规定的一级水。

用水作溶剂，称取适量的 5 种果酸标准品，溶解后转移至 100mL 容量瓶中，定容。配成如表 1-4-3 所示浓度的标准储备溶液，再用标准储备溶液配制混合标准系列溶液。

表 1-4-3　各种果酸的标准储备液和系列标准溶液

果酸	标准储备液质量浓度/(g/L)	系列标准溶液质量浓度/(mg/L)				
酒石酸	1.00	2.00	5.00	10.00	30.00	70.00
乙醇酸	1.00	0.60	5.00	10.00	40.00	70.00
苹果酸	1.00	0.50	4.00	10.00	40.00	80.00
乳酸	2.00	1.00	4.00	10.00	60.00	120.00
柠檬酸	1.00	0.45	5.00	10.00	40.00	50.00

② 样品处理方法

称取样品 0.5g（精确到 0.001g）于 50mL 具塞比色管中，加水至刻度，涡旋振荡器振摇均匀，超声波清洗器提取 20min，取适量样品在 19000r/min 下高速离心 10min，取上清液过 0.22μm 滤膜，作为待测样液。

③ 测定方法

色谱柱：ICE-AS6（9mm×250mm），抑制器 AMMS-ICEⅡ。

淋洗液：0.4mmol/L 盐酸溶液。

化学抑制再生液：5mmol/L 氢氧化钠溶液。

淋洗液流速：1.0mL/min。

再生液流速：1.5mL/min。

氮气流速（压力）：34.5kPa（5psi）。

柱温：室温。

进样量：25μL。

检测器：化学抑制型电导检测器。

取果酸的混合标准系列溶液分别进样，进行色谱分析，以标准系列溶液浓度为横坐标，峰面积为纵坐标，绘制标准曲线。再取待测样品溶液进样，根据保留时间定性，测得峰面积，根据标准曲线得到待测溶液中果酸的浓度。按 HPLC 法计算样品中果酸的含量。

3. GC 法

用 *N*，*N*-二甲基甲酰胺提取化妆品中 5 种果酸，经三甲基硅三氟乙酰胺衍生后，用气相色谱仪分析，以保留时间定性，峰面积定量。

① 试剂规格和配制方法

混合标准储备溶液：称取乳酸、乙醇酸、苹果酸、酒石酸、柠檬酸各 0.5g（精确到 0.0001g）于 50mL 容量瓶中，用 DMF 溶解并定容。再取混合标准储备溶液，分别配制质量浓度为 50，100，300，1000mg/L 的混合标准系列溶液。

② 样品处理方法

称取样品 0.1～0.5g（精确到 0.0001g）于 10mL 具塞比色管中，加 DMF 溶解并定容到 10mL。超声提取 20min，取上清液过 0.22μm 滤膜，取溶液 50μL 于 2mL 带盖衍生瓶中，加三甲基硅三氟乙酰胺（BSTFA）100μL，80℃ 衍生 20min，此溶液作为待测样液。

③ 测定方法

色谱柱：CP-Sil8CB（30m×0.32mm×0.25μm），或等效色谱柱。

温度：起始温度 60℃，保持 1min；随后以 10℃/min 升至 310℃，保持 5min。进样口和检测器温度为330℃。

气体流量：载气（高纯氮气）50mL/min，高纯氢气35mL/min，空气350mL/min。

分流比：50∶1。

进样量：1μL。

取果酸的混合标准系列溶液分别进样，进行色谱分析，以标准系列溶液浓度为横坐标，峰面积为纵坐标，绘制标准曲线。随后取待测样品溶液进样，根据保留时间定性，测得峰面积，根据标准曲线得到待测溶液中果酸的浓度。按HPLC法计算样品中果酸的含量。

4．HPCE法

① 试剂规格和配制方法

十六烷基三甲基溴化铵（CTAB）溶液：5.0mmol/L。

邻苯二甲酸氢钾溶液：50mmol/L。

乙醇酸、乳酸、柠檬酸、甲酸等标准品，配成1000mg/L标准储备液，用时稀释。

② 测定方法

毛细管电泳仪采用石英毛细管68cm×50μm，每天实验前后用新配制约0.1mol/L的NaOH溶液洗5min、水洗15min。每次分离完成后用电解质溶液洗2min。

检测方法采用间接紫外法。在电泳中离子的分离速度主要取决于电渗流的方向，阴离子运动方向与电渗流的方向相反。为了提高阴离子分离速度，采用加入电渗流改性剂、加负电压的方法。由于毛细管电泳受诸多因素影响，所以标准曲线采用内标法，内标物为甲酸。

三、多糖分析

多糖是一种天然高分子聚合物，分子内主要通过糖苷键把醛糖和酮糖连接起来。多糖参与细胞的各种生命活动并具有许多生物学功能。多糖含量的通用测定方法为比色法和滴定法。蒽酮-硫酸法和苯酚-硫酸法是常用的比色法，这基于多糖在硫酸作用下会水解成单糖分子，然后迅速脱水成一种糠醛衍生物，该物质与苯酚或蒽酮缩合形成有色化合物，在适当的波长和一定浓度范围内，吸光度与糖含量呈线性关系，可以通过可见分光光度计确定含量的原理。滴定法主要采用Fehling还原滴定法，将多糖水解成还原单糖后，以次甲基蓝为指示剂，并根据样品消耗直接对校准过的碱性酒石酸盐溶液进行还原滴定，含量按其消耗的体积计算。近年来，高效液相色谱越来越多地用于测量植物中的多糖，具有进样方便、分析速度快、无需预处理、分辨率高等优势。此外，根据药品中所含的多糖性质和结构，也可以选择气相色谱、薄层扫描、高效毛细管电泳等仪器方法。本章主要介绍比色法。

1．多糖中总葡萄糖含量的测定（苯酚-硫酸法）

多糖经酸水解为单糖后，葡萄糖和苯酚试剂反应生成红色化合物，其颜色深浅与葡萄糖含量成正比，通过比色法即可测定。

（1）试剂规格和配制方法

苯酚试剂的预处理：称取苯酚200g，铝片0.2g，碳酸氢钠0.1g于圆底烧瓶中，常压蒸馏，收集180～182℃馏分。取15g馏分溶解于去离子水中，定容至250mL棕色容量瓶中，冰箱冷藏储存。

葡萄糖标准溶液的配制：称取干燥的葡萄糖标准品 62.5mg，加去离子水溶解并定容至 250mL 容量瓶中，质量浓度为 250μg/mL。

标准曲线的绘制：按下表 1-4-4 配制一系列不同浓度葡萄糖标准溶液。

表 1-4-4　　不同浓度葡萄糖标准溶液的配制

管号	葡萄糖系列标准溶液质量浓度/(μg/mL)	①葡萄糖标准溶液/mL	②去离子水/mL	③苯酚试剂/mL	④浓硫酸/mL
0	0	0	1.0	1.0	5.0
1	25	0.1	0.9	1.0	5.0
2	50	0.2	0.8	1.0	5.0
3	75	0.3	0.7	1.0	5.0
4	100	0.4	0.6	1.0	5.0
5	125	0.5	0.5	1.0	5.0
6	150	0.6	0.4	1.0	5.0
7	175	0.7	0.3	1.0	5.0
8	200	0.8	0.2	1.0	5.0

注：按①→④的顺序逐一加入各试剂进行配制；浓硫酸须快速加入，角度与液面垂直，充分混匀。

（2）测定方法

试样用紫外-可见分光光度计在 490nm 下检测吸光度值，并以质量浓度为横坐标，吸光度为纵坐标作图并拟合标准曲线，获得曲线方程。

多糖样品总葡萄糖含量的测定：称取适量多糖样品配制浓度适宜的样品水溶液，按标准样品检测方法测得吸光度值，代入曲线方程，计算得样品溶液中总糖浓度。

多糖样品中总葡萄糖质量分数的计算公式为：

$$w(X)=\frac{\rho V}{m}\times 100\% \qquad (1\text{-}4\text{-}4)$$

式中　$w(X)$——总葡萄糖质量分数，%；

ρ——多糖样品溶液中总葡萄糖质量浓度，mg/mL；

V——多糖样品溶液体积，mL；

m——多糖样品质量，mg。

注意事项：注意苯酚和浓硫酸的操作安全事项；苯酚易氧化，注意预处理过程并妥善保存；多糖样品溶液应适当稀释，使其吸光度值位于葡萄糖标准溶液的线性范围内。

2. 多糖中总糖含量的测定（蒽酮-硫酸法）

基本原理：多糖经酸水解为单糖，在浓硫酸作用下，单糖脱水生成糠醛或羟甲基糠醛，可与蒽酮结合，呈蓝绿色，通过比色法即可测定总糖浓度。

（1）试剂规格和配制方法

蒽酮试剂的配制：取 0.5g 蒽酮溶于 250mL 80%（质量分数）硫酸中。

葡萄糖标准溶液的配制：称取干燥的葡萄糖标准品 25mg，加去离子水溶解并定容至 250mL 容量瓶中，质量浓度为 100μg/mL。

标准曲线的绘制：按下表 1-4-5 配制一系列不同浓度葡萄糖标准溶液。

表 1-4-5　　不同浓度葡萄糖标准溶液的配制

管号	葡萄糖系列溶液质量浓度/(μg/mL)	①葡萄糖标准溶液/mL	②去离子水/mL	③蒽酮试剂/mL
0	0	0	1.0	4.0
1	2	0.1	0.9	4.0
2	4	0.2	0.8	4.0
3	6	0.3	0.7	4.0
4	8	0.4	0.6	4.0
5	10	0.5	0.5	4.0

注：按①→③的顺序逐一加入各试剂进行配制；加入去离子水后需冰水浴 5min。得到系列溶液后，沸水浴 10min，取出，用自来水冷却，室温静置 10min 后，检测不同浓度葡萄糖标准溶液的吸光度值。

（2）测定方法

试样用紫外-可见分光光度计在 620nm 下检测吸光度值，以质量浓度为横坐标，吸光度为纵坐标作图并拟合标准曲线，获得曲线方程。

多糖样品总糖含量的测定：称取适量多糖样品配制浓度适宜的样品水溶液，按标准样品检测方法测得吸光度值，代入曲线方程，计算得样品溶液中总糖浓度。

多糖样品中总糖质量分数的计算公式为：

$$w(X)=\frac{\rho V}{m}\times 100\% \tag{1-4-5}$$

式中　$w(X)$——总糖质量分数，%；

ρ——多糖样品溶液中总葡萄糖质量浓度，mg/mL；

V——多糖样品溶液体积，mL；

m——多糖样品质量，mg。

注意事项：蒽酮-硫酸法几乎适用于所有糖类，但与不同糖类显色程度不同，果糖显色最深，葡萄糖次之，半乳糖和甘露糖再次，五碳糖最浅。故标准物质为单一单糖时，不同多糖测得的结果存在一定误差，有条件的情况下推荐使用样品对应的标准多糖；蒽酮只能溶于 80%（质量分数）以上浓度的浓硫酸中；沸水浴时间不可过长，否则糠醛衍生物将被破坏，导致褪色；多糖样品中的色素可能干扰显色，应尽可能除去。

第五章　紫外吸收剂

太阳光中的紫外线可以产生多种有害作用：① 引起皮肤红斑、日灼伤、黑化和皮肤老化；② 引起化妆品内容物和容器材料劣化变质（如色素的变、褪色，基础材料的分解、变质和容器脆化等）。为了降低紫外线的有害影响，人们往往采用具有吸收紫外线能力的物质对人体或材料进行保护。

第一节　紫外吸收剂简介

化妆品用的紫外线吸收剂需要满足以下要求：①无毒性，对皮肤不引起损伤的高安全性物质；②对紫外线吸收能力强；③本体在紫外线和热量的影响下不发生分解；④与化妆品基础原料的融合性好。根据化妆品安全技术规范，目前化妆品允许使用的防晒剂共 27 种，其中有机紫外线吸收剂 25 类，按化学结构可分为二苯甲酮衍生物、对氨基苯甲酸衍生物、甲氧基肉桂酸衍生物、水杨酸衍生物和其他类型等。

紫外吸收效果的简易测定法：可以在溶剂中配制一定浓度的紫外线吸收剂溶液，通过测定紫外线的透过率或吸光度来进行推定。由于溶剂种类不同，紫外线吸收剂的吸收强度和最大吸收波长均有所变化，所以正确地评价其效果比较困难。普遍采用的测定方法是测定防晒因子（sun protection factor，SPF）的方法，目前具有评价 SPF 能力的仪器设备也已出现。

第二节　化妆品中紫外线吸收剂的定性

阳光中的紫外线是 200～400nm 的电磁波，根据波长大小又可划分为 UVC 区（波长＜280nm），UVB 区（波长 280～320nm）和 UVA 区（波长 320～400nm）。UVC 区的紫外线杀伤力强，但可以被地球大气臭氧层阻隔，极少到达地面。UVB 区和 UVA 区紫外线可到达地表，能使皮肤晒红、晒黑、晒伤。化妆品中加入一定量的防晒剂，能减少紫外线对人体的损伤。目前化妆品中使用的防晒剂有紫外线吸收剂（化学防晒剂）和紫外线屏蔽剂（物理防晒剂），前者对 UVA 区和 UVB 区的紫外线有较强的吸收性能，能削弱或完全吸收紫外线。

对化妆品中紫外线吸收剂的定性可以参考标准 QB/T 2334—1997《化妆品中紫外线吸收剂定性测定　紫外分光光度计法》，该法采用紫外分光光度计，根据紫外线在 280～400nm 处能被吸收的原理而制定，仅适用于化妆品中的紫外线吸收剂的定性测定。具体方法如下：

1. 试样制备

称取 0.1g 试样于 100mL 烧杯内，加 95%（体积分数）乙醇 100mL 溶解、搅拌，静置片刻，取清液作为待测溶液。根据试样中防晒剂含量的多少，选择稀释倍数。

2. 测定方法

测定前，先将仪器稳定30min，设置紫外分光光度计扫描波长范围280～400nm。以95%（体积分数）乙醇作为空白组，取待测试样清液倒入比色皿内，用擦镜纸把比色皿表面吸干，进行扫描。

3. 测定结果

仪器在此波长范围内若有吸收峰，则该样品含紫外吸收剂；若无吸收峰，则该样品中不含紫外吸收剂。

第三节　防晒化妆品中紫外线吸收剂定量测定

化妆品中使用的紫外线吸收剂能够减少或完全吸收紫外线，保护皮肤。但如果过量使用或使用禁用紫外线吸收剂，则易对皮肤产生刺激，引起皮肤过敏。国际上对使用紫外线吸收剂有严格的管理和限制，国家标准GB 7916—1987《化妆品卫生标准》和《化妆品安全技术规范》也规定了化妆品中允许使用的紫外线吸收剂的种类和限用量。高效液相色谱法的原理是不同紫外线吸收剂对液相色谱的相分配不同，而被流动相依次洗脱，并由紫外检测器进行检测。

1. 高效液相色谱-二极管阵列检测器法

（1）应用范围

该方法适用于防晒化妆品中的2-苯基苯并咪唑-5-磺酸、2-羟基-4-甲氧基二苯（甲）酮-5-磺酸（二苯酮-4和二苯酮-5）、4-氨基苯甲酸（对氨基苯甲酸）、羟苯甲酮（二苯酮-3）、4-甲氧基肉桂酸异戊酯、3-(4’-甲苯基亚甲基)-d-l-樟脑（4-甲基苄亚基樟脑）、4-二甲基氨基苯甲酸-2-乙基己基酯（PABA乙基己酯）、1-(4-特丁基苯基)-3-(4-甲氧基苯基)丙烷-1,3-二酮（丁基甲氧基二苯甲酰基甲烷）、2-氰基-3,3-二苯基丙烯酸-2-乙基己酯（奥克立林）、4-甲氧基肉桂酸-2-乙基己酯、水杨酸-2-乙基己基酯、胡莫柳酯、2,4,6-三-苯胺基-(对-羰-2’-乙基己酯-1’-氧)-1,3,5-三嗪（乙基己基三嗪酮）、2,2-亚甲基-双-6-(2H-苯并三唑-2-基)-4-(四甲基-丁基）1,1,3,3-苯酚（亚甲基双苯并三唑基四甲基丁基酚）、(1,3,5）三嗪-2,4-双｛[4-(2-乙基-己氧基）2-羟基]-苯基｝-6-(4-甲氧基苯基)(双乙基己氧苯酚甲氧苯基三嗪）等15种紫外线吸收剂的检测。本规范的检出限、检出浓度、定量下限和最低定量浓度见表1-5-1。

表1-5-1　《化妆品安全技术规范》的检出限、检出浓度、定量下限和最低定量浓度

序号	紫外线吸收剂名称	检出限/ng	检出浓度/%	定量下限/ng	最低定量浓度（质量分数）/%
1	2-苯基苯并咪唑-5-磺酸	2	0.020	7	0.07
2	2-羟基-4-甲氧基二苯(甲)酮-5-磺酸	3	0.030	10	0.10
3	4-氨基苯甲酸	2	0.020	7	0.07
4	羟苯甲酮	3	0.030	10	0.10
5	4-甲氧基肉桂酸异戊酯	3	0.030	10	0.10
6	3-(4’-甲苯基亚甲基)-d-l-樟脑	2.5	0.025	8	0.08
7	4-二甲基氨基苯甲酸-2-乙基己基酯	3	0.030	10	0.10

续表

序号	紫外线吸收剂名称	检出限/ng	检出浓度/%	定量下限/ng	最低定量浓度(质量分数)/%
8	1-(4-特丁基苯基)-3-(4-甲氧基苯基)丙烷-1,3-二酮	12	0.120	40	0.40
9	2-氰基-3,3-二苯基丙烯酸-2-乙基己酯	5	0.050	17	0.17
10	4-甲氧基肉桂酸-2-乙基己酯	3	0.030	10	0.10
11	水杨酸-2-乙基己基酯	20	0.200	67	0.67
12	胡莫柳酯	20	0.200	67	0.67
13	2,4,6-三-苯胺基-(对-羰-2'-乙基己酯-1'-氧)-1,3,5-三嗪	2	0.020	7	0.07
14	2,2-亚甲基-双-6-(2H-苯并三唑-2-基)-4-(四甲基-丁基)1,1,3,3-苯酚	5	0.050	17	0.17
15	(1,3,5)三嗪 2,4 双{[4-(2-乙基-己氧基)2-羟基]-苯基}-6-(4-甲氧基苯基)	5	0.050	17	0.17

（2）方法提要

化妆品中各种紫外线吸收剂由于结构上的差异可做反相高效液相色谱（RP-HPLC）分离。根据其保留时间和紫外吸收光谱图定性，根据峰面积定量。

（3）试剂规格及配制方法

甲醇和四氢呋喃为色谱纯。

高氯酸（ρ_{20}=1.67g/mL）为优级纯。

混合溶剂：V(甲醇)+V(四氢呋喃)+V(水)+V(高氯酸)=(250+450+300+0.2) mL。

紫外线吸收剂标准储备液：按表 1-5-2 称取各紫外吸收剂，分别用表中所示的溶剂溶解稀释到 100mL，配成各紫外吸收剂的标准储备液，其质量浓度如表 1-5-2 所示。

紫外吸收剂混合标准溶液：移取各紫外吸收剂标准储备液 1.00mL 至 100mL 容量瓶中，用混合溶液定容至 100mL，配制成混合标准溶液。此混合标准溶液所含各紫外吸收剂的质量浓度如表 1-5-2 所示。

表 1-5-2　标准储备液和混合标准溶液的配制

序号	紫外线吸收剂名称	称样量/g	定容溶剂	储备液质量浓度/(mg/mL)	混合标准溶液质量浓度/(mg/L)
1	2-苯基苯并咪唑-5-磺酸[1]	0.300	混合溶剂	3.0	30
2	2-羟基-4-甲氧基二苯(甲)酮-5-磺酸	1.000	混合溶剂	10.0	100
3	4-氨基苯甲酸	0.300	混合溶剂	3.0	30
4	羟苯甲酮	1.000	混合溶剂	10.0	100
5	4-甲氧基肉桂酸异戊酯	1.000	混合溶剂	10.0	100
6	3-(4'-甲苯基亚甲基)-d-l-樟脑	0.600	混合溶剂	6.0	60
7	4-二甲基氨基苯甲酸-2-乙基己基酯	1.000	混合溶剂	10.0	100
8	1-(4-特丁基苯基)-3-(4-甲氧基苯基)丙烷-1,3-二酮	3.000	四氢呋喃	30.0	300
9	2-氰基-3,3-二苯基丙烯酸-2-乙基己酯	1.450	四氢呋喃	14.5	100[2]
10	4-甲氧基肉桂酸-2-乙基己酯	1.000	四氢呋喃	10.0	100
11	水杨酸-2-乙基己基酯	5.000	四氢呋喃	50.0	500
12	胡莫柳酯	5.000	四氢呋喃	50.0	500
13	2,4,6-三-苯胺基-(对-羰-2'-乙基己酯-1'-氧)-1,3,5-三嗪	0.500	四氢呋喃	5.0	50
14	2,2-亚甲基-双-6-(2H-苯并三唑-2-基)-4-(四甲基-丁基)1,1,3,3-苯酚	1.000	四氢呋喃	10.0	100
15	(1,3,5)三嗪-2,4-双{[4-(2-乙基-己氧基)2-羟基]-苯基}-6-(4-甲氧基苯基)	1.000	四氢呋喃	10.0	100

注：[1] 加入定容溶剂前，预先加入少量 NaOH 溶液使其溶解，再用定容溶剂定容；[2] 已经由酯折算为酸。

（4）仪器及色谱条件

① 仪器

高效液相色谱仪，具三元泵、二极管阵列检测器及积分仪或色谱工作站。

② 色谱条件

色谱柱：C_{18} 柱，250mm×4.6mm×5μm。

紫外检测波长：311nm。

流速：1.0mL/min。

流动相：

溶液 A：甲醇，使用前经 0.45μm 滤膜过滤及真空脱气。

溶液 B：四氢呋喃，使用前经 0.45μm 滤膜过滤及真空脱气。

溶液 C：V（水）∶V（高氯酸）＝1000∶0.5，使用前经 0.45μm 滤膜过滤及真空脱气。

梯度洗脱程序见表 1-5-3。

表 1-5-3　流动相的梯度洗脱程序

时间/min	溶液 A/%(体积分数)	溶液 B/%(体积分数)	溶液 C/%(体积分数)
0	25	45	30
13.00	25	45	30
14.00	45	50	5
20.00	45	50	5
22.00	25	45	30

（5）样品预处理

样品若为不含蜡质的化妆品，如护肤类、香波、粉等：称取 0.500g 防晒化妆品于 50mL 具塞试管中，加入 50.0mL 混合溶液，混匀，超声振荡 20～30min。取此试液 1.00mL，再用混合溶液稀释至 10.0mL，混匀后，经 0.45μm 滤膜过滤，滤液备用。

样品若为含蜡质的化妆品，如唇膏、口红等：称取 0.500g 防晒化妆品于 50mL 具塞试管中，加 50.0mL 四氢呋喃，混匀，超声振荡 20～30min。取此试液 1.00mL，再用混合溶液稀释至 10.0mL，混匀后，经 0.45μm 滤膜过滤，滤液备用。

（6）标准曲线绘制

移取 0，0.2，1.0，5.0，10.0mL 紫外线吸收剂混合标准溶液于 10mL 具塞刻度试管中，用混合溶液稀释至 10.0mL。取 10μL 进行高效液相色谱分析，用峰面积与紫外吸收剂含量作图，获得校准曲线。

（7）样品测定

用微量进样器或自动进样器量取 10μL 样品处理液，注入高效液相色谱仪。根据其保留时间定性，必要时用二极管阵列检测器的紫外吸收光谱定性，根据峰面积定量。

（8）计算

$$w(X)=\frac{\rho\times V\times 10^{-4}}{m}\%\qquad(1\text{-}5\text{-}1)$$

式中　$w(X)$——样品中苯基苯并咪唑磺酸等 15 种组分的质量分数，%；

m——样品取样量，g；

ρ——从标准曲线上得到的待测组分的质量浓度，mg/L；

V——样品定容体积，mL。

(9) 色谱图

标准溶液的色谱图如图 1-5-1 所示。

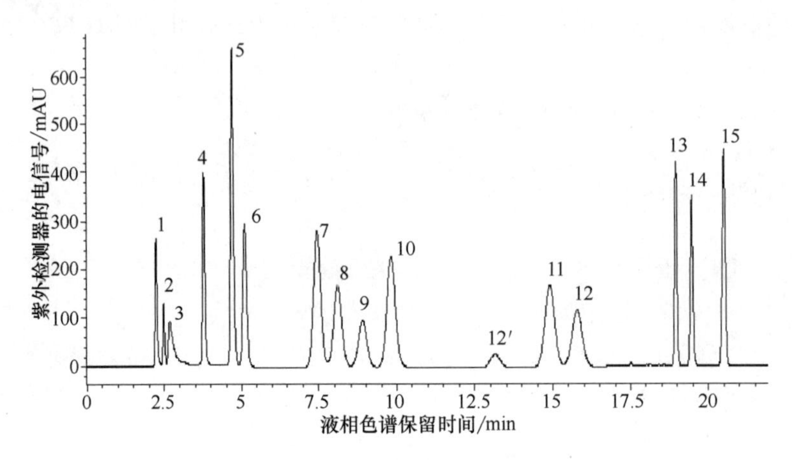

1—2-苯基苯并咪唑-5-磺酸；2—2-羟基-4-甲氧基二苯（甲）酮-5-磺酸；3—4-氨基苯甲酸；4—羟苯甲酮；5—4-甲氧基肉桂酸异戊酯；6—3-(4’-甲苯基亚甲基)-d-l-樟脑；7—4-二甲基氨基苯甲酸-2-乙基己基酯；8—1-(4-特丁基苯基)-3-(4-甲氧基苯基）丙烷-1,3-二酮；9—2-氰基-3,3-二苯基丙烯酸-2-乙基己酯；10—4-甲氧基肉桂酸-2-乙基己酯；11—水杨酸-2-乙基己酯；12—胡莫柳酯；12′—胡莫柳酯；13—2,4,6-三-苯胺基-(对-羰-2’-乙基己酯-1’-氧)-1,3,5-三嗪；14—2,2-亚甲基-双-6-（2H-苯并三唑-2-基)-4-(四甲基-丁基）1,1,3,3-苯酚；15—(1,3,5) 三嗪-2,4-双｛[4-(2-乙基-己氧基）2-羟基]-苯基｝-6-(4-甲氧基苯基)。

图 1-5-1　标准溶液的色谱图

2. 高效液相色谱——紫外检测器法

(1) 应用范围

该方法适用于“1. 高效液相色谱-二极管阵列检测器法”（下称方法一）中包含的所有 15 种紫外线吸收剂的定量检测，其检出限、检出浓度、定量下限和最低定量浓度与方法一相同。

(2) 试剂规格及配制方法

甲醇和四氢呋喃为色谱纯。

混合溶剂Ⅰ：V(甲醇)＋V(四氢呋喃)＋V(水)＋V(高氯酸)＝(250＋450＋300＋0.2) mL。

混合溶剂Ⅱ：V(甲醇)＋V(四氢呋喃)＋V(水)＋V(高氯酸)＝(450＋500＋50＋0.2) mL。

紫外线吸收剂标准储备液及配制方法同方法一。

(3) 仪器及色谱条件

仪器：高效液相色谱仪，紫外检测器。

色谱柱：C_{18} 柱（250mm×4.6mm×5μm)，或等效色谱柱。

流动相：混合溶剂Ⅰ，混合溶剂Ⅱ。

流速：1.0mL/min。

检测波长：311nm。

进样量：10μL。

（4）样品预处理和标准曲线的绘制

样品预处理方法同方法一。

取混合标准系列溶液进样，分别以混合溶剂Ⅰ和混合溶剂Ⅱ为流动相进行分离，记录色谱图，以混合标准系列溶液质量浓度为横坐标，峰面积为纵坐标，绘制标准曲线。

（5）样品测定

取样品待测溶液进样，记录色谱图，以保留时间定性，测得峰面积，根据标准曲线得到样品待测溶液中各组分的质量浓度。按方法一的计算公式计算样品中各组分的含量。

流动相使用混合溶剂Ⅰ可同时分离表 1-5-1 中序号“1～12”组分。

流动相使用混合溶剂Ⅱ可同时分离表 1-5-1 中序号“13～15”组分。

（6）计算

计算方法同方法一。

第六章　防　腐　剂

化妆品中添加防腐剂的作用是防止化妆品在生产、使用及保质期内发生腐败变质，损害消费者的健康，而且防止二次污染也主要依靠防腐剂，因此，绝大多数化妆品中需要添加防腐剂。大部分防腐剂达到特定用量时，对人体均有一定毒性，化妆品中防腐剂的用量必须以安全性作为前提。因此，《化妆品安全技术规范》对化妆品中允许使用的防腐剂种类进行了规定，同时也对各防腐剂的限量作了规定。尽管当前市场上已经开始大量使用防腐替代体系，即以未列入准用防腐剂目录但存在于《已使用化妆品原料目录》中的物质作为防腐剂，但这些物质同样存在用量限制，同时在防腐成本和防腐效率上也不及常规防腐剂。我们必须理性看待化妆品中防腐剂的应用，通过复配技术和协同防腐效应，在保持防腐效果的同时，降低防腐剂的总用量，实现防腐剂的轻量使用原则。

《化妆品安全技术规范》给出了 11 种检测化妆品防腐剂的有效方法，本章提供两种补充方法以供读者参考。

第一节　薄层色谱法

利用薄层色谱可以同时分离并鉴定 8 种防腐剂：苯甲酸、水杨酸、布罗波尔（2-溴-2-硝基丙烷-1,3-二醇）、对羟基苯甲酸、对羟基苯甲酸甲酯、对羟基苯甲酸乙酯，对羟基苯甲酸丙酯、对羟基苯甲酸丁酯。

1. 溶液配制

（1）标准储备液

① 苯甲酸标准储备液：称取 0.4000g 苯甲酸溶于 10mL 95%（体积分数）乙醇中，质量浓度为 40mg/mL。

② 布罗波尔标准储备液：称取 0.4000g 布罗波尔溶于 10mL 95%（体积分数）乙醇中，质量浓度为 40mg/mL。

③ 水杨酸标准储备液：称取 0.2500g 水杨酸溶于 10mL 95%（体积分数）乙醇中，质量浓度为 25mg/mL。

④ 对羟基苯甲酸标准储备液：称取 0.0200g 对羟基苯甲酸溶于 10mL 95%（体积分数）乙醇中，质量浓度为 2mg/mL。

⑤ 对羟基苯甲酸甲、乙、丙、丁酯标准储备液：分别称取 0.0500g 对羟基苯甲酸甲、乙、丙、丁酯溶于 10mL 95%（体积分数）乙醇中，质量浓度为 5mg/mL。

（2）标准工作液

① 将布罗波尔标准储备液用 95%（体积分数）乙醇分别稀释到 1.0，2.0，3.0，5.0，8.0mg/mL。

② 将对羟基苯甲酸标准储备液用 95%（体积分数）乙醇分别稀释到 0.02，0.04，0.06，1.0，1.6mg/mL。

③ 将对羟基苯甲酸甲、乙、丙、丁酯标准储备液用 95%（体积分数）乙醇分别稀释到 0.05，0.10，0.15，0.25，0.40mg/mL。

④ 将水杨酸标准储备液用 95%（体积分数）乙醇分别稀释到 0.25，0.50，0.75，1.25，2.00mg/mL。

⑤ 将苯甲酸标准储备液用 95%（体积分数）乙醇分别稀释到 1.0，2.0，3.0，5.0，8.0mg/mL。

上述溶液作为系列标准工作液。

（3）展开剂

$V_{(甲苯)}:V_{(正戊烷)}:V_{(乙酸)}=3:17:2$，三者混合。

2. 样品预处理

称取 1.00g 化妆品，加入 2mL 95%（体积分数）乙醇混匀，超声萃取 10min，8000r/min 离心 5min。

3. 薄层色谱操作步骤

用微量注射器吸取 10.0μL 待测化妆品样液，点样于 GF254 硅胶薄层板点样区。

分别取 8 种防腐剂的系列标准工作液，分次点样于 GF254 硅胶薄层板点样区，每次 1μL。

点样位置距底边 1cm，两个样点相隔 1cm。

将已点样的薄层板放入展开缸内，盖好缸盖。当展开其前沿前进约 19cm 后，取出薄层板，风干 30min。

4. 定性与半定量

将薄层板放入薄层扫描仪中，在 254nm 紫外灯下观察，水杨酸为蓝紫色，其余防腐剂均为粉红色斑点。按下式计算 R_f 值：

$$R_f=\frac{S_1}{S_2} \tag{1-6-1}$$

式中 R_f——样品的比移值；

S_1——起点至点中心距离；

S_2——起点至溶剂前沿距离。

当样品和标准 R_f 值差值小于±0.01 时，该样品即含有该种标准的防腐剂。

用薄层扫描仪比较样品溶液和标准溶液斑点面积大小及颜色深浅，可以半定量确定样品中防腐剂的含量。

第二节 高效液相色谱法

以甲醇提取化妆品中的溴硝醇等 11 种防腐剂，用高效液相色谱仪进行分析，以保留时间和紫外可见光吸收光谱图定性，以峰高或峰面积定量。

1. 溶液配制

称取适量的各防腐剂标准品，以甲醇作溶剂，溶解后定容。11 种防腐剂的名称及其标准储备液质量浓度和标准工作液质量浓度如表 1-6-1 所示。

表 1-6-1　　防腐剂种类及其标准储备液和标准工作液质量浓度

防腐剂名称	标准储备液质量浓度/(mg/mL)	标准工作液质量浓度/(μg/mL)		
卡松	25.0	250	500	1000
溴硝醇	25.0	250	500	1000
苯甲醇	25.0	250	500	1000
苯氧乙醇	10.0	100	250	500
对羟基苯甲酸甲酯	1.0	10	20	50
苯甲酸	10.0	100	250	500
对羟基苯甲酸乙酯	1.0	10	20	50
对羟基苯甲酸异丙酯	1.0	10	20	50
对羟基苯甲酸丙酯	1.0	10	20	50
对羟基苯甲酸异丁酯	2.5	25	50	100
对羟基苯甲酸丁酯	2.5	25	50	100

注意：对羟基苯甲酸异丙酯和对羟基苯甲酸异丁酯不属于准用防腐剂。

2. 样品预处理

准确称取样品 1.00g 于具塞试管中，必要时，水浴除去乙醇等挥发性有机溶剂。加甲醇至 10mL，振摇，超声提取 15min，离心。上清液经 0.45μm 有机滤膜过滤，滤液作为待测样液。

3. 色谱条件

色谱柱：ODS C_{18} 柱，250mm×4.6mm×5μm。

流动相：V（磷酸二氢钠）：V（甲醇）：V（乙腈）=50：35：15，其中，磷酸二氢钠水溶液浓度为 0.05mol/L，添加十六烷基三甲基氯化铵至最终浓度为 0.002mol/L，并用磷酸调至 pH=3.5。

流速：1.0mL/min。

柱温：室温。

检测器：二极管阵列检测器，卡松的有效成分在 280nm 检测，其他成分在 254nm 检测。

进样量：5μL。

4. 定性及定量

根据色谱峰的保留时间和紫外光谱图定性，记录各色谱峰面积，从校准曲线获得对应的防腐剂浓度，按下式计算样品中防腐剂的含量：

$$X=\frac{\rho \times V}{m} \tag{1-6-2}$$

式中　X——样品中防腐剂的含量，μg/g；

ρ——测试液中防腐剂的质量浓度，μg/mL；

V——样品定容体积，mL；

m——样品质量，g。

第三节　气相色谱-质谱法（GC-MS）

对于醇类和酯类等沸点较低的防腐剂可以采用气相色谱分离、质谱检测器检测的方式进行防腐剂检测。本方法给出对羟基苯甲酸丙酯、对羟基苯甲酸丁酯、对羟基苯甲酸异丁酯、对羟基苯甲酸异丙酯、苯甲酸苯酯、苯甲酸乙酯、对羟基苯甲酸乙酯、对羟基苯甲酸甲酯、苯氧乙醇、苯甲醇、苯甲酸甲酯这 11 种禁限用防腐剂的 GC-MS 检测方法。

1. 溶液配制

标准储备液：分别准确称取 1g 左右的 11 种防腐剂标准品，用甲醇溶解并定容至 50mL，配制成质量浓度约为 20mg/mL 的标准储备液。

标准工作液：准确移取上述标准储备液各 2.5mL 至 100mL 的容量瓶中，用甲醇定容至刻度，配成质量浓度为 500μg/mL 的混合标准液，再稀释至质量浓度为 1，5，10，25，50，100，200，500μg/mL 的系列混合标准工作液。

2. 样品预处理

准确称取适量样品于 25mL 容量瓶中，加入 20mL 提取溶剂（对不含蜡质的化妆品采用四氢呋喃，含蜡质的化妆品采用丙酮），超声提取 5min，定容，用 0.45μm 有机滤膜过滤后上机测试。

3. 色谱条件

色谱柱：CP-SIL8 石英毛细管柱（30m×0.25mm×0.25μm），或等效色谱柱。

进样口温度：250℃。

柱温：初始温度 60℃，以 10℃/min 升至 150℃，保持 15min；以 20℃/min 升至 250℃，保持 6min。

载气：氮气，体积分数为 99.999%，流速为 1.0mL/min。

进样量：1μL。

分流比：不分流。

4. 质谱条件

电离源：EI。

温度：200℃。

电子能量：70eV。

连接管温度：220℃。

质量扫描范围：40～450u。

溶剂延迟：3.0min。

5. 定性及定量

通过色谱峰保留时间和质谱谱图库检索确定组分，分别以各组分的色谱峰面积对其质量浓度建立线性回归方程。

样品按相同方法定性后，根据峰面积和线性回归方程进行定量分析。

第二篇　化妆品产品常规分析

第一章　酸碱度检测法

按照QB/T 1684—2015《化妆品检验规则》规定，洗发液，洗发膏，发油（不含推进剂），摩丝（不含推进剂），护肤水，紧肤水，化妆水，收敛水，卸妆水，眼部清洁液，按摩液，护唇液，染发剂，烫卷（直）剂，定型剂（过氧化氢型、溴酸钠型），啫喱水，啫喱膏，美目胶，膏，霜，蜜，香脂，奶液，洗面奶，面膜，焗油膏，护发素，润发乳，染发膏，香粉，爽身粉，痱子粉，定妆粉，面膜（粉），眼影，粉饼，沐浴盐，足浴盐，睫毛膏，发蜡，牙膏等产品的常规检测包括pH测定。

第一节　pH测定

pH测定可用于评价化妆品安全性，检测化妆品品质的变化情况，常作为厂家控制产品质量的重要指标之一。根据化妆品的使用目的，部分产品中含有酸性或碱性物质，或单独存在，或与其他组分共存，从而对皮肤或毛发发挥既定的作用。对化妆品pH的测定有利于了解产品的功效来源及其潜在危害。

1. 仪器和试剂

pH计：精确至0.01，附温度补偿系统。

电极：玻璃复合电极，或玻璃电极和甘汞-饱和氯化钾参比电极的组合。

蒸馏水：煮沸，冷却，除二氧化碳。

标准缓冲试剂包：邻苯二甲酸氢钾缓冲试剂包（pH＝4.00）；磷酸盐缓冲试剂包（pH＝6.86）；硼砂缓冲试剂包（pH＝9.18）。

广泛pH试纸。

2. 步骤

① 试样溶液的配制：称取1份试样（精确至0.1g），加入10份煮沸冷却后的蒸馏水，加热至40℃并不断搅拌，使之完全溶解。

② 标准缓冲溶液的配制：将标准缓冲试剂包中的粉末用煮沸冷却后的蒸馏水完全溶解，按试剂包说明书要求，定容至所需体积。

③ 用广泛pH试纸测定试样溶液的pH范围，根据结果选择两个标准缓冲溶液，使试样溶液的pH在两个标准溶液的pH之间。

④ 将pH计的电极系统用蒸馏水冲洗，用滤纸吸干水分，将电极分别浸入所选的两个标准缓冲溶液中，并按溶液的实际温度设定测试温度，同时校正pH计。

⑤ 将pH计的电极系统用蒸馏水冲洗，用滤纸吸干水分，将电极浸入试样溶液中，待读数稳定1min后记录数据，重复两次，取平均值。

3. 适用的化妆品类型

① 化妆水。可分为酸性化妆水和碱性化妆水。酸性化妆水中含高价金属阳离子或有机酸，对皮肤有收敛作用和微生物抑制作用，一般情况下，pH 调节至接近皮肤表面的 pH＝5.0～6.0 为最佳。碱性化妆水一般选择将天然保湿因子（NMF）成分与吡咯烷酮羧酸、氨基酸、多糖等配伍，对角质层起柔软作用。此外，部分清洁类化妆水中也添加阴离子表面活性剂。

② 香波。一般香波以月桂醇硫酸盐、聚氧乙烯月桂醇醚硫酸盐、α-烯基磺酸盐为主要原料，pH＝5.0～7.0，为弱酸性至中性产品。以烷基酰基谷氨酸或肌氨酸为主要原料的香波产品刺激性低、性质温和，与两性表面活性剂和阳离子调理剂配伍，在酸性状态下形成保护膜，适合在氧化染发和头发漂白后使用。呈碱性的脂肪酸盐香波基本已消失。

③ 护发素。主要成分为两性表面活性剂和阳离子表面活性剂，多数产品呈酸性，pH＝3.0～5.0。

④ 长效卷发剂。主要成分为巯基乙酸及其盐和半胱氨酸，其卷发效果在碱性条件下强，在酸性条件下弱。但碱性状态对头发的损伤大，对皮肤的刺激性强，必须规定产品 pH 和碱含量的上限。因此，需要适度选择 pH、碱度、主要成分含量、处理温度和处理时间，以确保在低刺激性条件下获得最好的卷发效果。

⑤ 氧化型染发剂。广泛使用的永久型染发剂多为两剂型产品。第 1 剂是在氧化染料中配入氨水和有机胺类，其 pH＝9.0～11.0。第 2 剂是将过氧化氢作为氧化剂，适当配入磷酸盐和有机酸等，其 pH＝3.0～6.0。使用时，将第 1 剂和第 2 剂等量混合，在 pH＝8.0～10.0 的碱性条件下进行染色反应，染色效果较好。但是，过氧化氢和碱对头发和头皮的损伤作用较强，需要做好防护措施。

⑥ 头发漂白液。采用两剂型，第 1 剂含有氨和有机胺，第 2 剂含过氧化氢（质量分数为 3%～6%）。使用时混合，其 pH＝8.0～10.0。过氧化氢在碱性条件下分解产生活性氧，使头发中的黑色素颗粒氧化分解，使黑发成为褐色至金黄色。与氧化型染发剂相同，过氧化氢和碱对头发和头皮的损伤作用较强，需要做好防护措施。

⑦ 定型剂。基本配方为以天然高分子和合成高分子作为黏性剂的水溶液，向其中添加柠檬酸等有机弱酸使之呈弱酸性，在卷发或染发处理时需要用碱使头发收缩。以刺梧桐树胶和羧甲基乙烯基聚合物为主要原料时，采用碱溶液溶解，需要注意产品中碱过量，使用时需注意防护。

⑧ 香皂、泡沫浴等清洁剂。肥皂可用于沐浴、洗面、洗手足，使用时水溶液呈碱性，一般肥皂含量 0.25%（质量分数）的水溶液 pH＝9.5～10.0。正常皮肤使用肥皂后，表面出现暂时碱性，但随着皮肤分泌物的逐渐中和，很快恢复至 pH＝5.0～6.0。但湿疹等皮肤病患者恢复期较长，皮肤状态易恶化，应尽量使用弱酸性的氨基酸型表面活性剂。泡沫浴类清洁剂以月桂醇硫酸盐、聚氧乙烯月桂醇醚硫酸盐、烯基磺酸盐等阴离子表面活性剂为主要原料，辅以甜菜碱型两性表面活性剂，pH 接近中性。此外，也采用氨基酸型表面活性剂，聚氧乙烯失水山梨醇脂肪酸酯类非离子表面活性剂为原料，产品呈中性至弱酸性，刺激性较低。

第二节　酸碱测定

配有酸、碱物质的化妆品中，酸性物质和碱性物质单独存在或与其他物质共存，对皮肤和毛发发挥特定作用，但必须严格控制用量，注意使用方法，避免安全隐患。

1. 试剂

盐酸标准溶液：0.1mol/L。

氢氧化钠标准溶液：0.1mol/L。

2. 步骤

准确量取10mL液体样品或准确称取10g固体及半固体样品，置于100mL烧杯中，加适量水溶解，转移并定容至100mL容量瓶中。

用移液管移取25mL试样溶液至250mL锥形瓶中，加2滴酚酞指示剂，立即用0.1mol/L盐酸标准溶液或者0.1mol/L氢氧化钠标准溶液滴定至终点。

3. 计算

按下式计算酸（以HCl计）或碱（以NaOH计）的质量分数：

$$w(X)=\frac{V\times c\times M\times 4}{m}\times 100\% \tag{2-1-1}$$

式中　$w(X)$——试样中酸或碱的质量分数，%；

V——滴定消耗的氢氧化钠或盐酸标准溶液的体积，mL；

c——氢氧化钠或盐酸标准溶液的浓度，mol/L；

M——盐酸（36.5）或氢氧化钠（40）的摩尔质量，g/mol；

m——称取的样品质量，mg。

4. 备注

① 长效卷发剂中，巯基乙酸盐和半胱氨酸的卷发效果在碱性条件下强，在酸性条件下弱。但是强碱性对头发损伤较大，对皮肤也产生刺激性。

② 氧化型染发剂多为两剂型，第1剂以氧化染料为主剂，用氨水对体系进行pH调节，一般调节至pH=9.0～11.0。第2剂以过氧化氢为主剂，用有机酸调节为酸性，一般调节至pH=3.0～5.0。

③ 头发漂白剂也多为两剂型，第1剂用氨水调至碱性，第2剂以过氧化氢为主剂，呈酸性。两剂混合时，过氧化氢分解产生活性氧，将黑色素分解脱色。

④ 以刺梧桐树胶和羧甲基乙烯聚合物为主料的定型剂必须在碱性条件下溶解，因此需要控制碱含量。

⑤ 肥皂的水溶液呈碱性，其质量分数为0.25%的水溶液的pH=9.5～10.0。为避免肥皂中的游离碱对皮肤造成损害，可将游离碱质量分数降至0.1%以下。

第二章　水分检测法

大多数化妆品含有水分，有些产品标准包括总固含量，因此水分测定必不可少。但样品基质不同、水分含量悬殊，水分的测定方法也有所不同，可根据样品实际情况选择合适的测定方法。

第一节　直接干燥法

利用试样中水分的物理性质，在101.3kPa（即1个大气压），温度101～105℃下采用挥发方式测定样品中干燥损失的质量（包括吸湿水、部分结晶水和该条件下能挥发的物质），再通过干燥前后的称量数值计算出水分的含量。

1. 试样处理及操作步骤

（1）固体试样

取干净的称量瓶，置于101～105℃干燥箱中，瓶盖斜支于瓶边，加热1.0h，取出盖好，置于干燥器内冷却0.5h，称量，并重复干燥至前后两次质量差不超过2mg，即为恒重。

将混合均匀的试样迅速磨细至粒径小于2mm，不易研磨的样品应尽可能切碎。称取2～10g试样（称准至0.0001g），放入此称量瓶中，试样厚度不超过5mm；如为疏松试样，厚度不超过10mm，加盖。精密称量后，置于101～105℃干燥箱中，瓶盖斜支于瓶边，干燥2～4h后，盖好取出，放入干燥器内冷却0.5h后称量。然后再放入101～105℃干燥箱中干燥1h左右，取出，放入干燥器内冷却0.5h后再称量。重复以上操作至前后两次质量差不超过2mg，即为恒重。

（2）半固体或液体试样

取干净的烧杯，加沸石2～3粒和一根适当长度的玻璃棒，置于101～105℃干燥箱中，加热1.0h，置于干燥器内冷却0.5h，称量，并重复干燥至前后两次质量差不超过2mg，即为恒重。

称取5～10g试样（精确至0.0001g），置于烧杯中，放在沸水浴上蒸，同时用小玻璃棒搅拌，至水分干时，擦去杯底的水滴，置于101～105℃干燥箱中干燥4h后取出，放入干燥器内冷却0.5h后称量。然后再放入101～105℃干燥箱中干燥1h左右，取出，放入干燥器内冷却0.5h后再称量。重复以上操作至前后两次质量差不超过2mg，即为恒重。

2. 计算

试样中水分的质量分数按下式计算：

$$w(X)=\frac{m_1-m_2}{m_1-m_3}\times 100\% \tag{2-2-1}$$

式中　$w(X)$——试样中水分的质量分数，%；

m_1——容器和试样的总质量，g；

m_2——容器和试样干燥后的总质量，g；

m_3——容器的质量，g。

3. 备注

在重复性条件下获得的两次独立测定结果的绝对差值不得超过算术平均值的10%。

第二节 减压干燥法

利用试样中水分的物理性质，在气压达到40～53kPa后加热至（60±5)℃，采用减压烘干方法去除试样中的水分，再通过烘干前后的称量数值计算出水分的含量。为防止低压下液体暴沸，一般只用于固体样品。

1. 试样处理

粉末和结晶状试样可直接称取；大块样品需经研钵粉碎，混匀备用。

2. 测定步骤

在已恒重的称量瓶中称取2～10g（精确至0.0001g）试样，放入真空干燥箱内，将真空干燥箱连接真空泵，抽出真空干燥箱内空气，调节压力至40～53kPa，并同时加热至所需温度（60±5)℃。关闭真空泵上的活塞，停止抽气，使真空干燥箱内保持一定的温度和压力，经4h后，打开活塞，使空气经干燥装置缓缓通入真空干燥箱内，待压力恢复正常后再打开。取出称量瓶，放入干燥器中冷却0.5h后称量。重复以上操作至前后两次质量差不超过2mg，即为恒重。

3. 计算

计算和精密度要求同直接干燥法。

第三节 共沸蒸馏法

试样中的水与二甲苯组成二元共沸物，形成共沸蒸馏，使水分和二甲苯以蒸气形式同时蒸出，冷却后相互分离，可计算馏出的水和可溶于水的挥发性成分的总含量。

1. 仪器和试剂

仪器：水分蒸馏仪。

试剂：二甲苯，分析纯，沸程130～140℃，微毒。

2. 步骤

根据测试样品称取适量的样品质量（水分质量分数<1%，称取200g；水分质量分数为1%～5%，称取100g；水分质量分数>5%，使试样能蒸出2～5mL水为宜)，置于蒸馏烧瓶中，装入数粒沸石，连接分水器和冷凝管。从冷凝管上端加入多于试样量的二甲苯（至少100mL)，二甲苯首先充满分水器，随后溢入烧瓶中。将蒸馏烧瓶加热至沸腾，控制馏出速度为100滴/min。等大部分水分蒸出后，改以200滴/min的速度蒸馏，直至二甲苯蒸出液变清，且不再分离出水滴为止，停止加热。分水器分离出的水层用5mL二甲苯洗涤，静置，待二甲苯层透明后，在（20±1.5)℃下读出分水器中水层的体积刻度。

3. 计算

$$w(X)=\frac{V\times 0.998}{m}\times 100\% \qquad (2\text{-}2\text{-}2)$$

式中　$w(X)$——试样中水分的质量分数，%；

V——蒸馏出的水分体积，mL；

m——称取的试样质量，g；

0.998——20℃时水的密度，g/mL。

4. 注意事项

① 本试验操作需在通风橱中进行，并做好废液回收工作。

② 烧瓶、移液管、分水器、冷凝管等容器均需除去溶于二甲苯的酯类物质，可用重铬酸钾洗液润洗后，用清水冲洗，再用丙酮润洗，最后干燥，定量容器自然晾干或氮气吹干。

③ 如果试样易起泡，则加入少量石蜡或油酸。

④ 新购的分水器的刻度管应进行体积校正。

第四节　卡尔·费休法

卡尔·费休法是在甲醇和吡啶存在的情况下，利用水和碘及二氧化硫的定量反应测定水分的方法，其反应方程式如下：

$$C_5H_5N \cdot I_2 + C_5H_5N \cdot SO_2 + C_5H_5N + H_2O + CH_3OH \rightarrow 2C_5H_5N \cdot HI + C_5H_6N[SO_4CH_3] \quad (2\text{-}2\text{-}3)$$

由反应式可知，1mol 水需 1mol 碘、1mol 二氧化硫、3mol 吡啶和 1mol 甲醇。为使反应向右进行，配制试剂时所用的甲醇、吡啶和二氧化硫均过量，高于理论值。卡尔·费休法又分为库仑法和容量法，其中容量法测定的碘是作为滴定剂加入的，滴定剂中碘的浓度是已知的，根据消耗滴定剂的体积计算消耗碘的量，从而计算出被测物质水的含量。

（一）仪器和试剂

1. 卡尔·费休水分测定仪

目前，自动化卡尔·费休测定仪商品较多，有条件的实验室可以购买仪器进行自动检测。

2. 卡尔·费休试剂

目前，卡尔·费休试剂早已实现商品化，有条件的实验室可以直接购买试剂使用。在此，谨列出卡尔·费休试剂的配制方法以供参考。

（1）无水甲醇制备

在碘的存在下，金属镁与甲醇作用生成甲氧基镁，该产物与甲醇中的水反应，产生氢氧化镁沉淀，从而将水除去。具体步骤为：在 500mL 圆底烧瓶中加镁粉 5g，甲醇 50～70mL，碘 0.5g，水浴加热回流至无氢气气泡产生。随后从冷凝管顶部再加入 250mL 甲醇，继续加热回流 1～2h。产物转移至蒸馏装置上，收集 64～65℃的馏分，即为无水甲醇。无水甲醇应密闭保存，备用。

（2）无水吡啶制备

向试剂纯吡啶中加适量氢氧化钠，回流 4h，再进行蒸馏，收集 114～116℃的馏分，即为无水吡啶。无水吡啶应密闭保存，备用。

（3）碘的精制

将 100g 碘、40g 无水氯化钙和 24g 碘化钾研细混匀，转移至 500mL 烧杯中。烧杯口放一只装有冷水的圆底烧瓶或大号表面皿，圆弧底部清洗洁净，随后加热烧杯使碘升华，碘蒸气凝结在圆弧形底部。收集升华碘，在棕色瓶中密闭保存。使用前用干燥器干燥 48h 以上。

（4）二氧化硫气体制备

通过金属铜或亚硫酸钠与浓硫酸反应产生气体来制备二氧化硫，收集前气体通过浓硫酸溶液干燥。

（5）费休试剂Ⅰ

量取 500mL 吡啶和 500mL 无水甲醇，混合后在冰水浴中冷却，随后通入干燥的二氧化硫气体，使之增重 100g。溶液存于具塞磨口瓶中，避光防潮保存。

（6）费休试剂Ⅱ

将 80g 精制碘溶于 1000mL 无水甲醇中。溶液存于具塞磨口瓶中，避光防潮保存。

（7）水标准溶液

称取 0.10～0.15g（称准至 0.0002g）水，用无水甲醇定容至 100mL，并做空白试验。

（二）试样检测及计算

1. 方法一：采用卡尔·费休水分测定仪和商品化卡尔·费休试剂直接检测

（1）卡尔·费休试剂的标定

在反应瓶中加一定体积（浸没铂电极）的甲醇，在搅拌下用卡尔·费休试剂滴定至终点。加入 10mg 水（精确至 0.0001g），滴定至终点并记录卡尔·费休试剂的用量（V）。卡尔·费休试剂的滴定度按下式计算：

$$T=\frac{m}{V} \tag{2-2-4}$$

式中 T——卡尔·费休试剂的滴定度，mg/mL；

m——水的质量，mg；

V——滴定水消耗的卡尔·费休试剂的体积，mL。

（2）试样前处理

固体试样尽量粉碎均匀，不易粉碎的试样可切碎，液体试样直接使用。

（3）试样水分测定

在反应瓶中加入一定体积的甲醇或卡尔·费休测定仪规定的溶剂，使其浸没铂电极，在搅拌下用卡尔·费休试剂滴定至终点。迅速将易溶于甲醇或测定仪规定的溶剂的试样直接加入滴定杯中。对于不易溶解的试样，可以采用对滴定杯进行加热的方式或者采用加入水分含量已知的其他溶剂的方式，将试样溶解后，用卡尔·费休试剂滴定至终点。采用容量法测定时，试样中的含水量应大于 100μg。对于滴定时平衡时间过长而引起漂移的试样，需要扣除其漂移量。

（4）漂移量的测定

在滴定杯中加入与测定样品一致的溶剂，并滴定至终点，放置不少于 10min 后再滴定至终点，两次滴定之间的单位时间内的体积变化即为漂移量（D）。

（5）计算

固体试样中水分的质量分数按下式进行计算：

$$w(X)=\frac{(V_1-D\times t)\times T}{m}\times 100\% \tag{2-2-5}$$

液体试样中水分的质量分数按下式进行计算：

$$w(X)=\frac{(V_1-D\times t)\times T}{V_2\rho}\times 100\% \tag{2-2-6}$$

式中　$w(X)$——试样中水分的质量分数，%；

V_1——滴定样品前卡尔·费休试剂的初始体积，mL；

D——漂移量，mL/min；

t——滴定时所消耗的时间，min；

T——卡尔·费休试剂的滴定度，g/mL；

m——样品质量，g；

V_2——液体样品体积，mL；

ρ——液体样品的密度，g/mL。

2. 方法二：采用人工滴定方法检测

（1）称取适量试样（称准至 0.001g，称量时应使其预计所含的水能与一份可测量的卡尔·费休试剂Ⅱ反应），将试样用无水甲醇配制成溶液。

（2）空白试验和卡尔·费休试剂Ⅱ的滴定度测定。

尽可能快地用移液管准确量取 25mL 卡尔·费休试剂Ⅰ，转移至含有磁力搅拌子的滴定池中。将滴定池置于磁力搅拌机上，开启搅拌后，用滴定管逐滴向其中滴加卡尔·费休试剂Ⅱ，直至等当量点。重复操作，确保卡尔·费休试剂Ⅱ的滴定体积保持一致。

向另一只滴定池中加入 0.050～0.100g 水，按上述方法进行滴定。

卡尔·费休试剂Ⅱ的滴定度按下式计算：

$$T=\frac{m_1}{V_1-V_0} \tag{2-2-7}$$

式中　T——卡尔·费休试剂Ⅱ的滴定度，即每毫升试剂相当的水的质量，mg/mL；

m_1——水的甲醇溶液中的水的质量，mg；

V_0——滴定卡尔·费休试剂Ⅰ消耗的卡尔·费休试剂Ⅱ的体积，mL；

V_1——滴定水的甲醇溶液中的水消耗的卡尔·费休试剂Ⅱ的体积，mL。

（3）测定试样

尽可能快地用移液管准确量取 25mL 卡尔·费休试剂Ⅰ，转移至含有磁力搅拌子的滴定池中，随后加入适量的试样溶液。将滴定池置于磁力搅拌机上，搅拌 5min 后，用滴定管逐滴向其中滴加卡尔·费休试剂Ⅱ，直至等当量点。

（4）计算

$$w(X)=\frac{(V_2-V_0)\times T}{m\times 1000}\times 100\% \tag{2-2-8}$$

式中　$w(X)$——试样中的水分质量分数，%；

V_2——滴定试样溶液消耗的卡尔·费休试剂Ⅱ的体积，mL；

V_0——滴定卡尔·费休试剂Ⅰ消耗的卡尔·费休试剂Ⅱ的体积，mL；

T——卡尔·费休试剂Ⅱ的滴定度，mg/mL；

m——称取试样的质量，g。

（三）备注

水分含量≥1%时，计算结果保留 3 位有效数字；水分含量<1%时，计算结果保留 2 位有效数字；在重复性条件下获得的 2 次独立测定结果的绝对差值不得超过算术平均值的 10%。

卡尔·费休试剂的稳定性较差，遇光易分解，必须在干燥的暗处密闭保存，滴定度应定期标定。滴定时，应尽量避免空气湿度对试剂的干扰。

第三章　总氮含量测定

化妆品中的氮主要有无机氮和有机氮之分。无机氮包括氨态氮（简称氨氮）和硝态氮。氨氮包括游离氨态氮和铵盐态氮；硝态氮包括硝酸盐氮和亚硝酸盐氮。有机氮主要有尿素、氨基酸、蛋白质、核酸、尿酸、脂肪胺、有机碱等含氮有机物。化妆品中一般不包含硝态氮，但 N-亚硝胺类化合物具有致畸、致癌、致突变性，是化妆品安全控制中重要的一类化合物。

第一节　凯氏定氮法

原料或产品中的蛋白质及氨基酸类物质在催化加热条件下被分解，产生的氨与硫酸结合生成硫酸铵。碱化蒸馏使氨游离，用硼酸吸收后以硫酸或盐酸标准滴定溶液滴定，根据酸的消耗量计算氮含量。

1. 试剂的配制

硼酸溶液（20g/L）：称取 20g 硼酸，加水溶解并稀释至 1000mL。

氢氧化钠溶液（400g/L）：称取 40g 氢氧化钠加水溶解后，放冷，并稀释至 100mL。

硫酸标准滴定溶液［c（1/2 H_2SO_4）］0.0500mol/L 或盐酸标准滴定溶液［c（HCl）］0.0500mol/L。

甲基红-乙醇溶液（1g/L）：称取 0.1g 甲基红，溶于 95%（体积分数）乙醇，用 95%（体积分数）乙醇稀释至 100mL。

亚甲基蓝-乙醇溶液（1g/L）：称取 0.1g 亚甲基蓝，溶于 95%（体积分数）乙醇，用 95%（体积分数）乙醇稀释至 100mL。

溴甲酚绿-乙醇溶液（1g/L）：称取 0.1g 溴甲酚绿，溶于 95%（体积分数）乙醇，用 95%（体积分数）乙醇稀释至 100mL。

A 混合指示液：2 份甲基红-乙醇溶液与 1 份亚甲基蓝-乙醇溶液临用时混合。

B 混合指示液：1 份甲基红-乙醇溶液与 5 份溴甲酚绿-乙醇溶液临用时混合。

2. 步骤

（1）试样处理：称取充分混匀的固体试样 0.2～2.0g、半固体试样 2～5g 或液体试样 10～25g（相当于 30～40mg 氮），精确至 0.001g，移入干燥的 100，250 或 500mL 定氮瓶中，加入 0.4g 硫酸铜、6g 硫酸钾及 20mL 硫酸，轻摇后于瓶口放一小漏斗，将瓶以 45°斜支于有小孔的石棉网上。小心加热，待内容物全部炭化，泡沫完全停止后，加强火力，并保持瓶内液体微沸，至液体呈蓝绿色且澄清透明后，再继续加热 0.5～1.0h。取下放冷，小心加入 20mL 水，放冷后，移入 100mL 容量瓶中，并用少量水洗定氮瓶，将洗液并入容量瓶中，再加水至刻度，混匀备用。同时做试剂空白试验。

（2）测定：按图 2-3-1 组装好定氮蒸馏装置，向水蒸气发生器内装水至 2/3 处，加入数粒玻璃珠，加入甲基红-乙醇溶液数滴及数毫升硫酸，以保持水呈酸性，加热煮沸水蒸

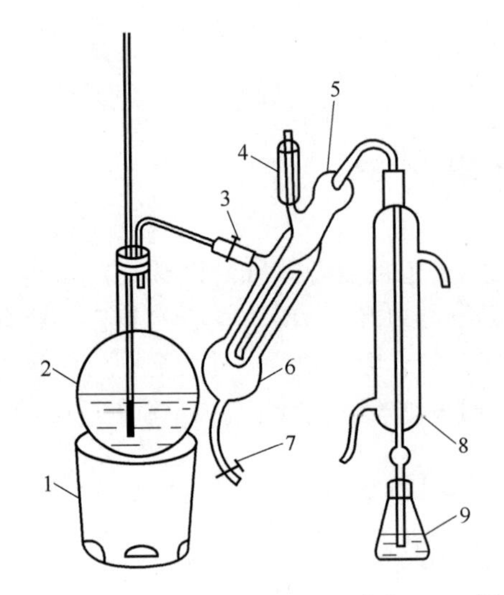

1—电炉；2—水蒸气发生器（2L 烧瓶）；3—螺旋夹；4—小玻杯及棒状玻塞；5—反应室；6—反应室外层；7—橡皮管及螺旋夹；8—冷凝管；9—蒸馏液接收瓶。

图 2-3-1　定氮蒸馏装置

气发生器内的水并使其保持沸腾。向蒸馏液接收瓶内加入 10.0mL 硼酸溶液及 1～2 滴 A 混合指示剂或 B 混合指示剂，并使冷凝管的下端插入液面下，根据试样中氮含量，准确吸取 2.0～10.0mL 试样处理液由小玻杯注入反应室，以 10mL 水洗涤小玻杯并使之流入反应室内，随后塞紧棒状玻塞。将 10.0mL 氢氧化钠溶液倒入小玻杯，提起玻塞，使其缓缓流入反应室，而后立即将玻塞盖紧并水封。夹紧螺旋夹，开始蒸馏。蒸馏 10min 后移动蒸馏液接收瓶，液面离开冷凝管下端，再蒸馏 1min。然后用少量水冲洗冷凝管下端外部，取下蒸馏液接收瓶。尽快以硫酸或盐酸标准滴定溶液滴定至终点，如用 A 混合指示液，终点颜色为灰蓝色；如用 B 混合指示液，终点颜色为浅灰红色。同时做试剂空白试验。

3. 计算

试样中总氮含量按下式计算：

$$\omega(X)=\frac{(V_1-V_2)\times c\times 0.0140}{m\times V_3/100}\times 100\% \qquad (2\text{-}3\text{-}1)$$

式中　$\omega(X)$——试样中总氮含量，%；

V_1——试液消耗硫酸或盐酸标准滴定液的体积，mL；

V_2——空白试验消耗硫酸或盐酸标准滴定液的体积，mL；

c——硫酸或盐酸标准滴定溶液浓度，mol/L；

0.0140——1.0mL 硫酸 [$c(1/2H_2SO_4)=1.000$mol/L] 或盐酸 [$c(HCl)=1.000$mol/L] 标准滴定溶液相当的氮的质量，g；

m——试样的质量，g；

V_3——吸取消化液的体积，mL。

4. 备注

在重复条件下获得的两次独立测定结果的绝对差值不得超过算术平均值的 10%。

第二节　分光光度法

蛋白质类物质在催化加热条件下被分解，分解产生的氨与硫酸结合生成硫酸铵，在 pH=4.8 的乙酸钠-乙酸缓冲溶液中与乙酰丙酮和甲醛反应生成黄色的 3,5-二乙酰-2,6-二甲基-1,4-二氢化吡啶化合物。在波长 400nm 下测定吸光度值，与标准系列溶液比较定量，其结果即为总氮含量。

1. 试剂的配制

氢氧化钠溶液：300g/L，称取 30g 氢氧化钠加水溶解后，放冷，并稀释至 100mL。

对硝基苯酚指示剂溶液：1g/L，称取 0.1g 对硝基苯酚指示剂溶于 20mL 95%（体积分数）乙醇中，加水稀释至100mL。

乙酸溶液：1mol/L，量取5.8mL乙酸，加水稀释至100mL。

乙酸钠溶液：1mol/L，称取41g无水乙酸钠或68g乙酸钠，加水溶解稀释至500mL。

乙酸钠-乙酸缓冲溶液：量取60mL乙酸钠溶液，与40mL乙酸溶液混合，该溶液pH=4.8。

显色剂：15mL甲醛与7.8mL乙酰丙酮混合，加水稀释至100mL，剧烈振摇混匀，然后在室温下放置3d使其性质稳定。

氨氮标准储备溶液（以氮计）：1.0g/L，称取在105℃下干燥2h的硫酸铵0.4720g加水溶解，转移至100mL容量瓶中，并稀释至刻度，混匀，此溶液每毫升含1.0mg氮。

氨氮标准使用溶液：0.1g/L，用移液管吸取10.00mL氨氮标准储备液于100mL容量瓶内，加水定容至刻度，混匀，此溶液每毫升含0.1mg氮。

2. 试样处理

称取充分混匀的固体试样0.1～0.5g（精确至0.001g），半固体试样0.2～1.0g（精确至0.001g）或液体试样1～5g（精确至0.001g），移入干燥的100mL或250mL定氮瓶中，加入0.1g硫酸铜、1g硫酸钾及5mL硫酸，摇匀后于瓶口放一小漏斗，将定氮瓶45°斜支于有小孔的石棉网上。缓慢加热，待内容物全部炭化、泡沫完全停止后，加强火力，并保持瓶内液体微沸，至液体呈蓝绿色澄清透明后，再继续加热0.5h。取下放冷，慢慢加入20mL水，再次放冷后移入50mL或100mL容量瓶中，并用少量水洗定氮瓶，将洗液并入容量瓶中，再加水至刻度，混匀备用。按同一方法做试剂空白试验。

3. 试样溶液的制备

吸取2.00～5.00mL试样或试剂空白消化液于50mL或100mL容量瓶内，加1～2滴对硝基苯酚指示剂溶液，摇匀后滴加氢氧化钠溶液中和至黄色，再滴加乙酸溶液至溶液无色，用水稀释至刻度，混匀。

4. 标准曲线的绘制

吸取0，0.05，0.10，0.20，0.40，0.60，0.80，1.00mL氨氮标准使用溶液（相当于0，5.0，10.0，20.0，40.0，60.0，80.0，100.0μg氮），分别置于10mL比色管中。加4.0mL乙酸钠-乙酸缓冲溶液及4.0mL显色剂，加水稀释至刻度，混匀。置于100℃水浴中加热15min。取出用水冷却至室温后，移入1cm比色杯内，以零管为参比，于波长400nm处测量吸光度值，根据各标准使用溶液的吸光度值绘制标准曲线并拟合线性回归方程。

5. 试样的测定

吸取0.50～2.00mL（约相当于氮<100μg）试样溶液和同量的试剂空白溶液，分别于10mL比色管中。加4.0mL乙酸钠-乙酸缓冲溶液及4.0mL显色剂，加水稀释至刻度，混匀。置于100℃水浴中加热15min。取出用水冷却至室温后，移入1cm比色杯内，以零管为参比，于波长400nm处测量吸光度值，将试样吸光度值与标准曲线比较，从而定量或代入线性回归方程求出含量。

6. 计算

试样中总氮含量按下式计算：

$$w(X)=\frac{(m_{p}-m_{p0})\times V_1\times V_3}{m\times V_2\times V_4\times 1000\times 1000}\times 100\% \tag{2-3-2}$$

式中　$w(X)$——试样中总氮含量，%；

m_p——试样测定液中氮的含量，μg；

m_{p0}——试剂空白测定液中氮的含量，μg；

V_1——试样消化液定容体积，mL；

V_3——试样溶液总体积，mL；

m——试样质量，g；

V_2——制备试样溶液的消化液体积，mL；

V_4——测定用试样溶液体积，mL。

7. 备注

在重复条件下获得的两次独立测定结果的绝对差值不得超过算术平均值的10%。

第三节　燃　烧　法

试样在900～1200℃高温下燃烧，燃烧过程中产生混合气体，其中的碳、硫等干扰气体和盐类被吸收管吸收，氮氧化物被全部还原成氮气，形成的氮气气流通过热导检测器（TCD）进行检测。

1. 仪器及步骤

按照氮/蛋白质分析仪说明书要求称取0.1～1.0g充分混匀的试样（精确至0.0001g），用锡箔包裹后置于样品盘上。试样进入燃烧反应炉（900～1200℃）后，在高纯氧（体积分数≥99.99%）中充分燃烧。燃烧炉中的产物（NO_x）被载气二氧化碳或氦气运送至还原炉（800℃）中，经还原生成氮气后检测其含量即可。

2. 备注

在重复条件下获得的两次独立测定结果的绝对差值不得超过算术平均值的10%。

第四章　总重金属化学检验法

重金属指的是相对原子质量大于 55 的金属。目前已知的重金属约有 45 种，一般都属于过渡元素。尽管锰、铜、锌等重金属是生命活动所需要的微量元素，但是常见的重金属元素的离子一般是有毒的。当超过一定浓度时，重金属对人体都有毒。

第一节　样品预处理

对于不同的样品，重金属在其中的存在形式不同。对于无机物而言，重金属在样品中以盐的形式存在，一般采用合适的试剂进行溶解即可。但是，化妆品原料一般不使用重金属盐，因此应主要关注有机物中重金属的检测。有机物中，重金属可以以游离态存在，也可以以金属有机物的结合态存在。为对样品中重金属的含量进行准确检测，必须将所有重金属元素转化为在水溶液中的游离态形式。因此，对化妆品原料和产品的重金属检测必须重点关注对样品的预处理过程，以避免产生较大的误差。

1. 湿法消解

称取 5.00g 试样，置于 25mL 锥形瓶中，加 10～15mL 硝酸浸润试样，放置 30min 或过夜后，于电热板上加热，待反应缓和后取下放冷，沿瓶壁加入 5mL 硫酸，再继续加热至瓶中溶液呈棕色，不断滴加硝酸（如有必要可适量滴加高氯酸）至有机物完全分解，继续加热至生成大量二氧化硫白色烟雾，最终产物溶液呈无色或微黄色。冷却后加 20mL 水，煮沸除去残余硝酸至产生白烟为止。将溶液移入 50mL 容量瓶中，用水洗涤锥形瓶 2 次，洗涤液并入容量瓶中，加水定容至刻度，混匀。每 10mL 溶液相当于 1.0g 样品。取同样量的硝酸和硫酸，用相同方法做试剂空白试验。

2. 干法消解

称取 5.00g 试样，置于硬质玻璃蒸发皿或石英坩埚中，加入适量浓硫酸浸润试样，于电炉上小火炭化后，加 2mL 硝酸和 5 滴浓硫酸，小心加热至白色烟雾挥发完毕，移入马弗炉中，于 500℃灰化完全，冷却后取出，加 2mL 6mol/L 盐酸溶液湿润残渣，于水浴上慢慢蒸发至干。残渣用 1 滴浓盐酸润湿，加入 10mL 水，在沸水浴上加热 2min，将溶液移入 50mL 容量瓶中，如有固体不溶物，可过滤，用少量水洗涤坩埚和滤器，洗滤液移入容量瓶中，定容后混匀。每 10mL 溶液相当于 1.0g 样品。试样灰化的同时，另取一个坩埚，做试剂空白试验。

3. 压力消解罐消解法

根据压力消解罐容积，称取适量试样（精确至 0.001g），置于聚四氟乙烯内罐中，加硝酸 2～4mL 浸泡过夜。再加过氧化氢 2～3mL，液体总体积不得超过罐总容积的 1/3。盖好内盖，旋紧金属外套，放入 120～140℃的恒温干燥箱，维持 3～4h。随后在箱内自然冷却至室温，用滴管将消化液移入或滤入容量瓶中，用水少量多次洗涤消化罐，洗液合并入容量瓶并定容，混匀备用。同时按相同方法做试剂空白试验。

4. 微波消解法

称取固体样品 0.2～0.5g（精确至 0.001g，含水分较多的样品可适当增加取样量至 1g）或准确移取液体试样 1.00～3.00mL 于微波消解内罐中，对于含乙醇或二氧化碳的样品，需先在电热板上低温加热除去乙醇或二氧化碳。加入 5～10mL 硝酸，加盖放置 1h 或过夜，旋紧罐盖，按照微波消解仪标准操作步骤进行消解。冷却后取出，缓慢打开罐盖排气，用少量水冲洗内盖，将消解罐放在控温电热板上或超声水浴箱中，于 100℃ 加热 30min 或超声脱气 2～5min，用水定容至 25mL 或 50mL，混匀备用，同时做试剂空白试验。

5. 备注

对于有机多元醇类物质，注意切勿使用硝酸消解的方法进行处理！

第二节　饱和硫化氢法

在弱酸性（pH＝3.0～4.0）条件下，试样中的重金属离子与硫化氢作用，生成棕黑色胶体分散液，与同法处理的铅标准溶液的色度相比较，获得限量试验结果。

1. 试剂的配制

（1）饱和硫化氢溶液的配制

硫化氢气体通入不含二氧化碳的水中（当流速为 80mL/min 左右时，通气 1h 即可），此溶液临用前制备。

（2）醋酸盐缓冲液的配制（pH＝3.5）

取醋酸铵 25g，加水 25mL 溶解后，加 6mol/L 盐酸溶液 45mL，用 2mol/L 盐酸溶液或 5mol/L 氨溶液准确调节至 pH＝3.5，用水稀释至 100mL。

（3）铅标准储备液的配制

称取硝酸铅［$Pb(NO_3)_2$］0.1598g，加硝酸 1mL 与水 50mL 溶解，定量转移至 100mL 容量瓶中，用水稀释至刻度，摇匀，作为储备液，质量浓度为 1mg/mL。

（4）铅标准使用液的配制

临用前，精密量取铅标准储备液 1mL，置于 100mL 容量瓶中，加水稀释至刻度，摇匀，作为使用液，质量浓度为 10μg/mL。

2. 检测步骤及测定

依据样品检测标准，移取新配制的铅标准使用液适量，置于 50mL 纳氏比色管中，加水至 25mL，混匀，加 1 滴酚酞指示剂，用 6mol/L 盐酸溶液或 1mol/L 氨溶液准确调节至中性，加入 5mL pH＝3.5 的醋酸盐缓冲液，混匀，备用。

同时，移取相当于 1.0g 样品的样品处理液，按上述相同方法配制，备用。

分别向对照管和试样管中加入 10mL 新鲜制备的硫化氢饱和溶液，并加水稀释至 50mL，混匀，于暗处放置 5min 后，将两溶液置于白纸上，自上向下透视，比较两管的颜色。若试样管颜色较浅，则表明试样中总重金属含量低于铅标准使用液相当的铅含量。

3. 备注

当目视无法准确判断时，可采用可见分光光度计，在 600nm 下比较两管的吸光度值大小。

第三节　硫化钠-丙三醇比色法

重金属离子与负二价硫离子在乙酸介质中生成硫化物沉淀，悬浮于水溶液中，用于比色鉴定。

1. 试剂的配制

（1）硫化钠-丙三醇溶液的配制

称取 5g 硫化钠，溶于 10mL 水和 30mL 丙三醇的混合液中，避光密封保存，保存期为一个月。

（2）30%（体积分数）乙酸溶液的配制

准确量取 30mL 冰醋酸，加入 70mL 蒸馏水，混合均匀。

（3）铅标准储备液的配制

称取硝酸铅［$Pb(NO_3)_2$］0.1598g，加硝酸 1mL 与水 50mL 溶解，定量转移至 100mL 容量瓶中，用水稀释至刻度，摇匀，作为储备液，质量浓度为 1mg/mL。

（4）铅标准使用液的配制

临用前，精密量取铅标准储备液 1mL，置于 100mL 容量瓶中，加水稀释至刻度，摇匀，作为使用液，质量浓度为 10μg/mL。

2. 检测步骤及测定

依据样品检测标准，移取适量新配制的铅标准使用液，置于 25mL 纳氏比色管中，加入 0.2mL 30%（体积分数）乙酸溶液，稀释至 25mL，加入 0.1mL 硫化钠-丙三醇溶液，摇匀，静置 10min。同时，移取相当于 1.0g 样品的样品处理液，按上述相同方法配制，将两溶液置于白纸上，自上向下透视，比较两管的颜色。若试样管颜色较浅，则表明试样中总重金属含量低于铅标准使用液相当的铅含量。

3. 备注

当目视无法准确判断时，可采用可见分光光度计，在 600nm 下比较两管的吸光度值大小。

第四节　硫代乙酰胺法

在热碱性条件下，硫代乙酰胺快速分解产生硫离子，试样中的重金属离子与硫离子作用，产生棕黑色，与经相同方法处理的铅标准溶液比较，做限量试验。

1. 试剂的配制

（1）铅标准溶液的配制

称取硝酸铅 0.1598g，置于 1000mL 容量瓶中，加硝酸 5mL 与水 50mL 溶解后，用水稀释至刻度，摇匀，作为储备液。临用前，精密量取储备液，加水稀释 10 倍，摇匀，即得。铅离子质量浓度为 10μg/mL。

（2）醋酸盐缓冲液的配制（pH＝3.5）

取醋酸铵 25g，加水 25mL 溶解后，加 7mol/L 盐酸溶液 38mL，用 2mol/L 盐酸溶液或 5mol/L 氨溶液准确调节至 pH＝3.5，用水稀释至 100mL，即得。

（3）硫代乙酰胺溶液的配制

取硫代乙酰胺 4g，加水溶解并定容至 100mL，置于冰箱中保存。临用前取混合液（由 1mol/L 氢氧化钠溶液 15mL，水 5mL，甘油 20mL 混合而成）5mL，加入上述硫代乙酰胺溶液 1mL，置于沸水浴加热 20s，冷却，立即使用。

2. 检测步骤及测定

依据样品检测标准，精确移取新配制的铅标准溶液适量，置于 25mL 纳氏比色管中，滴加氨试液至中性（酚酞为指示剂），加醋酸盐缓冲液 2mL，加水稀释至 25mL。同时，移取相当于 1.0g 样品的样品处理液，按上述相同方法配制。随后，在对照管和样品管中分别加入硫代乙酰胺试液 2mL，摇匀，静置 2min。将两溶液置于白纸上，自上向下透视，比较两管的颜色。若试样管颜色较浅，则表明试样中总重金属含量低于铅标准溶液相当的铅含量。

3. 备注

当目视无法准确判断时，可采用可见分光光度计，在 600nm 下比较两管的吸光度值大小。

第五章　其他常规分析方法

第一节　水可溶物检验

本方法用于检验试样中溶于水的物质的含量。

1. 步骤

在 250mL 烧杯中，称取试样约 5g，精确至 0.001g。加入水约 70mL，搅拌均匀。将试样溶液加热煮沸 5min，静置冷却，转移至 100mL 容量瓶中，用水定容。随后将溶液过滤，弃去最初的 10mL 滤液，从其余滤液中吸取 40mL，在水浴上蒸发至干，剩余物在 105～110℃恒温烘箱中干燥 1h，在干燥器中冷却后称重。

2. 计算

$$w(X)=\frac{m_1\times\frac{100}{40}}{m}\times 100\% \tag{2-5-1}$$

式中　$w(X)$——试样中水可溶物质量分数，%；

m——称取的试样质量，g；

m_1——干燥的残渣的质量，g。

第二节　酸可溶物与酸不溶物检验

本方法用于检测试样中可溶于 10%（质量分数，后同）盐酸和不溶于盐酸的物质的含量。

1. 试剂的配制

10%盐酸：23.6mL 浓盐酸，用水定容至 100mL。

0.1mol/L 硝酸银溶液：准确称取 1.75g 分析纯硝酸银，加水溶解，定容至 100mL。

2. 操作步骤

（1）酸可溶物检验

准确称取约 1g 试样，加入 10%盐酸溶液 20mL，搅拌下在 50℃加热 15min，转移至 50mL 容量瓶中，用水定容。溶液过滤，弃去最初的 15mL 滤液，在余下的滤液中准确吸取 25mL，置于水浴上蒸发至干，余物在 105～110℃恒温烘箱中干燥 1h，在干燥器中冷却后称重。

（2）酸不溶物检验法

准确称取适量的试样，加入水约 70mL，搅拌下，分批少量加入浓盐酸共 10mL，加热 5min。冷却后用定量分析滤纸过滤，用热水洗涤滤纸上的残渣，洗至用 0.1mol/L 硝酸银溶液检验过滤洗液无氯化物为止。最后将残留物和滤纸一起灼烧灰化，达到恒重，在干燥器中冷却后称重。

3. 计算

(1) 酸可溶物计算

$$w(X)=\frac{m_1\times2}{m}\times100\% \quad (2\text{-}5\text{-}2)$$

式中 $w(X)$——试样中酸可溶物质量分数,%;

m——称取的试样质量，g;

m_1——干燥的残渣的质量，g。

(2) 酸不溶物计算

$$w(X)=\frac{m_1}{m}\times100\% \quad (2\text{-}5\text{-}3)$$

式中 $w(X)$——试样中酸不溶物质量分数,%;

m——称取的试样质量，g;

m_1——干燥的残渣的质量，g。

第三节 灼烧检验法

一、灼烧减量检验法

本方法是将试样按规定条件灼烧，测定其减量的检验方法，常用于灼烧后试样本质不发生变化的无机物。

1. 操作步骤

将铂制、石英制或瓷制的坩埚在所需温度下灼烧至恒重，在干燥器中静置冷却后，精确称重。根据试样的结晶水含量称取适量的试样，然后按规定的灼烧温度和时间灼烧至恒重，放入干燥器中冷却，精确称量。

2. 计算

$$w(X)=\frac{m-m_1}{m}\times100\% \quad (2\text{-}5\text{-}4)$$

式中 $w(X)$——试样的灼烧减量,%;

m——称取的试样质量，g;

m_1——灼烧的残渣的质量，g。

二、灼烧残留物检验法

本方法的主要内容是将试样按所述方法通过强热处理后，测定残留物的质量。该法通常用于测定有机物中无机杂质的含量，或者测定有机构成成分中的无机物含量，或者检测挥发性无机物中含有的杂质的含量。

1. 操作步骤

将铂制、石英制或瓷制的坩埚在所需温度下灼烧至恒重，在干燥器中静置冷却后，精确称重。按试样性质精确称取适量试样。

(1) 灼烧方法一

将试样用少量浓硫酸润湿，慢慢加热，尽可能在较低温度下炭化或挥发后，再用硫酸润湿，使其完全炭化，转移至450～550℃马弗炉中灼烧至恒重为止。在干燥器中冷却后，精确称量。

（2）灼烧方法二：

将试样慢慢加热，尽可能在较低温度下炭化或挥发后，用硫酸润湿，使其完全炭化后灼烧至恒重为止。在干燥器中冷却后，精确称量。

（3）灼烧方法三：

开始时将试样在较低温度下加热，慢慢达到炽热温度（800～1200℃），使其完全灰化，在干燥器中放冷后，精确称量。若使用该方法后仍有炭化物残留，则向残留物中加入热水，使之完全湿润，随后用定量分析滤纸过滤，将残留物和滤纸一起加热至炽热灰化，直至无炭化物残留，然后加滤液，蒸发至干涸。在干燥器中冷却后，精确称量。

2. 计算

$$w(X)=\frac{m_1}{m}\times 100\% \tag{2-5-5}$$

式中　$w(X)$——试样的灼烧残留物的质量分数，%；

m——称取的试样质量，g；

m_1——干燥残渣的质量，g。

第四节　不皂化物检验法

本方法用于检测试样中不被碱金属氢氧化物皂化，且能溶于油性溶剂而不溶于水的物质。

1. 试剂的配制

0.1mol/L氢氧化钾-乙醇溶液：称取10g氢氧化钾溶于95%（体积分数）乙醇中，并用95%（体积分数）乙醇定容至100mL，现配现用。

2. 操作步骤

精确称取试样约5g，置于250mL圆底烧瓶中，加氢氧化钾-乙醇溶液50mL。搭建回流冷凝装置，在水浴上平稳加热，煮沸1h。溶液转移至第一分液漏斗，烧瓶用100mL温水洗涤，洗液并入第一分液漏斗，再加入50mL水，静置冷却至室温。然后用100mL乙醚洗涤烧瓶，洗液并入第一分液漏斗。将第一分液漏斗剧烈振荡1min，静置使其分层。

水层转移至第二分液漏斗，加乙醚50mL，剧烈振荡萃取，静置使其分层。水层转移至第三分液漏斗，重复该操作。将第二分液漏斗和第三分液漏斗中的乙醚萃取液并入第一分液漏斗中，用少量乙醚清洗两漏斗，洗液并入第一分液漏斗中。

第一分液漏斗中的乙醚溶液用水洗涤，每次30mL，洗至洗液遇酚酞指示剂不显红色。在乙醚溶液中加入少量无水硫酸钠，放置1h后，用干燥滤纸过滤到已称重的圆底或平底烧瓶中。第一分液漏斗用无水乙醚清洗，洗液通过相同装置过滤，使滤液合并。滤液在水浴上加热使乙醚完全蒸干，再加入3mL丙酮，继续在水浴上蒸发至干。残余物在负压下于70～80℃加热30min，移入减压干燥器中，冷却30min，精确称量。

在烧瓶中加入2mL乙醚，10mL中性乙醇，振摇使萃取物溶出，加入2滴酚酞指示剂，用0.1mol/L氢氧化钾-乙醇溶液滴定至微红色保持30s，使脂肪酸中和。最终结果以油酸计。

3. 计算

$$w(X)=\frac{m_1-V\times c\times 0.282}{m}\times 100\% \tag{2-5-6}$$

式中　$w(X)$——试样中不皂化物质量分数，%；

m——称取的试样质量，g；

m_1——干燥残渣的质量，g；

V——滴定消耗的氢氧化钾乙醇溶液的体积，mL；

c——氢氧化钾乙醇溶液的浓度，mol/L；

0.282——油酸的毫摩尔质量，g/mmol。

第六章　稳定性试验法

第一节　耐 热 试 验

耐热试验是膏霜乳液类化妆品最为基本的稳定性试验之一，包括润肤乳液、护发素、唇膏、洗面奶、发乳、洗发膏、雪花膏、发用摩丝等。因各类化妆品的外观形式不同，对产品的耐热要求和试验操作也有所区别，以下对各化妆品的耐热指标和试验操作分别进行阐述。

1. 润肤乳液

耐热指标：48℃保持 24h，恢复室温无油水分离现象。

耐热试验：预先将电热恒温箱调节至温度为（48±1)℃，将包装完整的试样一瓶放在电热恒温培养箱内，保持 24h 后取出，恢复室温观察。

2. 护发素

耐热指标：48℃保持 24h，恢复室温后无油水分离、沉淀、变色现象（产品注明有不溶性粉粒沉淀物的除外)。

耐热试验：将样品分装入两支干燥清洁的试管内，高度约为 80mm，塞上硅胶塞，把一支试管放入预先调温至（48±1)℃的电热恒温箱，保持 24h 后取出，恢复室温后与另一支试管内的样品进行对比。

3. 唇膏

耐热指标：48℃保持 24h，无弯曲软化现象。

耐热试验：预先将电热恒温箱温度调节至（48±1)℃，将待测样品脱离包装，悬空平放在电热恒温培养箱内，保持 24h 后取出观察。

4. 洗面奶

耐热指标：40℃保持 24h，恢复室温无油水分离、黏度降低、变色现象。

耐热试验：预先将电热恒温箱温度调节至（40±1)℃，将包装完整的试样两瓶，一瓶放入电热恒温培养箱内，一瓶置于室温保存。24h 后取出受热试样，恢复至室温，与室温保存样品比较，应无油水分离、黏度降低、变色现象。

5. 发乳

耐热指标：

① 水包油（O/W）型：48℃保持 24h 不出现油水分离，为优级品；45℃保持 24h 不出现油水分离，为一级品；40℃保持 24h 不出现油水分离，为合格品。

② 油包水（W/O）型：40℃保持 24h 析油量＜5%。

耐热试验：

① O/W 型：预先将电热恒温箱调节至规定温度±1℃，将待检验样品放入，保持 24h 后取出，观察膏体，无油水分离现象。

② W/O型：预先将电热恒温箱温度调节至（40±1）℃，在已称重的培养皿中称取膏体约10g（约占培养皿面积的1/4）。用刮板刮平后再精确称量至小数点后2位，倾斜15°放置在烘箱内，24h后取出，如有油相析出，则将膏体拭去，留下油相。最后将培养皿和析出的油相一起称重，析油率可按下式计算：

$$R=\frac{m_2-m_1}{m_0}\times100\% \tag{2-6-1}$$

式中　R——析油率，%；

m_0——称取的样品质量，g；

m_1——培养皿的质量，g；

m_2——拭去膏体后培养皿和析出油分的总质量，g。

6. 发用摩丝

耐热指标：40℃保持24h，恢复至室温后可以正常使用。

耐热试验：预先将恒温水浴温度调节至（40±1）℃，将包装完整的试样一瓶，放入恒温水浴内，保持24h后取出，恢复至室温后观察。

7. 洗发膏

耐热指标：40℃保持24h，膏体不流动，无油水分离现象。

耐热试验：将试样放入预先调温至（40±1）℃的恒温箱中，按规定时间进行试验。小塑料包装袋样品，用铁夹夹住塑料袋封口，悬挂于电热恒温干燥箱中，24h后取出，放在45°斜面上，观察膏体是否流动、有无变化。瓶装样品，将瓶放置于电热恒温干燥箱中，使膏体表面保持水平，24h后取出，放在45°斜面上，观察膏体是否流动、有无变化。

8. 雪花膏

耐热指标：40℃保持24h，膏体无油水分离现象。

耐热试验：预先将电热恒温箱调温至（40±1）℃，将试样移入试管中（约到试管的1/3高度处），并用硅胶塞封口。将试管放入电热恒温箱保持24h后取出，观察有无油水分离现象。

9. 染发乳液

耐热指标：48℃保持6h，恢复室温后，无油水分离现象。

耐热试验：预先将电热恒温箱调温至（48±1）℃，把包装完整的试样一瓶，放入电热恒温箱内，保持6h后取出，恢复至室温后观察。

第二节　耐寒试验

耐寒试验也是膏霜乳液类化妆品最为基本的稳定性试验之一，根据各类化妆品的外观形式，对产品的耐寒要求和试验操作同样各有不同。

1. 润肤乳液

耐寒指标：－15℃保持24h，恢复室温无油水分离现象，为优级品；－10℃保持24h，恢复室温无油水分离现象，为一级品；－5℃保持24h，恢复室温无油水分离现象，为合格品。

耐寒试验：预先将冰箱调节至规定温度，将包装完整的试样一瓶放入冰箱内，保持24h后取出，恢复室温观察。

2. 护发素

耐寒指标：−15℃保持24h，恢复室温无油水分离现象，且能正常使用，为优级品；−10℃保持24h，恢复室温无油水分离现象，且能正常使用，为一级品；−5℃保持24h，恢复室温无油水分离现象，且能正常使用，为合格品。

耐寒试验：将样品分装入两支干燥清洁的试管内，高度约为80mm，塞上硅胶塞，把一支试管放入预先调节好温度的冰箱内，保持24h后取出，恢复室温后与另一支试管内的样品进行对比。

3. 唇膏

耐寒指标：0℃保持24h，恢复至室温后能正常使用。

耐寒试验：预先将冰箱调温至（0±1)℃，将待测样品包装完整后放入冰箱内，保持24h后取出，恢复至室温后，将少量样品涂擦于手上，观察其使用性能。

4. 洗面奶

耐寒指标：−10℃保持24h，恢复室温无油水分离、颗粒感、变色现象。

耐寒试验：预先将冰箱调温至（−10±1)℃，将包装完整的试样两瓶，一瓶放入冰箱内，一瓶于室温下保存，24h后取出耐寒试样，恢复至室温，与室温保存样品比较，应无油水分离、颗粒感、变色现象。

5. 发乳

耐寒指标：

（1）O/W型：−15℃保持24h，恢复至室温后不出现油水分离现象。

（2）W/O型：−10℃保持24h，恢复至室温后膏体不发粗，不出现析水现象。

耐寒试验：预先将冰箱调节至规定温度±1℃，将待检验样品放入，保持24h后取出，恢复至室温，观察膏体。

6. 发用摩丝

耐寒指标：0℃保持24h，恢复至室温后可以正常使用。

耐寒试验：预先将冰箱调温至（0±1)℃，将包装完整的试样一瓶，放入冰箱内，保持24h后取出，恢复至室温后观察使用情况。

7. 洗发膏

耐寒指标：0℃保持24h，膏体能正常使用；−10℃保持24h，膏体恢复至室温后无油水分离现象。

耐寒试验：预先将冰箱调温至（0±1)℃，放入试样24h后取出，检查膏体能否正常使用；样品经过0℃预冷2h，放入调温至（−10±1)℃的冰箱内，24h后取出，恢复至室温后观察有无油水分离现象。

8. 雪花膏

耐寒指标：−5～−15℃下保持24h，恢复室温后膏体无油水分离现象。

耐寒试验：预先将冰箱调节至规定温度±1℃，把包装完整的试样一瓶放入冰箱内，保持24h后取出，恢复至室温后观察。

9. 染发乳液

耐寒指标：−10℃保持24h，恢复室温后无油水分离现象。

耐寒试验：预先将冰箱调温至（−10±1)℃，把包装完整的试样一瓶，放入冰箱内，保持24h后取出，恢复至室温后观察。

第三节　离心试验

离心试验是通过模拟缩短乳液类化妆品货架期寿命，实现快速稳定性检测的必要试验，可用于对润肤乳液、染发乳液、洗面奶等产品的检验。

1. 操作步骤

离心机配件应选择能配套10mL离心管规格的转子，离心管选择透明的玻璃或塑料含盖离心管。取约10mL待测乳液装入离心管中，称重，调节各管间的质量差，以符合离心机的要求。塞上硅胶塞或拧紧盖子，随后将离心管放入预先调节至（38±1)℃的电热恒温培养箱中，恒温1h。恒温结束后，取出离心管，立即将其两两对称移入离心机转子中，将离心机调整到规定的离心转速，旋转规定时间后取出观察。

2. 评价指标

（1）润肤乳液

一般制品：4000r/min，离心30min不分层，为优级品；3000r/min，离心30min不分层，为一级品；2000r/min，离心30min不分层，为合格品。

粉质制品：2000r/min，离心30min不分层，即合格。

（2）染发乳液

2500r/min，离心10min不分层，不产生粗颗粒感和沉淀现象，即合格。

（3）洗面奶

2000r/min，离心30min不分层，即合格。如含有磨砂颗粒物沉淀，不影响评价。

第四节　色泽稳定性试验

色泽稳定性试验可用于检验有颜色的化妆品的色泽是否能稳定保持。

1. 紫外线辐照法

取试样装入9cm玻璃培养皿中，装满刮平，用半圆形或方形金属薄片遮盖住培养皿的1/2，放入暗室。随后在培养皿上方30cm处安装30W紫外灯，并正面垂直照射6h，辐照完毕后取出观察，对比受辐照面和未受辐照面的色差。

2. 干燥箱加热法

该方法主要用于香水和花露水的色泽稳定性试验。

取试样一式两份，分别倒入25mL透明具塞玻璃试管内，高度为1/2～2/3，塞上塞子后，将其中一支试管放入预先调温至（48±1)℃的电热恒温培养箱中。加热1h后，打开塞子一次以释放压力，随后塞上塞子，继续在电热恒温培养箱中加热至24h。加热结束后，将试管取出，与未加热的试管对比色差。

第五节　泄漏试验

泄漏实验用于检验气压式化妆品是否存在推进剂外泄的隐患，适用于发用摩丝、定型发胶等采用气体推进剂作为动力的化妆品。

预先将恒温水浴箱调节至 50℃，然后放入包装完整的产品，3min 内以每分钟冒出的气泡不超过 5 个为合格。

第六节　内压力试验

内压力试验用于检验气压式化妆品的瓶内压力是否超过规定压力。

取试样一瓶，除去帽盖套，拔去喷头，装上金属接管和压力表（0～1.0MPa，精度等级为 1.5），然后置于已恒温至 25℃的水浴箱中 30min，将压力表朝下压，读出指针稳定后的压力表读数。发用摩丝和定型发胶的内压力＜0.8MPa。

第七章　功能性试验法

一、染色能力测试

该试验用于检验染发类制剂的染色能力。

染发水：量取氧化剂和染发剂各 10mL，一并倒入烧杯内，搅拌均匀，将 0.3g 白发或白色羊毛用自来水浸湿后放入烧杯中，浸染 30min 后取出，用自来水漂洗干净，晾干后观察。

染发粉：称取染发粉 0.3g 于 50mL 烧杯中，加自来水 10mL，搅拌成浆状后，将 0.3g 白发或白色羊毛用自来水浸湿后放入烧杯中，浸染 30min 后取出，用自来水漂洗干净，晾干后观察。

二、喷出率试验

该方法用于检验定型发胶的喷出率。

取包装完整的试样一瓶，称重，按罐体标注的正确喷射方法喷出内容物，喷完后立即称重。然后将包装罐打开，倒出未喷出的余液，擦拭干净后称量空罐质量，并按下式进行计算：

$$w(X)=\frac{m_1-m_2}{m_1-m_3}\times100\% \tag{2-7-1}$$

式中　$w(X)$——试样的喷出率，%；

m_1——喷液前罐的质量，g；

m_2——喷液后罐的质量，g；

m_3——倒出余液后空罐的质量，g。

喷出率≥95%的产品为合格品。

三、残留物试验

该方法用于检验发用摩丝喷完后的残留物含量。

取包装完整的试样一瓶，称重，按罐体标注的正确喷射方法喷出内容物，喷完后立即称重。然后将包装罐打开，倒出未喷出的余液，擦拭干净后称量空罐质量，并按下式进行计算。

$$w(X)=\frac{m_1-m_2}{m_3-m_2}\times100\% \tag{2-7-2}$$

式中　$w(X)$——试样的残留物质量分数，%；

m_1——摩丝喷出后残留物和空罐的质量，g；

m_2——空罐的质量，g；

m_3——样品和空罐的质量，g。

残留物≤5%的产品为合格品。

四、起喷次数试验

该方法用于检验定型发胶的起喷次数。

取包装完整的试样一瓶，按使用说明按动泵头，至开始喷出液体为止，计算按动次数，以起喷次数≤5 次为合格。

五、干燥度试验

该方法用于检验指甲油的干燥度。

在室温（20±5)℃下，用笔刷将指甲油涂在事先用乙酸乙酯溶剂洗净的载玻片或马口铁皮上。涂刷时将笔刷蘸满指甲油，一次性涂于载体上，然后按动秒表，观察至其干燥，再按动秒表，则计得干燥时间。产品干燥时间以≤10min 为合格。

六、牢固度试验

1. 化妆粉饼牢固度试验

将包装完整的成品抬至离地面 1m，使盒面与地面平行，一次性自然垂直落于木板面上，打开盒盖观察，要求盒内粉块不碎裂。

2. 指甲油牢固度试验

用笔刷将指甲油涂在事先用乙酸乙酯溶剂洗净的载玻片或马口铁皮上，在室温（20±5)℃下涂刷一层后放置 24h，用长 9 号绣花针在干燥的指甲油涂层上划横 5 条，竖 5 条，每条间隔 1mm，观察划痕的深度和清晰度。

七、涂擦性能试验

该方法用于检验化妆粉饼的涂擦性能。

将试样盒打开，放入（50±1)℃的恒温培养箱中，保持 24h 后取出，恢复至 25℃后，用随盒的粉扑在块面不断轻轻擦拭，随时吹去粉粒并观察块面是否有油块或松碎。

八、均匀度试验

该方法用于检验化妆粉饼的粉体均匀度。

从试样盒中小心取出粉块，在道林纸上保持相同压力划过，观察擦痕的色彩是否均匀。

九、泡 沫 试 验

本试验适用于检验洗发液和洗发膏的泡沫状况是否达到规定标准。

1500mg/L 硬水的配制：称取 7.5g 无水硫酸镁（$MgSO_4$）和 5.0g 无水氯化钙（$CaCl_2$），充分溶解于 500mL 蒸馏水中。

打开罗氏泡沫仪，将超级恒温仪预热至（40±1)℃。称取 2.5g 样品，加入 1500mg/L 硬水 100mL，再加入蒸馏水 900mL，加热至（40±1)℃，搅拌均匀，使样品完全溶解。用 200mL 定量漏斗吸取部分样品溶液对罗氏泡沫仪管壁进行润洗，然后将样品溶液装入罗氏泡沫仪底部，使液面高度与 50mL 刻度对齐。再用 200mL 定量漏斗吸取样品溶液，将漏斗置于罗氏泡沫仪顶部，漏斗中心位置对准泡沫仪液面中心，自然放下所有样液，5min后记录泡沫高度。

洗发液的泡沫指标为：

① 透明型：优级品≥140mm，一级品≥120mm，合格品≥100mm。

② 非透明型：优级品≥90mm，一级品≥70mm，合格品≥50mm。

洗发膏的泡沫指标为：≥100mm。

第三篇　化妆品产品系统分析

第一章　肥皂分析

肥皂是至少含有 8 个碳原子的脂肪酸或混合脂肪酸的碱性盐类（无机或有机）的总称。日常使用的肥皂的脂肪酸碳主链一般含 10～18 个碳原子。根据脂肪酸亲水基团阳离子类型的不同，肥皂可分为碱性皂（钠皂、钾皂、铵皂、有机碱皂）和金属皂（非碱金属皂）。根据用途的差异，可将肥皂分为家用和工业用两类，家用皂又可分为洗衣皂、香皂、特种皂等，而工业用皂则主要指纤维用皂。

根据图 3-1-1，肥皂的系统分离分析过程包括干燥脱水、乙醇萃取、酸化和氧化分解、非极性溶剂萃取、高温炭化等过程。

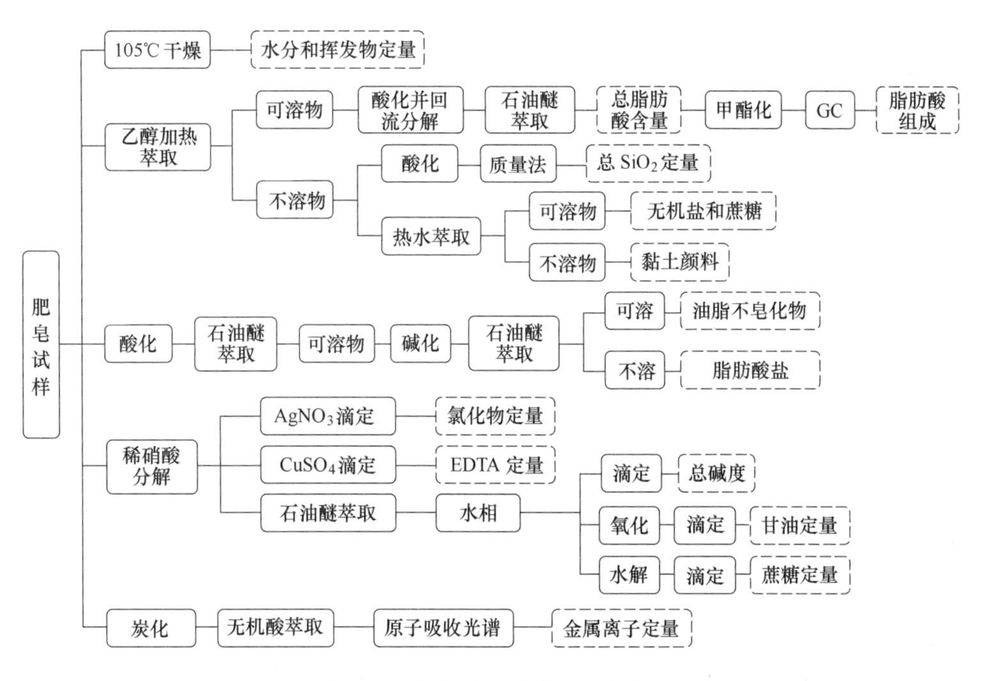

图 3-1-1　肥皂的系统分离分析方案

第一节　水分分析

水分和挥发物的定量方法主要采用加热减量法（5g 试样，105℃干燥至恒重）、共沸蒸馏法、卡尔·费休法等。国际标准（ISO）采用加热减量法和二甲苯共沸蒸馏法，后者对水分多的试样有效，但精度略低。

第二节　水不溶物分析

肥皂中含有黏土、颜料等成分时，这些物质即为水不溶物。可将乙醇不溶物进一步溶于热水中，然后求出水不溶物的含量。以下是日本 JIS K3304 规定的测定方法。

将乙醇不溶物置于烧杯中，加入蒸馏水，缓慢煮沸 5min 后，用已称过重的滤纸或玻璃过滤器过滤，然后用温水将水不溶物充分洗净。把残留于滤纸或玻璃过滤器上的不溶物在 105℃下干燥至恒重，依下式求出水不溶物的质量分数：

$$w(X)=\frac{m}{m_0}\times 100\% \tag{3-1-1}$$

式中　$w(X)$——水不溶物的质量分数，%；

m_0——样品质量，g；

m——不溶物质量，g。

第三节　石油醚可溶物分析

肥皂中含有游离脂肪酸以外的成分（油性成分等），可以用石油醚可溶物定量（A 法）。对于富含胺皂（三乙醇胺盐等）和游离脂肪酸的高脂肪型皂，脂肪酸会被萃取到石油醚层中，适合采用 B 法。

1. A 法

称取 5g 试样，溶于 100mL 乙醇和 10g/L $NaHCO_3$ 水溶液的等体积混合溶液中，用 50mL 石油醚（30～60℃）萃取 3 次。石油醚相再用适量体积分数 50%乙醇萃取一次，蒸去石油醚，得萃出物质量。

2. B 法

10g 试样溶于 200mL 50%乙醇溶液中，加稀 NaOH 溶液，使试液呈碱性（酚酞为指示剂），用 50mL 石油醚萃取 3 次。石油醚相蒸去溶剂，得萃出物质量。

第四节　总脂肪酸含量分析

用无机酸分解肥皂，取出脂肪酸，再用碱中和，计算出肥皂量。

1. 操作步骤

于 100mL 热水中溶解 5g 试样，用无机酸调至酸性（甲基橙为指示剂）后，分别用 100，50，30mL 石油醚萃取 3 次。水洗后将石油醚相浓缩至约 10mL，加入 20mL 中性无水乙醇溶解。再加入 1 滴 10g/L 酚酞溶液，用 0.5mol/L KOH 醇溶液中和滴定。再在水浴上蒸去乙醇（可转移到烧杯中操作，以缩短到达恒量的时间）。为了除去水分，可以加入少量丙酮，再在水浴上蒸去。生成的钾皂于 105℃干燥箱中烘干，在干燥器中放冷，称量，直至失重值低于 5mg。

2. 计算

$$w(X)=\frac{m'-V\times c\times(39-23)\times 10^{-3}}{m}\times 100\%-w(P) \tag{3-1-2}$$

式中 $w(X)$——总脂肪酸的钠盐的质量分数，%；

m'——钾皂的质量，g；

c——氢氧化钾标准溶液的浓度，mol/L；

V——氢氧化钾标准溶液消耗体积，mL；

m——试样的质量，g；

$w(P)$——石油醚可溶物质量分数，%。

第五节 游离碱分析

测定肥皂中的游离苛性碱。

操作步骤：称取 5g 试样与 200mL 中性无水乙醇（酚酞为指示剂），安装回流冷却装置，煮沸溶解。在约 70℃用 0.1mol/L 盐酸-乙醇标准溶液中和滴定。当试样为脂肪酸钠时用 $w(NaOH)$（%）表示。

第六节 氯化物分析

肥皂中氯化物（NaCl 等）的定量方法有 2 种。

1. 化学滴定法

（1）操作步骤

50mL 热水中溶解 5g 试样，加入稀硝酸分离脂肪酸后冷却固化，用滤纸过滤，收集并合并滤液和洗液。在合并的清液中加入 5mL 硝酸和 25mL 0.1mol/L $AgNO_3$ 溶液，加入约 5mL 乙醚充分振荡混合。再加入 100g/L 硫酸铁铵溶液 2～3mL，用 0.1mol/L 硫氰酸铵溶液滴定至红褐色。

（2）计算

$$w=\frac{(25\times c_1-V\times c_2)\times 58.4}{1000m}\times 100 \qquad (3\text{-}1\text{-}3)$$

式中 w——氯化物质量分数，%；

c_1——$AgNO_3$ 标准溶液的浓度，mol/L；

c_2——NH_4SCN 标准溶液的浓度，mol/L；

V——滴定消耗 NH_4SCN 标准溶液的体积，mL；

m——试样的质量，g；

58.4——NaCl 的摩尔质量，g/mol。

2. 电位滴定法

于 50mL 热水中溶解 1～3g 试样，加稀硝酸分离脂肪酸后，冷却固化，用滤纸过滤，收集滤液和洗液。在此滤液中用氯离子电极（或银离子电极）作指示电极，用双液型饱和氯化银电极作参比电极，用 0.1mol/L $AgNO_3$ 溶液电位滴定氯离子。

此法比滴定法的精度高，也适用于含有肥皂以外表面活性剂的场合。

第七节　甘 油 分 析

肥皂中甘油定量方法可用滴定法。

（1）操作步骤

于100mL热水中溶解10g试样（甘油质量分数<2.5%），用无机酸酸化（甲基橙为指示剂）后，分别用100，50，50mL石油醚萃取3次，除去脂肪酸。用稀NaOH试液调节下层液体至pH=8.1。再加25mL高碘酸钠溶液（将60g $NaIO_4$ 溶于120mL含有0.05mol/L H_2SO_4 的水溶液中，并稀释至1L），在暗处放30min。加入500g/L乙二醇溶液10mL，充分搅拌混合，再放置20min。用pH计监控，以0.1mol/L NaOH标准溶液滴定至pH=8.1。同时做空白试验，滴定至pH=6.5。

（2）计算

$$w(X)=\frac{(V_1-V_0)\times c\times 92.10}{1000m}\times 100\% \tag{3-1-4}$$

式中　$w(X)$——甘油质量分数，%；

V_1——滴定试样消耗NaOH标准溶液的体积，mL；

V_0——滴定空白消耗NaOH标准溶液的体积，mL；

c——NaOH标准溶液的浓度，mol/L；

m——称取试样的质量，g；

92.10——甘油的摩尔质量，g/mol。

第八节　EDTA分析

EDTA作为螯合剂配入肥皂中。

（1）操作步骤

于200mL热水中溶解相当于含0.003～0.005g EDTA·2Na·$2H_2O$的试样，用稀盐酸调节pH=4.0～5.0。分离的脂肪酸用滤纸过滤。合并滤液和洗液，加入数滴1-(2-吡啶重氮)-2-萘酚（PAN）的乙醇溶液（将0.1g PAN溶于乙醇中，并用乙醇定容至100mL），用0.01mol/L硫酸铜标准溶液滴定至颜色由黄色变为红色。本法也适用于含肥皂以外表面活性剂的试样。

（2）计算

$$w(X)=\frac{V\times c\times 372.26}{1000m}\times 100\% \tag{3-1-5}$$

式中　$w(X)$——EDTA质量分数，%；

V——滴定试样消耗硫酸铜标准溶液的体积，mL；

c——硫酸铜标准溶液的浓度，mol/L；

m——称取试样的质量，g；

372.26——EDTA的摩尔质量，g/mol。

第九节 脂肪酸成分分析

分析肥皂中的脂肪酸可以推测脂肪酸的原料来源。

1. 脂肪酸的萃取

将石油醚可溶物分析B法中除去油性成分的下层液体用无机酸酸化（甲基橙为指示剂），分别用100，25，25mL石油醚萃取3次。蒸去溶剂得到萃取物（脂肪酸）。

2. 中和值和平均摩尔质量

由脂肪酸的中和值［中和1g脂肪酸所需KOH的质量（mg）］求得平均摩尔质量，计算方式如下：脂肪酸的平均摩尔质量（g/mol）＝56108÷脂肪酸的中和值。

代表性脂肪酸的摩尔质量（中和值）如下：

C_{12}：200.32g/mol（280.1mg）。

C_{14}：228.37g/mol（245.7mg）。

C_{16}：256.43g/mol（218.8mg）。

C_{18}：284.48g/mol（197.2mg）。

$C_{18}F_1$：282.47g/mol（198.6mg）。

$C_{18}F_2$：280.45g/mol（200.1mg）。

3. 脂肪酸组成

将脂肪酸甲酯化后进行GC分析，根据GC色谱图谱的解析，可以得到脂肪酸的组成和平均摩尔质量。

（1）操作步骤1：脂肪酸的甲酯化

① 硫酸-甲醇法

② BF_3-甲醇法

（2）操作步骤2：GC分析

色谱柱：聚乙二醇2-硝基对苯二甲酸改性毛细管柱（FFAP）（30m×0.32mm×0.5μm），或其他等效色谱柱。

进样口温度：250℃。

检测器温度：250℃。

升温程序：初始柱温150℃，以5℃/min升温至220℃，保持10min。

柱前压：100kPa。

载气：氮气（体积分数≥99.999%），30mL/min。

分流比：50∶1。

燃烧气：氢气45mL/min。

助燃气：空气30mL/min。

进样量：1μL。

4. 总反式酸

在不饱和油脂加氢等过程中，容易出现各种异构化反应，从而形成反式脂肪酸。对于总反式脂肪酸，可以将样品脂肪酸进行甲酯化处理后，用美国油脂化学家协会（AOCS）制定的改良法（IR法）进行测定。

第十节　反离子（Na^+、K^+）的火焰光度分析

称取 0.5g 试样于白金坩埚内，灰化。用盐酸溶解灰分，用水稀释调制后，在原子吸收光谱仪上，用 589nm（Na^+）、766nm（K^+）分析线测定，根据各标准曲线定量。

另外，可不对试样作灰化处理，用水直接稀释至测定浓度，用稀盐酸调节至酸性后（如有必要可过滤），用上述分析条件直接进行火焰光度分析，在部分样品的测试过程中也能达到良好的测量精度。

测定的 Na^+、K^+ 的值不限于总脂肪酸的反离子，也包括阴离子表面活性剂的反离子和无机盐等。

三乙醇胺（TEA）也可用作脂肪酸的反离子，单独使用或和 Na^+、K^+ 并用。这种 TEA 可用薄层色谱（TLC）、气相色谱（GC）、高效液相色谱（HPLC）分析确认、定量。

第十一节　二氧化钛分析

二氧化钛作为白色颜料配入肥皂中，因为颗粒极细，很难用过滤等操作分离，所以二氧化钛的定量一般采用分光光度法。

称取 1～2g 试样于白金坩埚或瓷坩埚内，加入 1mL 硫酸后加热至完全灰化（500～600℃）。放冷后，加入 1.5g Na_2SO_4 和 10mL 硫酸，加热溶解。冷却后，加水溶解，并定容至 100mL。吸此液 5～10mL，加入 0.2mL 30%（体积分数）过氧化氢溶液，充分振荡混合至显色（橙黄色）。对于显色溶液，用分光光度计测定 408nm 处的吸光度，根据预先绘制的标准曲线求得二氧化钛含量。

第十二节　蔗 糖 分 析

蔗糖用作肥皂的透明化剂，其定量法可以将蔗糖水解后用索默季氏（Somogyi′s）法求得。

1. 操作步骤

（1）试样预处理：于 100mL 热水中溶解相当于 0.05～0.25g 蔗糖的试样，用盐酸调节至酸性，用石油醚萃取除去脂肪酸。将下层置于烧瓶中，再加入过量的盐酸，安装回流冷凝管，在沸水浴中加热转化蔗糖。将此液转移至 250mL 容量瓶中。用稀 NaOH 调节至中性，用蒸馏水定容。

（2）索默季氏法测定：在三角烧瓶中加入 10mL A 液和试验液 25mL，2min 内迅速加热至沸腾，继续保持沸腾 3min 后，直接在水流下急冷。然后注入 10mL B 液和 1mol/L 硫酸 10mL，振荡混合。反应 2min 后，用 0.05mol/L 硫代硫酸钠标准溶液滴定（近终点时加入淀粉指示剂）。同时用水做空白试验。

A 液：于 700mL 水中加入四水合酒石酸钾钠 37.5g，磷酸三钠 93.7g，加热溶解。于 150mL 水中加入硫酸铜 12.5g，加热溶解。将以上两种溶液混合溶解后，冷却。将此液与 80mL 冷水中溶解 1.46g 碘酸钾的溶液混合，使总量达 1L。

B液：于200mL水中溶解草酸钾18g，碘化钾8g。

2. 计算

$$w(X)=\frac{(V_0-V_1)\times T}{m}\times 100\% \tag{3-1-6}$$

式中　$w(X)$——蔗糖质量分数，%；

V_0——空白试验消耗硫代硫酸钠标准溶液的体积，mL；

V_1——试样滴定消耗硫代硫酸钠标准溶液的体积，mL；

T——每1mL硫代硫酸钠溶液相当于蔗糖的质量，mg/mL；

m——25mL试验液中所含试样质量，mg。

T值可预先求出作为蔗糖的实验值。

若蔗糖与其他糖共存时，可将甘油分析用试样除去脂肪酸层，用稀碱调至中性后，用蒸发器减压干燥，将其作为试样进行TLC分析，或者三甲基硅醚化后进行GC分析，可以鉴别出类别，采用内标物也可以定量。

第二章　家用洗涤剂分析

随着人们生活水平的提高，家庭对洗涤用品的要求也在不断提高。这促使家用洗涤剂飞速发展，其用途和种类也日趋多样化。对家用洗涤剂的简易分类如图 3-2-1 所示。

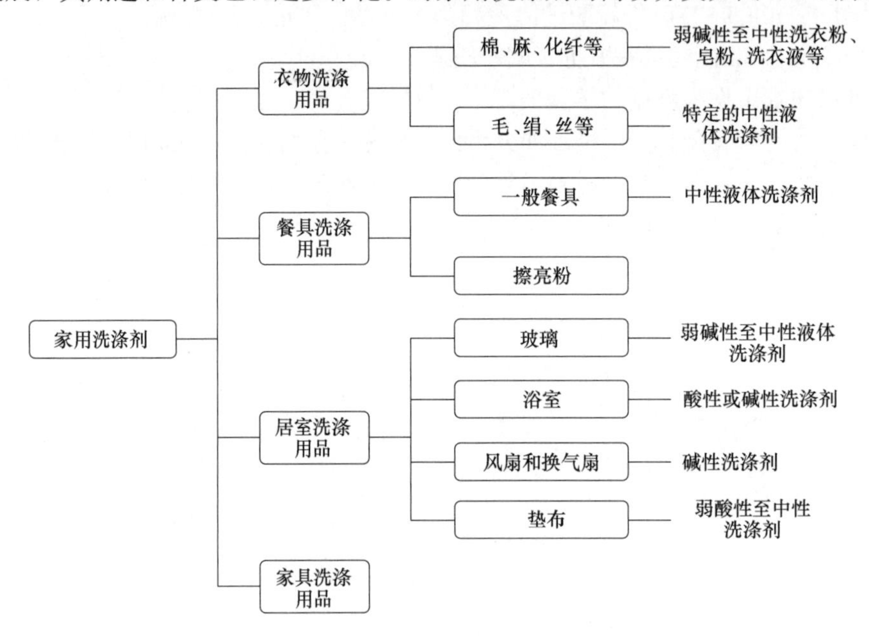

图 3-2-1　家用洗涤剂的分类

第一节　洗涤剂的成分

一、表面活性剂

表面活性剂是洗涤剂的主要原料，其功能是剥离、乳化、分散而除去污垢。主要有烷基苯磺酸盐（LAS）、α-烯基磺酸盐（AOS）、烷基硫酸盐（LS）、烷基聚醚硫酸盐（AES）、烷基磺酸盐（AS）、高级脂肪酸盐等阴离子表面活性剂。另外，烷基聚氧乙烯醚（AEO）、烷基酚聚氧乙烯醚（OP）等非离子表面活性剂在液体洗涤剂配方中也大量使用。若需要得到稳定的泡沫，还可使用脂肪酸二乙醇酰胺和氧化胺等表面活性剂。

二、助　　剂

助剂是洗涤剂中的副原料，与表面活性剂并用可以增强洗涤效果。

1. 金属离子螯合剂

水中的 Ca^{2+}、Mg^{2+} 可以降低表面活性剂的洗涤功能。实际污垢以黏土等固体粒子为中心，存在 Ca^{2+}、Mg^{2+}、Fe^{3+} 等多价阳离子，与带负电荷的纤维形成强结合的多价阳离子桥。

金属离子螯合剂通过螯合作用可以破坏静电结合使污垢容易剥离，降低水中的 Ca^{2+}、Mg^{2+} 含量，有助于洗涤。洗涤剂常用的金属离子螯合剂有三聚磷酸钠、沸石、EDTA 钠盐、焦磷酸钾、聚丙烯酸盐等，随着无磷洗涤剂的推广，三聚磷酸钠的使用已大大减少。

2. 碱剂

碱可以中和脂肪酸使之成为肥皂而具有水溶性，同时洗液保持碱性，洗涤过程中可以促使洗涤界面的电位转化。擦除剂、玻璃清洁剂等可以采用液体三乙醇胺等，换气扇一般用碱性较强的单乙醇胺，油污较多的场合也可以采用氢氧化钠。

3. 抗再沉积剂

为了让已脱离的污垢稳定地保持在洗涤液体中，防止再沉积到织物上，需要添加抗再沉积剂，主要有羧甲基纤维素、聚乙烯吡咯烷酮和聚丙烯酸钠等。

4. 摩擦剂

摩擦剂配在粉末或液状擦亮剂中，常用的摩擦剂有碳酸钙、硅沙、白土等。

5. 其他物性、性能增效剂

为了提高洗涤和修饰效果，提高商品价值，洗涤配方中除主原料外，还会加入各种增效剂。例如蛋白酶和纤维素酶等酶类，荧光增白剂，过碳酸钠和过硼酸钠等漂白剂。餐具用液体洗涤剂中需加增溶剂。为防止低温下液体凝固，使液体产品透明，需加乙醇、丙二醇、尿素、对甲苯磺酸盐等。此外，各种香料和色素也广泛用于洗涤剂中。

助剂和增效剂的界限并不分明，酶和荧光增白剂也可归为助剂一类。

第二节　系统分析方法

试样的分离方法如图 3-2-2 所示，主要包括以下几种操作：干燥脱水、溶剂萃取（乙

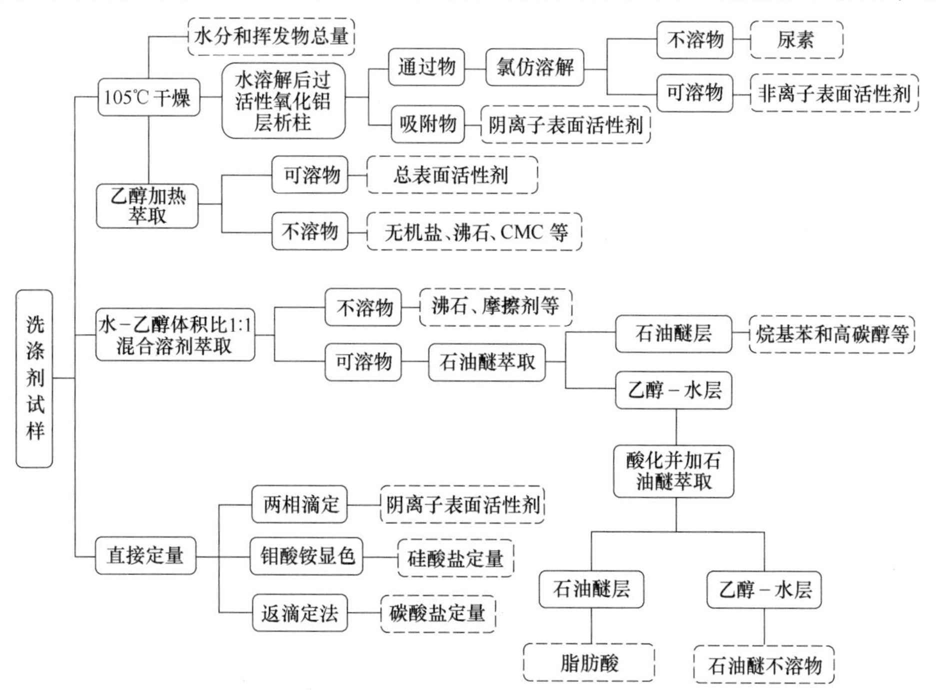

图 3-2-2　家用洗涤剂的分析流程

醇、石油醚）和氧化铝柱层析。将分离的组分进行红外（IR）光谱和核磁共振（NMR）光谱的测定，可以作出定性分析。

第三节 水分定量

水分定量采用加热减量法、蒸馏法和卡尔·费休法等。在105℃干燥2h，计算其减量是水分定量最简便的方法，该方法测定值中包括水分和挥发物，当液体洗涤剂中含有易挥发物时应该加以校正。

第四节 乙醇可溶物、不溶物定量

分离洗涤剂中的表面活性剂和无机助剂时，一般都采用乙醇萃取法。表面活性剂为乙醇可溶物，无机助剂为乙醇不溶物。

于100mL无水乙醇（粉末样品用95%乙醇）中加入试样（约5g），煮沸30min溶解。用玻璃过滤器过滤，用热乙醇洗涤，合并滤液和洗液，蒸去乙醇，于（105±2)℃烘箱中干燥1h，称量残留物。测定残留物的IR光谱和NMR光谱，定性鉴定阴离子表面活性剂(磺酸盐型，硫酸盐型)、非离子表面活性剂和肥皂。

玻璃过滤器内的不溶物也置于（105±2)℃烘箱中干燥，称其质量。将乙醇不溶物作为总无机盐量，也可对各成分分别定量。用IR和X射线衍射分析进行定性。

第五节 阴离子表面活性剂的定性与结合硫酸的定量

1. 定性

该方法适用于除肥皂以外的阴离子表面活性剂的定性。

在试管中加5mL亚甲基蓝溶液（亚甲基蓝0.03g，硫酸12g，无水硫酸钠50g，配成1L溶液）和5mL氯仿，滴加1滴1%（质量分数）试样溶液，激烈振荡后静置。若氯仿层呈蓝色，表示存在阴离子表面活性剂。

该法灵敏度很高，即使在IR没有发现阴离子表面活性剂的场合，也可检出。

2. 定量

精确称取适量试样（相当于含纯组分1.4g），加入200mL水加热溶解，冷却后，转移至1000mL容量瓶中，用水定容作为试样溶液。准确吸取试样溶液10mL于100mL具塞量筒中，加入亚甲基蓝溶液25mL和氯仿15mL，准确添加0.004mol/L氯化苄烷铵溶液20mL。随后用0.004mol/L阴离子表面活性剂标准溶液滴定，开始时每次加2mL，加塞，激烈振荡后静置。待两层分离较快时逐渐减少滴定量，近终点时每次仅加1滴，以白色板为背景，两相显示同一蓝色时为终点。同时做空白试验。

3. 计算

$$w(X)=\frac{(V_1-V_2)\times c\times 80.06}{m\times 1000\times \frac{10}{1000}}\times 100\% \tag{3-2-1}$$

式中　$w(X)$——阴离子表面活性剂的结合硫酸（以 SO_3 计）的质量分数，%；
V_1——滴定试样消耗阴离子表面活性剂标准液的体积，mL；
V_2——空白试验消耗阴离子表面活性剂标准液的体积，mL；
c——阴离子表面活性剂标准溶液的浓度，mol/L；
m——称取试样的质量，g；
80.06——SO_3 的摩尔质量，g/mol。

第六节　烷基硫酸盐/磺酸盐的结合硫酸的分别定量

1. 方法

精确称取适量试样（相当于约 1.4g 纯组分），加入 200mL 水，加热溶解，冷却后，转移到 250mL 容量瓶中，用水定容。用移液管吸取此液 50mL 于 800mL 三角烧瓶中，准确加入 50mL 0.5mol/L 硫酸溶液，安装空气冷凝管，再加热分解 3h。冷却后从冷凝管上部沿内壁注入少量水后，用酚酞溶液作指示剂，用 2mol/L NaOH 标准溶液滴定。同时做空白试验。

2. 计算

$$w(X)=\frac{(V_1-V_2)\times c\times 80.06}{m\times 1000\times \frac{50}{250}}\times 100\% \quad (3\text{-}2\text{-}2)$$

式中　$w(X)$——烷基硫酸盐的结合硫酸（以 SO_3 计）的质量分数，%；
V_1——滴定试样消耗 NaOH 标准溶液的体积，mL；
V_2——空白试验消耗 NaOH 标准溶液的体积，mL；
c——NaOH 标准溶液的浓度，mol/L；
m——称取试样的质量，g；
80.06——SO_3 的摩尔质量，g/mol。

将上述被滴定液用水定容至 250mL，按照上节操作，求得磺酸盐型阴离子表面活性剂的结合硫酸值。在阴离子表面活性剂的摩尔质量已知的场合，可以用摩尔质量代替计算式中 80.06（SO_3 的摩尔质量，g/mol），可计算出阴离子表面活性剂的质量分数。

第七节　肥皂定量（石油醚萃取法）

从水-乙醇（1∶1，体积比）混合液中萃取出石油醚可溶物，其中含有少量表面活性物质，可定量烷基苯、高碳醇等。石油醚可溶物中含挥发性物质，所以定量精度稍低。将水-乙醇混合液层部分用酸分解，再用石油醚萃取生成的脂肪酸，求得脂肪酸量，然后测定脂肪酸的中和值，计算出肥皂含量。

第八节　非离子表面活性剂定量

如果阴离子表面活性剂的定性方法，以及结合硫酸定量方法的结果均证明不存在阴离子表面活性剂，则可以认为单独存在非离子表面活性剂。若存在阴离子表面活性剂，则必须用活性氧化铝柱层析分离。

在层析柱（内径为 2.5cm，长为 35cm 带旋塞的玻璃管）的前端填脱脂棉或玻璃棉，防止填充剂流出。取活性氧化铝（层析用 43～74μm 粒径）80～100g，用乙酸乙酯-甲醇混合溶剂（1∶1，体积比）分散，湿法装柱，避免产生气泡，填充至柱 60%～70%高。活性氧化铝沉降后，在其上部压上滤纸或棉塞，打开旋塞让混合溶剂徐徐流出，直至上部有少量残留混合溶剂。

精确称取干燥试样 2～3g（其中阴离子表面活性剂预计质量在 700mg 以下），用上述混合溶剂分散或溶解，定量地转移到层析柱中，打开旋塞，流出混合溶剂，避免产生气泡。用少量混合溶剂洗烧杯，洗液注入柱中，重复这种操作 2 次。

再将装有 300mL 混合溶剂的分液漏斗连接在柱上，以 0.3～0.5mL/min 速度流出，用锥形烧瓶承接。通过液蒸干后用氯仿溶解，氯仿可溶物含非离子表面活性剂。通过 IR、NMR 光谱可进行非离子表面活性剂定性。

第九节　尿素定量

若第八节所得液体蒸干物中有氯仿不溶物的话，即为尿素。

第十节　沸石定量

1. 方法

精确称取适量试样（含沸石约 10mg），加入水 50mL，硝酸 5mL，煮沸 15min。放冷后加入 200g/L NaOH 溶液，调节试样溶液 pH=2.0～2.5。再加入 1mol/L 乙酸钠溶液，调节 pH=3.0～3.5。

准确加入 10mL 0.01mol/L EDTA 溶液（溶解 3.72g 乙二胺四乙酸二钠于水中，用水定容至 1L 配得），煮沸 10min。放冷后加入 20mL 1mol/L 乙酸铵溶液（pH=5.0～6.0）作为缓冲液。加水至 150mL，加二甲酚橙指示剂 4～5 滴，用 0.01mol/L 乙酸锌溶液（将乙酸锌 1.0975g 溶解于水中，并定容至 500mL 配得）滴定。由黄色变为红色为终点。同时做空白试验。

2. 计算

$$w(X)=\frac{(V_1-V_2)\times c\times 26.98\times 6.767}{m\times 1000}\times 100\% \tag{3-2-3}$$

式中　$w(X)$——沸石的质量分数，%；

V_1——空白试验消耗乙酸锌标准溶液的体积，mL；

V_2——逆向滴定消耗乙酸锌标准溶液的体积，mL；

c——乙酸锌标准溶液的浓度，mol/L；

m——称取试样的质量，g；

26.98——Al 的摩尔质量，g/mol；

6.767——Al 换算成沸石的系数。

第十一节　硅酸盐定量

在弱酸存在下，硅酸盐和钼酸铵反应，生成黄色硅钼酸盐络合物。利用这种性质，可以使样品中的硅酸盐和钼酸铵作用，通过测定硅钼酸盐络合物的吸光度，求出 SiO_2 的质量分数。

首先根据下述方法配制试液：取约 1g 样品于不锈钢烧杯中，加入约 800mL 热水，盖上表面皿，在沸腾水浴上加热，不时地进行搅拌。冷却至室温后，加水定容至 1L，充分振荡后，作为试验溶液，该试液需在 15min 内使用。

钼酸铵溶液配制：50g 钼酸铵［$(NH_4)_6Mo_7O_{24} \cdot 4H_2O$］溶于 500mL 2.5mol/L 硫酸中，用水稀释至 1L。

根据有无过氧化物，用下述两种方法中的一种进行测定。

1. 样品中不含过氧化物

取适量的样品溶液（含 SiO_2 0.3～0.8mg），加水至约 50mL，再加入 1mL 浓硫酸和 5mL 钼酸铵溶液，充分振荡混合，放置 3min 后，加入 5mL 柠檬酸，用水定容至 100mL。再次摇动混合后，移入 10mm 比色皿，以空白试液作为对照，在 420nm 附近测定吸光度。从预先绘制的硅酸盐标准曲线求出 SiO_2 的质量，用下式计算：

$$w(X)=\frac{A}{m\times 1000}\times 100\% \tag{3-2-4}$$

式中　$w(X)$——SiO_2 的质量分数，%；

A——由标准曲线查得的 SiO_2 的质量，mg；

m——试样质量，g。

2. 样品中含过氧化物

取适量的样品溶液（含 SiO_2 0.3～0.8mg），加入 1mL 浓硫酸，然后滴加高锰酸钾溶液，振荡混合，滴加至红色保持 1min 以上。边摇边滴加 75g/L 草酸至溶液呈无色，加入 5mL 钼酸铵溶液，充分振动混合，按本节“1. 样品中不含过氧化物”的操作测量吸光度。

第十二节　磷酸盐定量

在水溶液中，磷酸和钼钒酸盐反应，生成黄色的络合物。在样品中的各种磷酸盐被硝酸水解后，向此溶液中加入钼钒酸盐溶液，通过测定所得黄色溶液的吸光度，可以求出 P_2O_5 的含量。

配制试样溶液：向乙醇不溶物中徐徐加入约 150mL 热水，将不溶物滤出，用水定容至 250mL。取出适量的稀释液（含 P_2O_5 30～150mg），加入 10mL 硝酸和 100mL 水，小心地煮沸约 15min 使其分解。冷却后，用水将此溶液定容至 250mL，若有沉淀则过滤作为试样溶液。根据有无过氧化物，用下列两种方法中的一种进行测定。

配制钼钒酸盐溶液：称取偏钒酸铵 1.12g，用 250mL 水溶解，再加入硝酸 250mL，搅拌下缓缓加入 100mL 水中。称取 27g 钼酸铵［$(NH_4)_6Mo_7O_{24} \cdot 4H_2O$］，用上述溶液溶解，再用水定容至 1L。

1. 样品中不含过氧化物

在 2mL 试液中加入 20mL 钼钒酸盐溶液，用水定容至 100mL，放置约 30min，用 10mm 比色皿，在 400nm 波长处测定其吸光度。根据预先绘制的磷酸盐标准曲线，计算 P_2O_5 的质量分数。

$$w(X)=\frac{A\times\frac{250}{V}\times\frac{250}{2}}{m\times1000}\times100\% \qquad (3\text{-}2\text{-}5)$$

式中　$w(X)$——P_2O_5 的质量分数，%；

A——由标准曲线得出的 P_2O_5 的质量，mg；

V——乙醇不溶物的水溶液的取样量，mL；

m——测定试样乙醇可溶物时样品质量，g。

2. 样品中含过氧化物

预先用高锰酸钾溶液除去过氧化物后，再进行反应。即在 2mL 试验溶液中，加入 1mL 硫酸，然后用高锰酸钾溶液滴定，摇匀混合，继续滴加至粉红色保持 1min 以上。接着边摇边加入 75g/L 草酸溶液使之呈无色。在此溶液中加入 20mL 钼钒酸盐溶液，用水定容至 100mL。按照本节“1. 样品中不含过氧化物”中的操作计算 P_2O_5 的质量分数。

第十三节　硫酸盐定量

用正戊烷将样品中的有机物萃取后，加入氯化钡，使无机硫酸盐生成硫酸钡沉淀，过滤，求出硫酸盐（以硫酸钠计）含量。

在样品中加入 50mL 水，搅拌至样品溶解，如有必要，在不超过 50℃的情况下加热。在溶液中加入 15g 氯化钠，充分混合。以正戊烷为溶剂，在分液漏斗中每次用 30mL 萃取 3 次。将正戊烷萃取液用饱和食盐水洗涤，将洗液加入水层，然后在水层加入数滴甲基橙溶液，用盐酸调节到酸性后，再加过量浓盐酸 10～20mL，必要时进行过滤，加水至约 300mL 后，加热至近沸腾。边滴加热氯化钡溶液，边搅拌混合。随后沸水浴加热约 2h，然后放置 1h 以上，用滤纸过滤，用温水洗涤至无氯离子。最后将滤纸干燥并移入坩埚，灼烧使其全部灰化，放冷后称量。根据下式计算硫酸钠质量分数：

$$w(X)=\frac{m'\times0.609}{m}\times100\% \qquad (3\text{-}2\text{-}6)$$

式中　$w(X)$——Na_2SO_4 的质量分数，%；

m'——残留物质量，g；

m——样品质量，g；

0.609——由硫酸钡换算为硫酸钠的系数。

第十四节　碳酸盐定量

1. 斯罗特法

在样品中加入盐酸使碳酸盐分解，驱赶生成的二氧化碳，操作前后质量之差作为二氧化碳量，由此推算碳酸盐（以碳酸钠计）的质量分数。

将 5～10g 样品加入斯罗特烧瓶的底部（图 3-2-3），分别将 10mL 盐酸和 10mL 硫酸加入导管中，称其质量。接着边注意通过硫酸的气泡，边将盐酸滴加在试样上。如将盐酸滴定管的活塞关闭，则产生的气体通过硫酸，气体中夹杂的水分被吸收。

滴定结束，将烧瓶加热。使溶液轻轻沸腾 3min，将吸气器紧密连接于气体排出口，另外将氯化钙管无泄漏地连接于磨口玻璃塞，打开活塞 7，让干燥空气徐徐通入溶液，将二氧化碳充分驱出后，在大气中放置 1h 以上，称取装置的质量。按下式计算碳酸盐的质量分数：

$$w(X)=\frac{(m_1-m_2)\times 2.408}{m}\times 100\% \qquad (3\text{-}2\text{-}7)$$

式中　$w(X)$——Na_2CO_3 的质量分数，%；

m_1——加入盐酸前装置的质量，g；

m_2——驱出二氧化碳装置的质量，g；

m——试样的质量，g；

2.408——由二氧化碳换算成碳酸钠的系数。

2. 酸碱滴定法

用标准酸滴定试样溶液至酚酞终点后继续滴定至甲基橙终点，然后加热除去溶液中的二氧化碳，再用标准碱回滴同一溶液至酚酞终点。

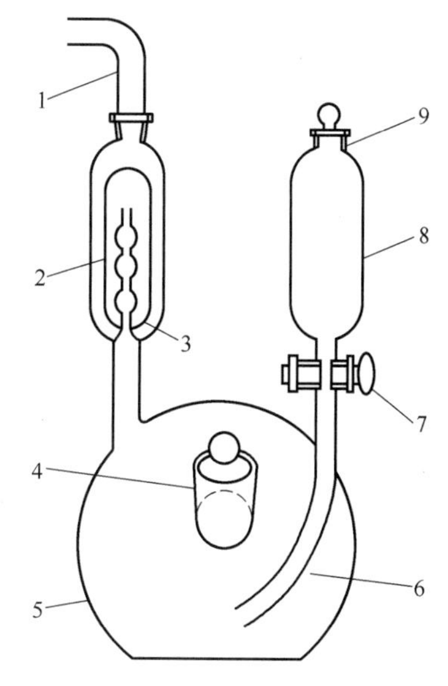

1—气体排出口；2—硫酸管（约 20mL）；3—气泡出口；4—样品加入口（带磨口塞）；5—烧瓶（约 80mL）；6—盐酸滴定管；7—活塞；8—盐酸管（约 20mL）；9—磨口玻璃塞。

图 3-2-3　斯罗特氏碳酸盐定量装置

按下列反应式先进行滴定至酚酞终点：

$$Na_2CO_3+HCl \rightarrow NaHCO_3+NaCl \qquad (3\text{-}2\text{-}8)$$

后滴定至甲基橙终点：

$$NaHCO_3+HCl \rightarrow NaCl+CO_2+H_2O \qquad (3\text{-}2\text{-}9)$$

当二氧化碳被赶出之后，两终点之间残存的任何酸度均来源于除碳酸盐以外的碱性盐酸根。通过滴定非活性碱与中和这些酸的碱之差，可以计算出被驱出二氧化碳的量。

称取 1g 试样于 250mL 锥形瓶中，加入 100mL 水溶解，加入 3 滴酚酞指示剂，此时试液呈红色，小心地用 0.1mol/L 盐酸标准溶液滴定至红色消失为止。向瓶中加入 3 滴甲基橙指示剂，此时试液呈淡黄色，继续用 0.1mol/L 盐酸标准溶液滴定至呈淡橘红色为止。将烧瓶加热煮沸 10min 以上，以除尽溶解的二氧化碳，用 0.1mol/L 氢氧化钠标准溶液滴定至呈淡红色为止。按下式计算碳酸盐的质量分数：

$$w(X)=\frac{[(V_2-V_1)\times c_1-V_3\times c_2]\times 106}{m\times 1000}\times 100\% \qquad (3\text{-}2\text{-}10)$$

式中　$w(X)$——碳酸钠的质量分数，%；

V_1——以酚酞为指示剂时消耗盐酸标准溶液的体积，mL；

V_2——以甲基橙为指示剂时消耗盐酸标准溶液的体积，mL；

V_3——回滴时消耗氢氧化钠标准溶液的体积，mL；

c_1——盐酸标准溶液的浓度，mol/L；

c_2——氢氧化钠标准溶液的浓度，mol/L；

m——称取试样的质量，g；

106——Na_2CO_3 的摩尔质量，g/mol。

第三章　牙膏分析

牙膏是最常用的清洁牙齿用品，每天早晚刷牙，可以使牙齿表面洁白光亮，保护牙龈，降低龋齿风险，并能有效减轻口臭。由于牙膏是在口腔内使用的物品，其品质和安全性都有严格的规定。牙膏的配合成分可分为化妆品成分和准医药品成分，其中化妆品成分是牙膏的基本成分，准医药品成分是药效成分。

牙膏的主要原料有粉质摩擦剂、发泡剂、保湿剂、黏合剂、香料和颜料、特殊加入物（如甜味剂和防腐剂等）、药效剂等，表 3-3-1 列出了牙膏的主要成分及其效果。

表 3-3-1　　牙膏的主要成分及效果

分类	在牙膏产品中一般的添加量(质量分数)/%	配合目的	使用成分举例
摩擦剂	10～50	清洁牙齿，保持膏体	磷酸氢钙、碳酸钙、二氧化硅、氢氧化铝
保湿剂	10～60	保持膏体	甘油、山梨糖醇等
发泡剂	0.5～2.0	清洁牙齿，增溶香料	十二烷基硫酸钠等
黏合剂	0.5～1.5	保持膏型	羧甲基纤维素钠、褐藻酸钠、角叉胶
甜味剂	0.1～1.0	调和香味(嗜好性)	糖精钠等
香精	0.5～1.6	爽快感(嗜好性)	薄荷油等
防腐剂	0～3	保存	对羟基苯甲酸酯、苯甲酸盐
药效剂	0～1	防龋齿、防牙周炎等	氟化物、杀菌剂、消炎剂等
精制水	20～35	调节膏体黏稠度	

第一节　牙膏的系统分析流程

为了清楚地表达牙膏成分的分析流程，现将分析操作的概略列于图 3-3-1 中。

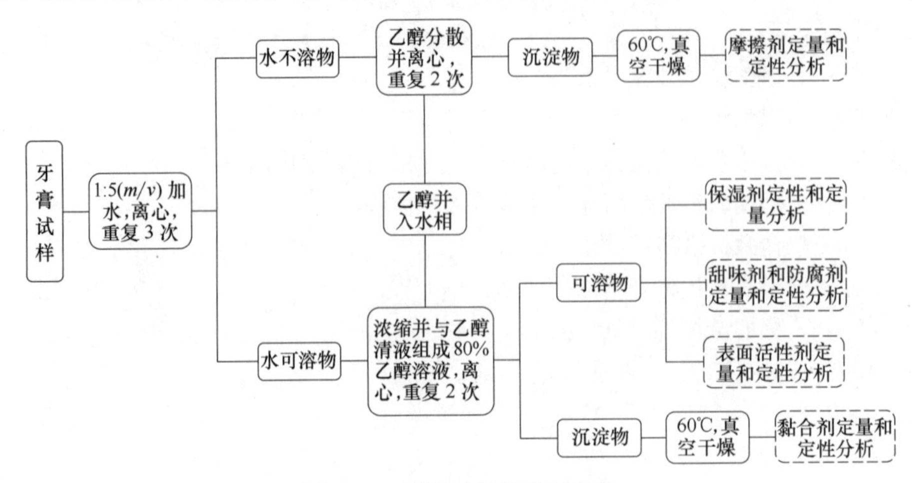

图 3-3-1　牙膏的系统分析流程

第二节　粉体（摩擦剂）分析

对牙膏样品经水萃取后残留的粉体进行X射线衍射-荧光X射线分析，即可获得粉体的基本物质组成。如果仅作定性分析，可以不经分离操作直接测定。此外，为了得到粉体颗粒度、表面形状和其他状态信息，可结合扫描电子显微镜（SEM）、X射线微区分析（XMA）或IR分析等。

精确称取试样约10g于50mL离心管中，加入约40mL水，充分分散，离心分离（10000r/min，10min）。除去上层清液，在沉淀中加入约40mL水，充分分散，与前次操作同样离心分离。重复这种分散，离心分离操作一次。在沉淀中加入乙醇约40mL，分散，离心分离除去乙醇，60℃加热2h，减压干燥后称量，可计算牙膏粉体质量分数。

粉体（摩擦剂）的定性和定量：

1. X射线衍射法

测定分离的粉体的X射线衍射光谱。牙膏中使用的摩擦剂种类有限，与标准光谱对比可以定性。即使有2种以上混合物也可以定性。有未知成分的场合，可用ASTM等Powderdata file检索定性（也可用计算机检索系统）。配制标准混合试样绘制标准曲线进行定量分析。

2. 荧光X射线法

二氧化硅的X射线衍射不能明确各个峰的成分，可以用荧光X射线作为辅助手段进行元素分析。配制标准混合试样绘制标准曲线进行定量分析。

第三节　酸不溶物分析

粉体中的稀盐酸不溶物主要有二氧化硅、氧化钛、氢氧化物等。将一部分粉体溶解于稀盐酸中，用离心分离或微过滤器过滤获取不溶物，称量，作为酸不溶物的定量。用X射线衍射、荧光X射线、IR分析等进行定性。这种情况必须注意：酸处理过程中，可能存在改变原始组成的情况。

第四节　保湿剂分析

常用保湿剂有甘油、山梨糖醇等，分析方法可以选用GC和HPLC法，目前主要采用HPLC法。

1. 试样溶液制备

将系统分析流程中的乙醇可溶物用无水乙醇定容至200mL，从中准确吸取10mL，蒸去乙醇，用70%（体积分数）乙腈溶解并稀释至20mL，用0.45μm微孔滤膜过滤待用。

2. 标准曲线绘制

用70%（体积分数）乙腈水溶液配制0.5mg/mL丙二醇，2.5mg/mL甘油，5.0mg/mL山梨糖醇3种标准溶液，并按需要进行稀释，获得一系列不同浓度的标准溶液。按HPLC

分析所得各成分的峰面积绘制标准曲线。

保湿剂的 HPLC 测定条件如下：

柱：氨基丙基化学键合型硅石，4.6mm×150mm×5μm。

流动相：乙腈-水［V（乙腈）：V（水）=70：30］。

流速：0.5mL/min。

温度：室温。

检测器：示差折光检测器。

3. 定性和定量

试样溶液和标准曲线在相同条件下测定，根据保留时间定性，再根据峰面积定量，按下式计算：

$$w(X)=\frac{A\times 20\times 10^{-3}}{m}\times 100\% \tag{3-3-1}$$

式中　$w(X)$——各保湿剂质量分数，%；

A——由标准曲线读取的保湿剂质量浓度，mg/mL；

m——试样质量，g。

该方法也可以同时定量聚乙二醇。

第五节　发泡剂分析

牙膏中可使用的发泡剂，除了代表性的月桂基硫酸钠和月桂酰肌氨酸钠之外，也使用若干非离子表面活性剂和两性表面活性剂。但绝大部分牙膏中采用的发泡剂都是月桂基硫酸钠，本节也主要叙述这种发泡剂分析法。分析一般阴离子表面活性剂的方法是亚甲基蓝两相滴定法，也可以使用 HPLC 法。

1. 定性

按照系统分析流程中的发泡剂的分离方法，用 Ba 盐沉淀，将 IR 光谱测定结果与标准光谱对照进行鉴定。在仅仅分析发泡剂的场合，试样用 80%（体积分数）乙醇直接萃取，蒸去乙醇后，加入 100g/L $BaCl_2$ 溶液约 5mL，再进行 IR 分析。

2. 月桂基硫酸钠的定量

（1）试样溶液的制备：将系统分析流程中的乙醇可溶物用无水乙醇定容至 200mL，从中准确吸取 25mL，在水浴上蒸去醇后，用水定容至 25mL。若仅定量发泡剂，直接用 80mL 无水乙醇萃取 2 次，再蒸发并定容。

（2）操作步骤：准确吸取试样溶液 5mL 于 100mL 具塞量筒中，加入 25mL 亚甲基蓝溶液和 15mL 氯仿，再准确加入 0.004mol/L 氯化苄苏鎓溶液 5mL 后，用 0.004mol/L 阴离子表面活性剂标准溶液（已知纯度的月桂基硫酸钠溶液）滴定。滴定开始时每次加 2mL，加塞振荡后静置。待两层分层速度快时逐次减少滴定量，近终点时每次加 1 滴。以白色板为背景，对比两层呈同一蓝色为终点，同时进行空白试验。

亚甲基蓝溶液配制方法：在约 500mL 水中边冷却边慢慢加入硫酸 12g。在其中溶解亚甲基蓝 0.03g、无水硫酸钠 50g，用水稀释至 1L。

（3）计算

$$w(X)=\frac{(V_1-V_2)\times c\times 288.38}{m\times 1000\times \frac{5}{200}}\times 100\% \tag{3-3-2}$$

式中　$w(X)$——月桂基硫酸钠质量分数，%；

V_2——滴定试样溶液消耗阴离子标准溶液的体积，mL；

V_1——滴定空白试验消耗阴离子标准溶液的体积，mL；

c——阴离子标准溶液的浓度，mol/L；

m——称取试样的质量，g；

288.38——月桂基硫酸钠的理论摩尔质量，g/mol。

第六节　黏合剂分析

牙膏中的黏合剂通常使用纤维素系水溶性高分子，有仅用 1 种成分的场合，有采用同一种成分但用不同聚合度产品组合的场合，也有 2 种以上成分并用的场合。因为黏合剂大都以多糖类作为骨架，具有类似结构，所以精确的结构分析是困难的。下面仅介绍牙膏中一般使用的高分子定性法。图 3-3-2 是黏合剂的分析流程。

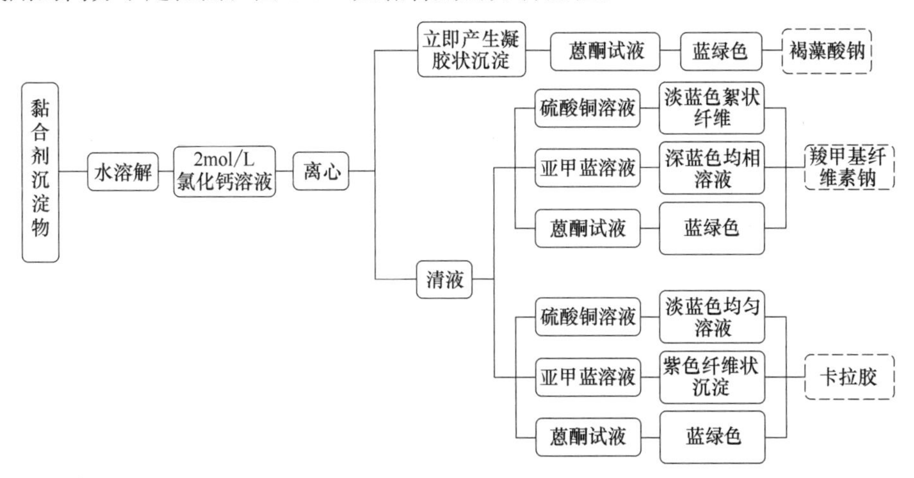

图 3-3-2　牙膏黏合剂分析流程

1. 定性试样溶液的制备

按照图 3-3-1 系统分析法流程进行制备。

2. 定性

本书给出简便的利用化学沉淀和显色反应的分离鉴别方法，可以结合 IR 分析和 NMR 解析具体结构。

第七节　甜味剂和防腐剂分析

糖精钠被广泛用作牙膏甜味剂，对羟基苯甲酸酯和苯甲酸钠被广泛用作牙膏防腐剂。GC 法和 HPLC 法都可用于糖精钠和防腐剂的分析，下面介绍 HPLC 法。

1. 试样溶液的制备

将系统分析流程中的乙醇可溶物用无水乙醇定容至 200mL，从中准确吸取 10mL，加入 0.05mol/L NaOH 溶液 0.5mL，小心暴沸，减压浓缩至溶剂消失。加入 60%（体积分数）乙醇约 25mL 后，再减压浓缩除去溶剂。产物中加入 0.05mol/L HCl 0.5mL，再用 HPLC 的流动相溶解并定容至 20mL，用 0.45μm 微孔滤膜过滤，待用。若仅分析甜味剂、防腐剂，可直接用甲醇萃取 2 次，蒸干后直接配制 HPLC 样品。

2. 标准曲线绘制

用 HPLC 的流动相作溶剂，配制糖精钠标准溶液 20，40，60μg/mL，对羟基苯甲酸（甲酯、乙酯、丙酯、丁酯）和苯甲酸钠的标准溶液 10，20，30μg/mL。分别吸取标准液 2μL，在以下条件下测定，根据各成分的峰面积绘制标准曲线。

糖精钠和防腐剂的 HPLC 测定条件：

柱：ODS（十八烷基）基化学键合型硅石（5μm），ϕ4.6mm×150mm。

流动相：甲醇/磷酸盐缓冲液［V（甲醇）：V（Na_2HPO_4）：V（NaH_2PO_4）＝60：20：20，其中甲醇浓度为 0.05mol/L，Na_2HPO_4 溶液浓度为 0.05mol/L，NaH_2PO_4 溶液浓度为 0.05mol/L，添加剂十六烷基三甲基氯化铵溶液浓度为 0.0025mol/L，用磷酸调节 pH＝5.7］。

流速：0.7mL/min。

温度：室温。

检测器：紫外检测器（240nm）。

3. 定性和定量

吸取 20μL 试样溶液，用绘制标准曲线的同样条件测定，根据保留时间定性，根据峰面积定量。香料成分也可能在相同位置出峰，无法确认时，可采用双波长紫外检测器或二极管阵列检测器进行分析。按下式计算糖精钠或防腐剂的质量分数：

$$w(X)=\frac{A\times 40\times 10^{-6}}{m}\times 100\% \tag{3-3-3}$$

式中 $w(X)$——糖精钠或防腐剂的质量分数，%；

A——标准曲线读取值，μg/mL；

m——试样称取量，g。

第八节 水 分 分 析

水分含量测定可用干燥减量法，也可用 GC 法、蒸馏法、卡尔·费休法等，本节介绍 GC 法。

1. 标准曲线绘制

准确称取水 12.5g，用乙醇定容至 25mL。分别准确吸取此液 2，3，4mL，分别加入甲醇 3mL，再分别用乙醇定容至 50mL。将这些溶液按下列 GC 条件测定，根据水对甲醇的峰面积比绘制标准曲线。

水的 GC 测定条件：

柱：玻璃柱（内径为 3mm×2m）。

填充剂：Porapak Q（50/80 目）。

载气：He，30mL/min。

检出器：TCD。

柱温：120℃。

气化温度：200℃。

检出器温度：200℃。

2. 定量操作

称取试样约 5g（精确至 0.001g）于 50mL 离心管内，加入乙醇 20mL，充分搅拌混合后，离心分离（10000r/min，10min），分离上层澄清液。在沉淀中再加入 20mL 乙醇，同样操作。合并上层澄清液，加入甲醇 3mL，再用乙醇定容至 50mL。将此液用绘制标准曲线同样的 GC 条件测定，求出水对甲醇的峰面积比，由标准曲线计算出水分的质量分数。

$$w(X)=\frac{A}{m}\times 100\% \tag{3-3-4}$$

式中 $w(X)$——水分的质量分数，%；

A——标准曲线读取值，g；

m——称取试样质量，g。

第九节 药效成分分析

牙膏中的药效成分有氟化物、双氯苯双胍己烷盐、尿囊素、氯化钠、酶、维生素、叶绿素铜钠盐、各种消炎剂等。这些药效成分的定量方法有许多种。这里仅介绍广泛使用氟化物的定量方法。其他成分的分析条件列于表 3-3-2 中。

表 3-3-2 药效成分的分析条件

成分	分析方法	测定条件
双氯苯双胍己烷盐	HPLC	Nucleosil 100-CN(5μm)(内 ϕ4.6～150mm) $V(CH_3CN)$: V(13%SDS)=80 : 20,1.0mL/min,UV 260nm
醋酸生育酚	HPLC	TSKgel ODS-80T_M(内 ϕ4.6～150mm) $V(CH_3OH)$: $V(CH_3COOH)$=99.2 : 0.8,1.0mL/min,UV 280nm
甘草亭酸	HPLC	TSKgel ODS-80T_M(内 ϕ4.6～150mm) $V(CH_3CN)$: $V(CH_3COOH)$=99.9 : 0.1,0.8mL/min,UV 250nm
尿囊素	HPLC	日立胶 3011-N(内 ϕ4.6～150mm) 0.2mol/L TRIS Buffer(pH=9.0),10mL/min,UV 230nm
甘草酸盐	HPLC	COSMOSIL 5C_{18}(内 ϕ4.6～150mm) $V(CH_3OH)$: V(0.05mol/L KH_2PO_4)=70 : 30,0.7mL/min,UV 250nm
氯化钠	电位滴定	用硝酸银沉淀滴定(Mohr,volhazd 法) 经水萃取后,用氯离子电极测定

氟化物有单氟磷酸钠、氟化亚锡、氟化钠等，根据牙膏组成选择。定量方法有吸光光度法、氟离子电极法。下面介绍氟离子电极法。

1. 试样溶液制备Ⅰ

精确称取试样约 0.25g（或相当于 100～300μg 氟离子），加入 100g/L NaOH 溶液 1mL 和水 2～3mL，边充分搅拌混合边加热约 5min。加水 10mL，加酚酞指示剂 1 滴，用 2mol/L 高氯酸溶液中和。再补加 2mol/L 高氯酸溶液 5mL（若出现明显的白色沉淀，是因为配方中配入了铝化合物作摩擦剂，可以按照试样溶液制备Ⅱ操作）。冷后，用水定容至 50mL 作为试样溶液（用于定量Ⅰ）。

2. 试样溶液制备Ⅱ

精确称取试样约 0.25g（或相当于含氟量 100～300μg）于 50mL 茄型烧瓶中，加入 50%（质量分数）硫酸 1.5mL 和水 2mL，充分搅拌混合后，安装回流冷凝器，加热至沉淀溶解。冷却后，加水，转移至 50mL 容量瓶中，再用水定容，作为试样溶液（用于定量Ⅱ）。

3. 定量Ⅰ

吸取试样溶液 5mL 于 20mL 具塞试管中，加塞，在沸水浴中加热约 5min。水冷后，加入 15mL pH=5.3 缓冲溶液，充分混合后转移至塑料杯中。在电磁搅拌下，用预先校正过的离子计测定。

$$w(\mathrm{F})=\frac{A\times 200}{m} \tag{3-3-5}$$

式中 $w(\mathrm{F})$——氟的含量，mg/kg；

A——离子计读数值；

m——称取试样的质量，g；

pH=5.3 缓冲溶液配制：在 4g 环己二胺四乙酸中加入醋酸铵 3mol 和氯化铵 3mol，加适量水，边搅拌混合边加醋酸溶解并调节至 pH=5.3，再用水稀释至 1L。

离子计校正用标准溶液配制：将 0.221g NaF 溶于水中，并定容至 1L，获得氟离子溶液，质量浓度为 100mg/L；再将此液用纯水准确稀释至 4mg/L 和 40mg/L；最后分别用 pH=5.3 的缓冲溶液正确稀释 4 倍，得到氟离子质量浓度分别为 1mg/L 和 10mg/L 的标准溶液。

4. 定量Ⅱ

准确吸取试样溶液 5mL 于塑料杯中，加入 pH=8.5 的缓冲溶液 15mL。之后操作参照定量Ⅰ。其中校正用标准溶液采用 pH=8.5 缓冲溶液调制的标准溶液。

pH=8.5 缓冲溶液配制方法如下：在 84mL 盐酸中，加入三羟甲基氨基甲烷 2mol 和酒石酸钠 1mol，加水溶解至 1L 即得。

第四章　膏霜和乳液分析

分析膏霜和乳液类化妆品的目的在于弄清其中水分、保湿剂量及其种类、油分含量及其种类和表面活性剂的种类等制品组成以及实现紫外线吸收剂的定性和定量。对于特定有效成分，分析时通常采用高效液相色谱（HPLC）或气相色谱（GC）法，所以产品组成的全成分分析主要依靠有效的分离手段对样品进行分离，然后采用仪器分析进行必要的定性和定量工作。

膏霜和乳液的品种繁多，这是其功效的不同导致的。其功效例如皮肤保湿、柔软，促进血液循环，清洁等。此外，针对产品的不同功能和人体的不同使用部位，油分含量、乳化剂种类、乳液类型等均有不同的改变。膏霜和乳液类化妆品性质各异，是由多种成分组成的混合物，其原料本身就不是单一组成，所以极其复杂。若要搞清楚化妆品的组成，必须结合多种分析方法。

根据《已使用化妆品原料目录（2021 版）》，目前允许使用的化妆品原料有 8972 种。而膏霜乳液类化妆品配方中，主要含 3 类物质：水、脂质（蜡类、高级脂肪酸、高级脂肪醇、油脂及酯类）和乳化剂。其他还有保湿剂、水溶性高分子、防腐剂等。一些常见的代表性原料列于表 3-4-1 中。

表 3-4-1　膏霜及乳液用主要原料

种类	代表性原料
烃类	液体石蜡，三十碳烷，石蜡，微晶蜡，纯地蜡
高级脂肪酸	月桂酸，肉豆蔻酸，棕榈酸，硬脂酸，异硬脂酸，油酸，山嵛酸
高级脂肪醇	鲸蜡醇，硬脂醇，油醇
油脂、酯类	蜂蜡，羊毛脂及其衍生物，霍霍巴油，橄榄油，脂肪酸三甘油酯，脂肪酸异丙酯，鲨肝醇酯，硅油
表面活性剂	肥皂，单甘酯，聚氧乙烯失水山梨醇酯，高级醇聚氧乙烯醚，聚氧乙烯甘油脂肪酸酯
水溶性高分子	聚丙烯酸，羧甲基纤维素钠，海藻酸钠
保湿剂	甘油，山梨醇，1，3-丁二醇，山梨糖醇，二乙二醇，聚乙二醇，透明质酸
其他	对羟基苯甲酸酯，醋酸 dl-α-生育酚，EDTA，甲氧基肉桂酸辛酯

第一节　常规分析

1. 净重

（1）如果产品是膏霜，在开始分析时，先称原封容器。分析完成后，清除残留的膏霜，称取空容器的质量，由质量差计算产品的质量。

（2）如果产品是乳液，分析前，在瓶外沿液面划一标记。完成分析后，把瓶倒空，记录注入到标记处所需的水的体积。

（3）对于金属容器内的气溶胶产品，先称原封容器，然后在干冰柜中冷冻 2h。用冷的凿子和锤子凿开已冷冻的容器顶部。如果内容物是液体，可先将液体倒出，然后称重空容器，由质量差计算其含量。如果内容物是固体，把已经凿开的盛有冰冻物质的容器放在容积为 4L 的烧杯里。让其回升至室温，慢慢倒出已液化的内容物，然后称空容器质量。由质量差计算其含量。

2. 产品的感官评定

注意产品的颜色，气味和其他物理特征。

3. 乳液的类型判断

（1）将产品涂抹于表面皿上，形成厚度约为 1.6mm，面积约为 6.5cm^2 的薄膜。在薄膜的不同部位，分别洒上少量研磨过的固体油溶性染料和水溶性染料。如果油溶性染料扩展，表明产品是油包水（W/O）型乳化体系；如果水溶性染料扩展，则表明是水包油（O/W）型乳化体系。

（2）取一些产品，比较其容易分散于矿物油相（W/O）还是水相（O/W）。

（3）将电导率仪探头插入产品中，测量电导率，通过电导率大小可判定乳液类型。

4. 乳化体的 pH

（1）O/W 型膏霜类乳化体：将 1g 膏霜与 9mL 水混台，用 pH 计测定混合物的 pH。

（2）O/W 型乳液类乳化体：直接用 pH 计在液体中测定。

（3）无 pH 计的条件下，可以用精密 pH 试纸直接测量。

5. 600℃灰分

于平底铂皿中称取约 5g 样品，在蒸汽浴上加热 1h，然后取下器皿，加 1g 无灰纤维素粉，用玻璃棒搅拌均匀，用定量滤纸擦拭黏附在玻璃棒上的物质，并把滤纸投入皿中。用电炉加热皿至样品炭化，然后放入马弗炉中于 600℃完全灰化，冷却后称取灰分质量。

6. 灰分的检定

（1）硼酸盐：在铂皿中加几滴硫酸与部分灰分混合，加几毫升甲醇，搅拌均匀，放在黑暗的通风橱中点火燃烧，产生绿色火焰表明含有硼。

（2）碳酸盐：将部分灰分与 1 滴浓盐酸混合，产生无气味的气泡即表明含有碳酸盐。

（3）其他水溶性盐：用水或稀硝酸溶解剩余的灰分，滤去不溶物。将滤液分成若干份，分别用硝酸银检验氯化物；用氯化钡检验硫酸盐；用钼酸铵检验磷酸盐；用铂丝的焰色反应检验钠和钾。

（4）水不溶性灰分：在铂坩埚中灼烧灰分显示黄色，而冷却后颜色又消失，表明可能含有氧化锌。继续用酸溶解氧化锌，再将其沉淀为硫化锌加以验证。

（5）二氧化钛：在带盖瓷坩埚内，加 8mL 硫酸、4g 硫酸钠，加热溶解二氧化钛。冷却后，小心地将溶液倒进 50mL 冰水混合物内，用双氧水比色法检验钛元素。

第二节　系统分析流程

膏霜和乳液分析流程如图 3-4-1 所示。在全分析中，不挥发成分用正己烷和乙醇的混合溶剂萃取得到，并进行各种仪器分析以达到预期目的。另外，流程图中省略了确认脂肪酸和肥皂的试样。正己烷-乙醇（1∶1，体积比）可溶物用离子交换色谱分离，有必要时可用硅胶柱层析分离其他非离子成分。下面将分别叙述分离操作概要和注意点。

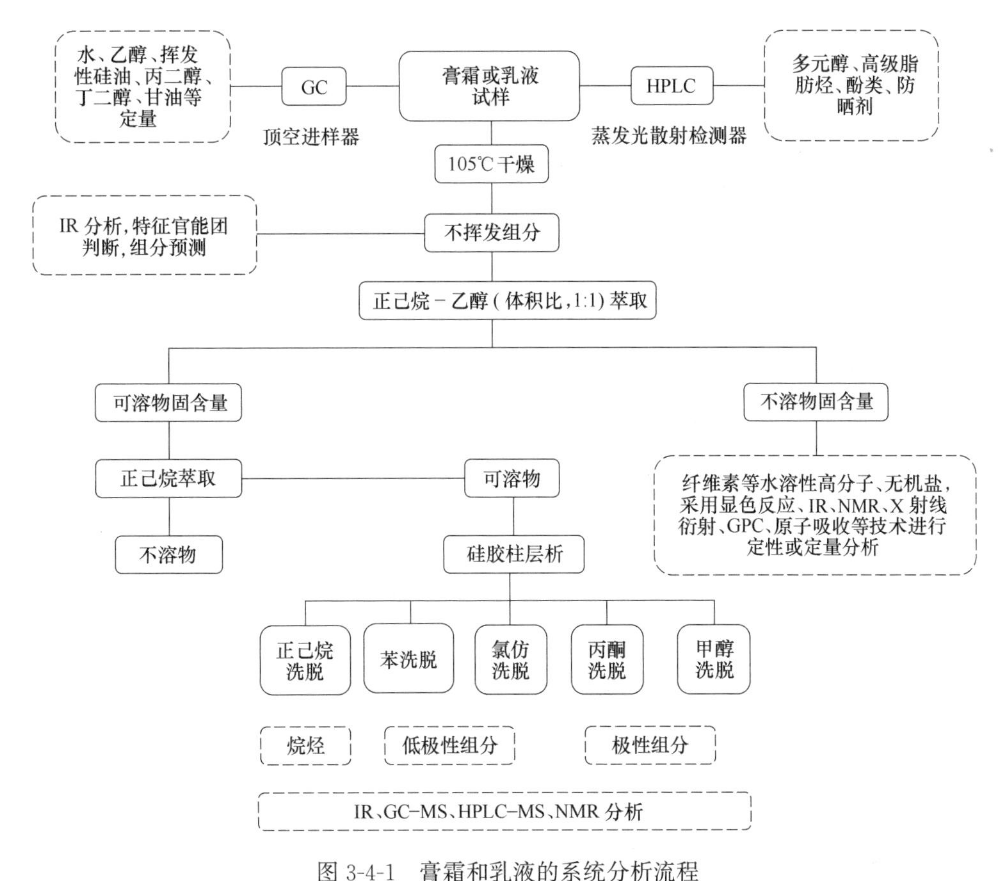

图 3-4-1　膏霜和乳液的系统分析流程

第三节　成分分离方法

由于膏霜和乳液组成复杂，不作前处理而直接进行仪器分析是困难的；若进行相当精细的分离，分出的组分数非常多，需要花很多时间，又是不现实的。因此，本方法将试样分离成性质比较相似的若干种成分的混合物后，再用各种仪器作定性和定量分析。

分离方法如图 3-4-1 所示：加热干燥除去挥发性成分，利用溶解度进行溶剂萃取和分步沉淀。利用极性作硅胶柱层析和逆相分配柱层析，利用离子性作离子交换层析。根据试样的性质，选择各种分离方法进行组合。

1. 溶剂萃取法

溶剂萃取法一般采用液-液萃取法，但化妆品是水和油乳化的稳定体系，所以用液-液萃取比较困难。因此，首先要加热干燥除去挥发成分，加入正己烷-乙醇（体积比为 1∶1）混合溶剂，加热，用超声波溶解，离心分离等方式，将试样分成溶剂可溶物和溶剂不溶物。然后用正己烷、氯仿等低极性溶剂，丙酮等中极性溶剂，乙醇、甲醇等高极性溶剂依次萃取。此外，为萃取特定成分，也可用水从有机溶剂不溶物中萃取出水溶性高分子。

2. 硅胶柱层析

按照试样极性差异而达到分离目的的硅胶柱层析，可以组合出各种洗脱液，将溶剂从非极性到高极性依次流出。在玻璃制层析管（20mm×300mm）中，用正己烷充填 25g 硅胶，将约 1g 试样溶于少量正己烷注入柱后，依次用正己烷、苯、氯仿、丙酮、甲醇各 100mL 洗脱。一般来讲，烃类可以定量地被正己烷洗脱，但是其他成分往往不可能被充分分离、回收。特别是试样负荷量较多的场合，由于共存成分的影响，分离效果差。另外，硅油可在多种溶剂中洗脱，高极性成分的聚乙二醇和一部分表面活性剂被吸附时也有不被洗脱的现象出现。总之，硅胶柱层析法非常适用于油分和蜡含量高的试样。

3. 逆相分配柱层析

将硅藻土惰性固体作为担体，以非极性液相为固定液，以与固定液在任何比例下都不相混合的其他极性溶剂为流动相，利用物质在两液相间的分配系数的差异进行分离的方法称为逆相分配柱层析法。在化妆品分析中，可在硅烷化处理的硅藻土上涂布正庚烷，用 50%（体积分数）乙醇、正庚烷饱和的 95%（体积分数）醋酸和氯仿作流动相，用于分离以蜡类和蓖麻油为代表的液体极性油分和微量表面活性剂。具体操作如下：在 10g 经硅烷化处理的硅藻土中加入 9mL 正庚烷，充分混合后分 2 次填充到玻璃制层析管（20mm×300mm）中。在约 1.0g 试样中加入 9mL 正庚烷溶解，立即加入 10g 经硅烷化处理的硅藻土，充分混合，也分 2 次填充到上述层析管中。然后用不同流动相溶剂各 100mL 洗脱。接着用水饱和的正丁醇和正丁醇饱和的水洗脱聚乙二醇、甘油等，再用乙醇洗脱聚氧乙烯型表面活性剂。分配层析法与吸附层析法相比，回收率高，特别是对极性成分的分离很有效。

4. 离子交换柱层析

离子交换柱层析用于分离化妆品中的非离子成分、阳离子成分和阴离子成分。具体操作如下：在两根玻璃制层析管（10mm×300mm）中，分别填充悬浊在乙醇溶液中 H^+ 型阳离子交换树脂和 OH^- 型阴离子交换树脂各 25mL。将两根层析管串联，阳离子交换树脂柱在上，在阳离子交换树脂柱上部注入约 1g 试样。然后，用 200mL 乙醇溶液（水的体积分数为 50%～90%）洗脱非离子性成分。再将两层析管拆开，阳离子交换柱中加含 10%盐酸的乙醇溶液 150mL（洗出成分：阳离子表面活性剂、三乙醇胺盐酸盐、金属离子氯化物），阴离子交换柱中加入含 10%醋酸的乙醇溶液 150mL（洗脱成分：脂肪酸等带羧基的成分）和含 10%盐酸的乙醇溶液 150mL（洗出成分：月桂醇硫酸酯等带磺基的成分）。该方法对于含有脂肪酸和脂肪酸皂比较多的膏霜或乳液是有效的分离方法。

图 3-4-2 列出了各种柱层析的组合实例和各洗脱物中的代表性成分。

第四节　仪 器 分 析

用各种仪器对各分离组分进行定性、定量分析，用统计学方法确认分析结果。分析时应了解分离方法和各种仪器分析的特征和优缺点，根据分析过程中取得的结果，可适当变更分离方法和分析方法的选择、组合，使取得最佳的分离、分析效果。

1. 红外吸收光谱分析（IR）

红外吸收光谱可呈现各化合物特征光谱，所以很早就广泛用于化合物定性分析。但是上述系统分离方法将产品不是分离成单一组分，而是分离为某种程度的混合物，各吸收带光谱呈相互重叠状，较为复杂，解析时有一定困难。

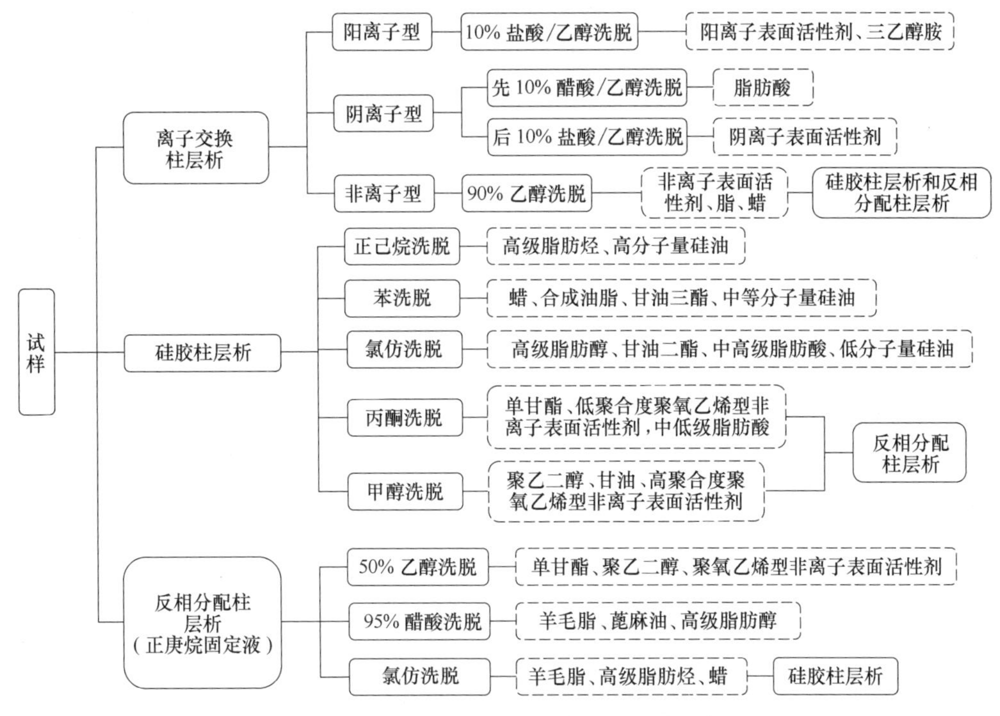

图 3-4-2　柱层析的组合和代表性洗脱成分

IR 特征官能基吸收可作为选择分析方法时的参考，特别是羧基官能团的存在与否，以及羧基在分子中的存在形式，基于此可以判断物质是否为酯、酸、内酯、盐等。另外，该法对用 ^{13}C-NMR 测定困难的高分子化合物和无机化合物等的定性、解析非常有效。此外，高灵敏度 FT-IR 以及 GC/FT-IR 联用技术也可以根据实际情况考虑加以利用。

2. 核磁共振光谱分析（^{13}C-NMR）

^{13}C-NMR 与 MS 可以用于单一成分的结构解析，也可以用于混合物原样测定的各成分的定性，还可以测定在溶剂中可溶性大的有机化合物，根据其信号可以获得重要的结构信息。

实际测定时，需要将样品溶于重水或氘代氯仿中，由于测定时间短，可以用样品的高浓度溶液。为了把握制品组成概要，确定分离方法，可以取制品的溶剂可溶物测定其中的挥发成分。根据各种柱层析洗脱物的测定结果，变更分离方法。

3. 气相色谱分析（GC）

表 3-4-2 列出了化妆品的有代表性的气相色谱条件。

对于水（必须用 TCD 检出器）、乙醇、多元醇保湿剂、作为低沸点油分使用的链状或环状二甲基硅氧烷和低级烃类，可用内标法和绝对校正曲线定量。但是在对含多种水溶性高分子的样品进行水分的定量测试时，这些方法结果偏低，这种场合最好采用卡尔·费休法。

对于油分、蜡、表面活性剂等化妆品原料，带有羟基、羧基、氨基等极性官能团的化合物多数不能直接用 GC 分析，所以将其制成三甲基硅烷（TMS）衍生物后分析。TMS 化过程在无水状态下进行，以双三甲基硅烷乙酰胺（TMS-BSA）和三甲基硅烷咪唑作试剂，在水浴上加热10min。为了用GC同时分析宽相对分子质量范围的化合物，可以采用硅系短柱升温至350℃。使用高分离性能的毛细管柱可分析亚甲基值（Mu）12～62的化合物，即除高分子物质和低沸点溶剂外大部分物质都能分析。将各种化妆品原料用正构烷烃标准化测得的Mu数据库化，进行比较可以对GC峰进行定性。

表3-4-2　代表性的气相色谱条件

对象成分	填充剂	柱	柱温
水、溶剂	Chromosob 102(80～100目)	ϕ2m×3mm	100→250℃
多元醇	Tenax GC(80～100目)	ϕ2m×3mm	70→250℃
低沸点油分	3% Silicone OV-1或OV-17涂布在Gaschrom Q(80～100目)上	ϕ 2m×3mm	60→200℃
一般分析（烷烃、高沸点成分）填充柱和毛细管柱	3% Silicone OV-1或OV-17涂布在Gaschrom Q(80～100目)上	ϕ0.5m×3mm	60→350℃
	DB-1或Ultra-1（膜厚为0.11～0.25μm）	ϕ5～15m×0.2～0.25mm	60→320℃
	DB-1或HP-1（膜厚为1.50～2.65μm）	ϕ10～15m×0.25mm	60→320℃

4. 质谱分析（MS）

多元醇、油分、蜡、表面活性剂等大部分相对分子质量在1000以下，除带磺基的化合物外，用GC测定时都可用MS测定。测定所有化妆品原料的GC-MS，整理成MS数据库，与其比较可以定性未知GC峰。与上述亚甲基值定性法相结合，即使存在同分异构体和同系物导致出现相似质谱的场合，质谱的解析也可以变得相当容易。

另外，比较简单的测定可利用薄层色谱和显色反应作为仪器分析的解析辅助和防止错误的手段。用于膏霜和乳液的薄层色谱条件列于表3-4-3中。

表3-4-3　代表性薄层色谱

对象成分	展开剂	显色剂
油分	V(石油醚)∶V(乙醚)=7∶3或9∶1	50%(质量分数)硫酸喷雾后加热或碘蒸气
羊毛脂及其衍生物	V(石油醚)∶V(乙醚)=9∶1	醋酸酐-50%(质量分数)硫酸依次喷雾后加热
多元醇	V(乙酸乙酯)∶V(丙酮)∶V(水)=5∶35∶101	喷雾5g/L过碘酸钾后，再喷雾150g/L硫酸锰和150g/L硫酸铝的2mol/L醋酸混合溶液
PEG和EO型表面活性剂	V(乙酸乙酯)∶V(丙酮)∶V(水)=55∶35∶10或V(氯仿)∶V(甲醇)=9∶1	将0.85g碱性硝酸铋溶于10mL冰醋酸和40mL水中(A液)；将8g碘化钾溶于20mL水中(B液)；使用前混合2mL A液、2mL B液和20mL稀醋酸(冰醋酸与水的体积比为1∶4)
阳离子表面活性剂	V(氯仿)∶V(甲醇)∶V(水)=65∶25∶4	1mL 10g/L氯化铂中加入25mL 40g/L碘化钾，加水稀释至50mL

第五章　化妆水和精华液分析

化妆水通常涂布在用洁面剂洗净后的皮肤上，目的是补充皮肤水分，防止皮肤干燥。其性状一般为带芳香的透明液体。此外，化妆水也具有调整皮肤的生理作用。根据其功能的不同，化妆水可主要分为3类：①柔软化妆水，用于皮肤角质层补充水分和保湿；②碱性化妆水，用于软化皮肤角质层，给予皮肤弹性；③收敛化妆水，用于抑制皮肤油分过分分泌。此外，还有擦去化妆水，用于除去用清洁霜洗面后残余的油分；清洁化妆水，用于洗掉皮肤表面的油性污垢；锌化妆水，用于镇静日晒和雪照后的皮肤。外观上，化妆水大部分都是透明液体，但也有静置时油、粉体和水分成上下两层的，使用前需振摇均匀。

与化妆水相比，精华液黏性相对较高，有厚重的感觉，多数呈透明到半透明状。精华液中保湿成分配入量大，能保持由化妆水补充的水分，给予皮肤湿润感，所以两者的基本组成有相似性。化妆水和精华液的基本原料是水、醇和保湿剂，根据性能要求再添加些其他原料。表3-5-1列出了化妆水的主要原料。

表3-5-1　　化妆水主要原料

分　类	代表性原料
水	质量分数约80%
醇	乙醇，异丙醇
保湿剂	丙二醇，丁二醇，甘油，植物提取液，糖类(质量分数约15%)
香精	
增黏剂	海藻酸钠，羧甲基纤维素等
防腐剂	对羟基苯甲酸酯，山梨酸等
杀菌剂	异丙基甲基酚，间苯二酚等
收敛剂	对羟基苯磺酸锌，氧化锌等
消炎剂	尿囊素，甘草酸盐等
柔软剂	高碳醇，酯
pH调节剂	磷酸，柠檬酸及其盐
色素	法定色素，天然色素
防褪色剂	螯合剂，紫外线吸收剂
无机颜料	滑石粉，氧化铁
其他	抗坏血酸衍生物，氨基酸衍生物，透明质酸等

第一节　挥发性成分分析

化妆水与精华液中的主要挥发性成分为水、低碳醇和多元醇类保湿剂。

1. 水分定量

测定水分可以用二甲苯共沸蒸馏法、卡尔·费休法和气相色谱法（GC）。用卡尔·费休法定量时，化妆水和精华液的水分含量大，不能直接注入测定，应该精确称取试样，然后用无水甲醇稀释并定容后作为试验溶液。用 GC 法分析时，将精确称量的试样用丙酮等溶剂稀释后作为试验液，用内标法（以正丁醇等为内标物）定量。

2. 低碳醇的定性和定量

化妆水和精华液中的低碳醇通常用乙醇，但也有用异丙醇的，可用 GC 进行定性和定量。精确称取试样，用甲醇等溶剂定容后作为试验溶液，用内标法（以正丁醇等作内标物）定量。

GC 测定条件：

色谱柱：DB-5，30m×0.53mm×5μm。

进样口温度：160℃。

分流比：5∶1。

载气：氮气。

流量：10mL/min。

程序升温设置：

初始温度 35℃；初温保持时间 20min；升温速率 25℃/min：终温 250℃；终温保持时间 10min。

检测器：FID。

3. 保湿剂的定性和定量

广泛使用的挥发性保湿剂有丙二醇、1,3-丁二醇，非挥发性保湿剂有甘油、二聚丙二醇等多元醇。其定性和定量方法除通用的 GC 法外，也可用薄层色谱（TLC）。用 GC 法分析时，可预先测出多元醇标准混合物的图谱，获得各成分的保留时间，然后用试样溶液进行相同操作，比较其保留时间，可以很方便地定性。定量时可用内标法，即精确称取试样，加入内标物，用甲醇等溶剂定容后作试验溶液。内标物可选择乙二醇、1,3-丁二醇、1,4-丁二醇等，但在试样中不得含有作为内标物的醇。

第二节　不挥发性成分分析

化妆水和精华液中不挥发性成分含量少，所以膏霜和乳液的系统分析流程不一定有效。对各成分进行适宜的前处理，然后进行显色试验等化学分析和仪器分析方法，可以迅速进行正确的定性和定量分析。此外，测定混合成分的^{13}C-NMR 波谱，对照标准物质数据库作定性解析，也可以实现对不挥发性成分的分析，同时还可进行定量分析。

1. 预处理

称取 10～30g 试样（称准至 0.001g），在水浴上干燥后，放入 105℃干燥箱中干燥 2～3h，除去挥发性成分。在玻璃干燥器中放冷后测定重量，作为不挥发成分分析用试样。在此试样中加入溶剂，充分分散后，进行离心分离，分成溶剂可溶物和不溶物。可溶物蒸去溶剂，测定质量。图 3-5-1 是预处理操作流程。

2. 分离成分

用化学分析和仪器分析鉴定预处理过程中获得的各分离成分。有机溶剂可溶物中通常含有聚氧乙烯非离子表面活性剂，可以用 IR（在 1120cm^{-1} 附近，出现 C—O—C 伸缩振动的强而宽的特征吸收）和显色试验（加硫氰酸铵-硝酸钴试液，充分振摇混合，再加氯

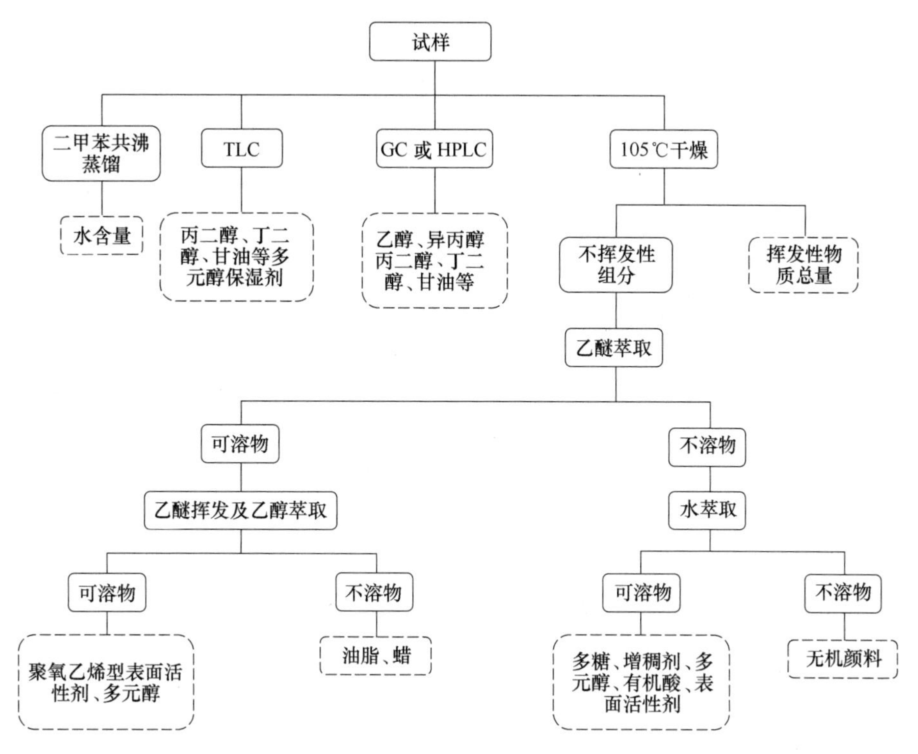

图 3-5-1　化妆水与精华液的预处理流程

仿，振荡混合放置时氯仿层呈蓝色）进行鉴定。

3. 有效成分

防腐剂、收敛剂和消炎剂以及其他微量成分的分析主要用 HPLC 法，不做赘述。

第六章　洗发香波分析

每种洗发水都含有多种表面活性剂。最早的商业洗发用品为肥皂，直到19世纪70年代出现香波类产品，其中广泛使用皂类及烷基硫酸盐（AS）类表面活性剂。由于皂类香波不耐硬水，而AS有强刺激性，进入80年代，烷基聚氧乙烯醚硫酸盐（AES）完全替代了皂类和AS。近年来，洗发环境发生了很大变化，洗发频率增加，女性更愿留长发并追求多样化的发型，特别是年轻女性对头发保护意识的提高，使香波产品倾向于采用*N*-酰基-甲基牛磺酸盐、单烷基磷酸盐、脂肪酰氨基酸盐等低刺激性表面活性剂。此外，为了确保香波的综合性能，部分产品也采用AS和AES的铵盐为主表面活性剂，因为其铵盐既具有丰富的泡沫，又具有一定的降低刺激性的作用。

香波中常使用两性表面活性剂作为洗净助剂，其洗涤性能比阴离子表面活性剂差，但对皮肤和眼睛的刺激性低。两性表面活性剂的代表有烷基甜菜碱型（BS-12）和咪唑啉型。调理香波中配有高碳醇和硅油等油性原料、胶原和动物胶等水解蛋白质得到的多肽和纤维素等聚合物。洗发、护发二合一香波中配有聚合阳离子调理剂，目前市场上广泛使用的聚合阳离子调理剂有阳离子纤维素（JR400）和蛋白阳离子等，但这些聚合阳离子缺乏长链烷烃结构，调理作用受到一定限制，并有一定的刺激作用。此外，为提高香波泡沫的稳定性，还配有脂肪酸二乙醇酰胺（6501），其他配合成分还有珠光剂乙二醇单/双硬脂酸酯、增稠剂PEG6000双硬脂酸酯、去屑止痒剂、防腐剂等。

第一节　常规分析

香波的常规分析主要包括产品净重、香波的外观、香波的pH、600℃时的灰分、灰分的检验、不挥发物的红外光谱检验、碱性含氮化合物、水分、羊毛脂和类固醇等检验。

1. 不挥发物的红外光谱检验

（1）测定105℃下不挥发物在溴化钾晶体上的薄膜红外光谱，或者将不挥发物与乙醇调成浆状，在溴化钾盐片上涂成薄膜，随后在105℃烘箱中干燥5min，或在红外灯下烤干。

（2）在图谱上检查是否存在AS、AES、BS-12、6501、多元醇、季铵化合物等物质的特征官能团。

2. 碱性含氮化合物的检验

在一只硬质试管中，将1g香波与8g无水碳酸钠混合，再用2g碳酸钠覆盖，在煤气灯上强烈加热。如果试样释放出的气体使放在试管口上方的潮湿的红色石蕊试纸变蓝，则表明存在氨或碱性含氮化合物。

3. 羊毛脂和类固醇

用萃取法除去脂质，所得到的萃取液中含有羊毛脂和类固醇。取少部分萃取液溶于10mL氯仿中，加入5mL醋酸酐及5～10滴硫酸，搅匀。若显示绿色则表明含有羊毛脂或类固醇。

第二节　系统分析流程

洗发香波的一般分析流程如图 3-6-1 所示。

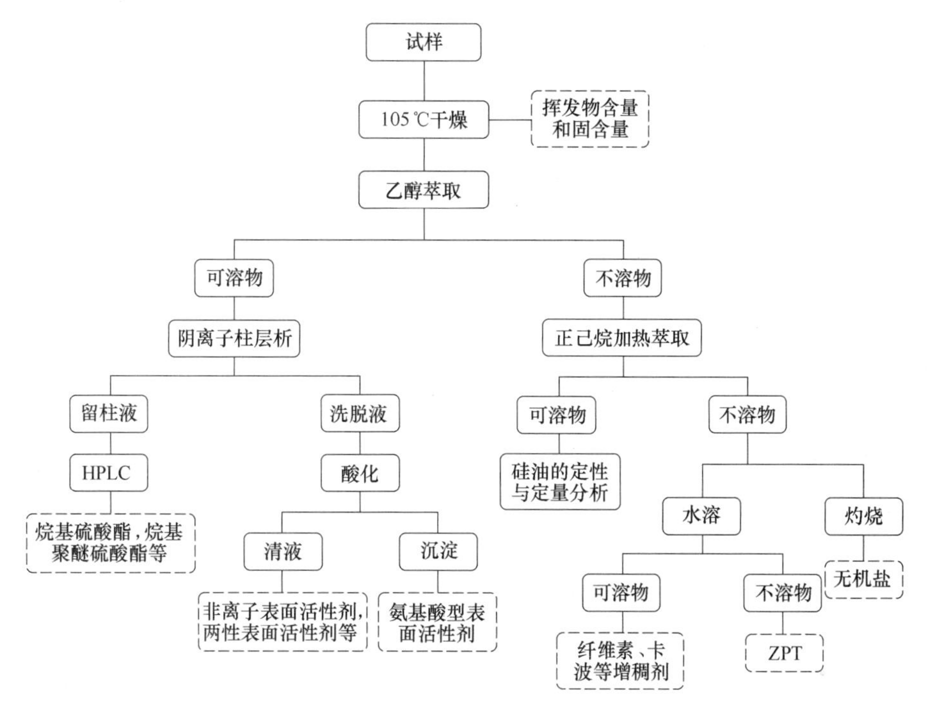

图 3-6-1　洗发香波的分析流程

第三节　阴离子表面活性剂分析

1. 定性

洗发水分析中最重要的分析是鉴定主表面活性剂——阴离子表面活性剂。目前大部分香波仍以 AS 和 AES 为主基剂，通过测定不挥发物的 IR 就可判断。但与其他表面活性剂混合时，仅用 IR 判断是有困难的。此时可采用不挥发成分进行 TLC 分析，能够比较容易地定性。对于 AS 和 AES 等硫酸酯型阴离子表面活性剂，可以用亚甲蓝试验简单定性。

操作：在试管中加入约 5mL 亚甲蓝溶液和约 5mL 氯仿，加塞，激烈振荡，放置分层。氯仿层通常无色（当亚甲蓝不纯时，也可以呈现极弱的蓝色）。在其中加入 1 滴约 1%（质量分数）试样溶液，上下振荡后静置分层。氯仿层呈蓝色则表示有阴离子表面活性剂存在。再加入试样溶液进行同样操作，氯仿层的颜色变深。

备注：

① 两性表面活性剂共存时可能有妨碍，所以最好将不挥发性物质进行初步分离后作为试样。

② 亚甲蓝溶液配制：在约 500mL 水中慢慢加入 12g 硫酸，冷却。再加入 0.03g 亚甲

蓝、50g 无水硫酸钠，加水至 1L。

2. 定量

AS 和 AES 的定量法一般都用混合指示剂两相滴定法或亚甲蓝两相滴定法。目前，部分洗发水产品中采用氨基酸型表面活性剂，此时分别定量比较困难，可用 HPLC 法对氨基酸型阴离子表面活性剂进行分离，并进行定性和定量分析。

第四节　两性表面活性剂分析

两性表面活性剂经常作为助表面活性剂与阴离子表面活性剂配伍，所以用 IR 和 TLC 等方法从试样的不挥发成分直接鉴定比较困难。分析过程中可先对试样进行离子交换处理，当两性表面活性剂和阴离子表面活性剂分离后，对流出液再进行定性和定量分析。

第五节　调理剂分析

高碳醇等油剂的分析可用熔融石英毛细管柱 GC 法，对从低沸点到高沸点的高碳醇进行鉴定和定量，定量方法采用内标法。

高碳醇的 GC 检测条件：

柱：Ultra$^{\#}$1ϕ0.2mm×12.5mm×30m，膜厚 0.11μm。

柱温：初温 120℃，升温速度 5℃/min，最终温度 325℃。

载气：氦气。

流量：75mL/min。

进样口温度：340℃。

检测器温度：340℃。

检测器：FID。

第六节　防腐剂分析

对羟基苯甲酸酯可用毛细管 GC 法定量，也可采用带紫外检测器的 HPLC 法。

前处理方法：用甲醇萃取试样，离心沉降后蒸去溶剂，用硅胶柱层析分离，获得己烷-乙酸乙酯（80∶20，体积比）洗脱液和甲醇洗脱液。己烷-乙酸乙酯洗脱液中含对羟基苯甲酸酯，甲醇洗脱液中含其他防腐剂。

对羟基苯甲酸酯的 HPLC 检测条件：

柱：TSK ODS　4.6mm×150mm×5μm。

柱温：40℃。

流动相：0.05mol/L 磷酸二氢钠-甲醇-乙腈（50∶30∶15，体积比），含十六烷基三甲基氯化铵 0.002mol/L，用磷酸调 pH=5.2。

流速：1.0mL/min。

检测波长：254nm。

第七节　去屑剂分析

1. 吡啶硫酮锌

洗发水中去屑剂吡啶硫酮锌（ZPT）可用铜络合体的 HPLC 法分析。

前处理方法：

精确称取含 10mg ZPT 的试样，加入氯仿饱和的缓冲溶液（pH=5.0）溶解，转移到 100mL 容量瓶中，并稀释至刻度。若出现沉淀可用氯仿饱和水稀释，搅拌数分钟后用超声波处理数分钟。在 10mL 此液中加入水饱和氯仿 10mL 和 0.5mol/L 硫酸铜溶液 2mL。此混合液激烈振荡 5min 后，离心分离 5min，将 5μL 下层液注入 HPLC。

HPLC 条件：

柱：Nucleosil 5C18 4.6mm×150mm×5μm。

柱温：25℃。

流速：1.0mL/min。

流动相：甲醇-水（60∶40，体积比）。

检出波长：320nm。

2. 二硫化硒分析

去头屑洗发香波中所含的二硫化硒可采用荧光分光光度测定法。

（1）检测原理：二硫化硒用高氯酸、过氧化氢提取后，与 2,3-二氨基萘在 pH=1.5～2.0 下反应生成具有绿色荧光的 4,5-苯并苤硒脑。再以环己烷萃取，用荧光分光光度计测定其荧光强度，与标准溶液比较、定量。

（2）试剂的配制方法：

高氯酸溶液：10mL 高氯酸和 90mL 纯水混合。

高氯酸-过氧化氢混合液：高氯酸溶液 40mL 和 30%（质量分数）过氧化氢 10mL 混合。

乙二胺四乙酸二钠溶液：50g/L。

盐酸羟胺溶液：100g/L。

甲酚红溶液：2g/L。

氨水溶液：氨水 100mL 和纯水 100mL 混合。

乙二胺四乙酸二钠-盐酸羟胺-甲酚红混合试剂：临用前分别量取 50mL EDTA 溶液、50mL 盐酸羟胺溶液和 2.5mL 甲酚红溶液，混合，加水稀释至 500mL。

2g/L 2,3-二氨基萘（DAN）溶液：在暗室中进行以下操作，称取 200mg DAN 于 250mL 磨口锥形瓶中，加入 100mL 0.1mol/L 盐酸，振荡至全部溶解（约 15min）。加入 20mL 环己烷继续振荡 5min，移入底部塞有玻璃棉的分液漏斗中，静置分层后将水相放回原锥形瓶中，再用环己烷萃取，重复此操作直至环己烷相荧光值最低为止。将此纯化的 DAN 溶液储存于棕色瓶中，加一层约 1cm 厚的环己烷以隔绝空气，置于冰箱内保存。必要时用环己烷再萃取一次。

硒标准储备液（硒质量浓度 100μg/mL）：称取 0.1000g 金属硒，溶于少量硝酸中，加入 2mL 高氯酸。在沸水浴上加热蒸去硝酸（3～4h），稍冷后加入 8.4mL 盐酸，继续加热 2min，然后用纯水定容至 1000mL。

硒标准使用液（硒质量浓度 0.1μg/mL）：取一定量的硒标准储备液，用 0.1mol/L 盐酸稀释成 1.00mL 含有 0.100μg 硒的溶液，储存于冰箱内备用。

（3）分析步骤

样品前处理：①香波类样品：称取去头屑洗发香波 1.00～2.00g 于 50mL 比色管中，加消泡剂 5 滴，再加 10～20mL 高氯酸-过氧化氢混合液，振摇 3min，放置过夜，待测。②膏类样品：称取去头屑洗发膏 1.00～2.00g 于 50mL 比色管中，加消泡剂 5 滴，加 20.0～40.0mL 高氯酸-过氧化氢混合液，放置 4h，振摇 3min，放置过夜后过滤，取滤液 10.0～20.0mL 待测。

标准工作曲线的制备：取硒标准使用液 0，0.10，0.50，0.70，1.00，1.50，2.00mL，分别置于 50mL 比色管中，与样品同时操作，待测。

将样品液及标准工作液分别转移到 50mL 比色管中。分别向各管加入 10mL 混合试剂，摇匀，溶液应呈桃红色。用氨水溶液调至浅橙色，必要时可加入少量盐酸溶液（10mL 浓盐酸和 40mL 纯水混合），此时溶液应为 pH=1.5～2.0，也可用 pH=0.5～5.0 精密试纸检验。

以下步骤需在暗室内进行：向上述各管内加入 1mL DAN，摇匀，置沸水浴中加热 5min（自放入沸水浴中时算起），取出，冷却。

向各管中加入 4.0mL 环己烷，以每分钟 60 次的速度振摇 3min，静置分层，取环己烷相 4000r/min 离心 40min。用荧光分光光度计在激发光波长 379nm，发射光波长 519nm 处测定其荧光强度。绘制工作曲线，从曲线上查出样品中 Se^{4+} 的含量。

（4）计算

$$X=\frac{(m_1-m_0)\times V}{V_1\times m}\times 1.812 \tag{3-6-1}$$

式中 X——样品中 SeS_2 的含量，μg/g；

m_1——测试液中 Se^{4+} 的质量，μg；

m_0——空白液中 Se^{4+} 的质量，μg；

V——样品提取液总体积，mL；

V_1——移取用于测试的样品提取液的体积，mL；

m——样品质量，g；

1.812——Se^{4+} 与 SeS_2 的换算系数。

（5）准确度、精密度

取去屑洗发水、去屑洗发膏做 3 种含量（高、中、低）加标回收试验，要求准确度为 84.0%～94.0%，精密度为 6.4%～8.9%。

第七章 护发素分析

护发素中起护发功能的主要成分为阳离子表面活性剂，有代表性的阳离子表面活性剂原料有 $C_{16\sim22}$ 烷基三甲基氯化铵和双烷基二甲基氯化铵。毛发的柔软性和易梳理性随阳离子表面活性剂分子结构和碳链长度不同而变化。其他如高碳醇、酯、烷烃、硅油等油性原料也是护发素的重要成分，可以使头发平滑有光泽。护发素中的乳化剂使用脂肪醇聚氧乙烯醚和单甘酯等，为调节黏度还配入纤维素衍生物和聚乙烯吡咯烷酮等增稠剂，其他还有珠光剂、杀菌剂、防腐剂和色素等。

第一节 阳离子表面活性剂分析

1. 定性分析

采用薄层色谱分析试样的不挥发物可以很容易地鉴定出阳离子表面活性剂。

（1）薄层色谱法

薄层色谱制备：将硅胶 G 调和并铺成 0.250～0.275cm 厚度的薄层，保存在干燥器中。

展开溶剂：丙酮和 14mol/L 氨水混合，且二者体积比为 90∶10。

显色剂：2g/L 的 2′，7′-二氯荧光黄的乙醇溶液，也可用 Dragendorff 试剂代替。

操作：配制试样的 1%（体积分数）醋酸溶液，涂布相当于 0.001～1.000mg（通常为 0.04mg）表面活性剂的试样溶液于薄层上并风干。用上述展开剂展开，直至试样溶液由原点展开至高度为 12cm 处，除去薄层上的溶剂，喷雾 2′，7′-二氯荧光黄的乙醇溶液，在紫外灯下观察带有黄绿色的淡光的斑点。

（2）溴酚蓝试验法

加 5mL 0.4g/L 溴酚蓝溶液（用 100g/L 氢氧化钠水溶液配制）和 5mL 氯仿于试管中，再加入少量试样的溶液（体积分数为 1%或质量浓度为 10g/L 均可）振荡，观察分离的氯仿层，若氯仿层呈蓝色，表示存在阳离子表面活性剂。

2. 定量分析

用酸性混合指示剂溶液和酸性亚甲蓝溶液的两相滴定法，在试样中含游离叔胺的情况下，不能正确测定护发素中的阳离子表面活性剂。此时可以改用碱性溴甲酚绿溶液的两相逆滴定法定量分析阳离子表面活性剂。

在阳离子表面活性剂的亲油基组成分析时，可以用阳离子交换柱分离出纯粹的阳离子表面活性剂后，用热分解或反应气相色谱法或 HPLC 法等方法测定，根据其分析值计算出阳离子表面活性剂的平均相对分子质量。

第二节 油剂分析

高碳醇和液体石蜡等物质的分析可参照洗发香波的调理剂分析法。

第三节　溶剂分析

护发素中常用乙醇、异丙醇、1,3-丁二醇等作溶剂，可用毛细管柱 GC 法自动分析。

溶剂分析条件：

柱：DB-1701（0.25mm×30m，膜厚 1.0μm）。

载气：氦气。

流速：75mL/min。

分流比：150∶1。

柱温：初温 60℃，维持 3min；以 8℃/min 升温至 190℃；再次以 20℃/min 升温至 240℃，维持 8.25min。

进样口温度：200℃。

检测器温度：260℃。

检测器：FID。

第四节　保湿剂分析

分析多元醇保湿剂可用 HPLC 法。将试样中的山梨糖醇和甘油等用水系凝胶渗透色谱（GPC）分离，采用过碘酸分解作为柱后反应，将生成的甲醛用乙酰丙酮法选择检出。本方法可以检出和定量微克级多元醇。

第八章　沐浴剂分析

沐浴剂的种类很多，包括浴用洗涤剂、泡沫浴液、润肤浴油、温泉浴盐等。沐浴剂按日本药品法分类可分成医药品、准医药品和化妆品三大类，其中主要是准医药品。所谓准医药品是指以预防为目的的产品，对人体作用比较缓和。沐浴剂对疲劳及冷酸症、腰痛、风湿等 22 种疾患有效。下面主要介绍无机盐类和中药以及蛋白质分解酶和多种特定药剂的分析。表 3-8-1 中列出沐浴剂中广泛采用的有效成分。

表 3-8-1　　沐浴剂的有效成分

分类	成分
无机盐类	硫酸钠，硫酸镁，硫酸铝，硫酸铝钾，硫代硫酸钠，硫化钠，氯化钠，氯化钙，氯化钾，氯化镁，碳酸氢钠，碳酸钠，碳酸钙，硼砂，硼酸等
中药材	芦荟，黄柏，春黄菊，茴香，桂皮，菖蒲，川芎，牛樟，丁香，当归，橙皮，辣椒，甘草，高丽参，薄荷，陈皮，芍药，茯苓，枇杷叶，生姜，白术等
蛋白酶	胰酶，木瓜酶
其他	樟脑，水杨酸，水杨酸甲酯，薄荷醇，酒糟浸出物等

第一节　无机盐类分析

无机盐类是沐浴剂的主要成分，有粉末、颗粒和片剂。分析时可将试样溶于水中，必要时可以经过滤或离心分离除去不溶物，用有机溶剂萃取除去油性成分。另外，如有色素影响显色反应和滴定时指示剂的变色，可进行拔染。

1. 定性分析

无机盐类溶于水成为离子状态，离子的定性分析列于表 3-8-2 中。

2. 定量分析

化妆品中的某些无机离子能给皮肤提供矿物质和微量元素，它们通过皮肤渗透与皮肤中的蛋白质、氨基酸、脱氧核酸联结，直接参与皮肤中细胞的新陈代谢活动。因此，化妆品中无机离子含量的测定很有意义。

测定无机阳离子常用的方法有原子吸收光谱法、原子发射光谱法、原子荧光法、电位滴定法等，测定无机阴离子常用的方法有重量法、容量法、电位滴定法等。上述方法测定时间较长，操作烦琐。

离子色谱是近年来飞速发展起来的一种 HPLC 分析方法，采用离子交换体作为分离柱，检测器可采用基于离子抑制法和非抑制法的电导检测器以及紫外吸收检测器。离子色谱法测定阴、阳离子具有分析速度快、灵敏度高、能实现多离子同时分离定量等优点，特别对于较难分析的阴离子，由于离子色谱的出现，可以进行快速高精度的分析。表 3-8-2 给出离子色谱法的检测方法。

表 3-8-2　　主要离子的定性分析

离子	操作	判定(反应式)
Na^+	在中性或弱碱性下加入焦锑酸钠溶液	白色结晶沉淀 $2Na^+ + K_2H_2Sb_2O_7 = 2K^+ + Na_2H_2Sb_2O_7 \downarrow$
K^+	在醋酸酸性下加入六亚硝酸根合钴(Ⅲ)酸三钠溶液	黄色沉淀 $2K^+ + Na_3[Co(NO_2)_6] = 2Na^+ + K_2Na[Co(NO_2)]_6 \downarrow$
Ca^{2+}	加入草酸铵溶液	白色沉淀 $Ca^{2+} + (NH_4)_2C_2O_4 = 2NH_3 + CaC_2O_4 \downarrow + 2H^+$
Mg^{2+}	加入氧氧化钠溶液 上述生成的沉淀中加入碘溶液	白色胶状沉淀 $Mg^{2+} + 2OH^- = Mg(OH)_2 \downarrow$ 沉淀染成暗褐色
Cl^-	加入硝酸银溶液	白色沉淀 $Cl^- + AgNO_3 = NO_3{}^- + AgCl \downarrow$
$HCO_3{}^-$	加入稀盐酸 加入酚酞	产生气泡　$HCO_3{}^- + H^+ = H_2O + CO_2 \uparrow$ 不呈红色,即使呈红色也非常淡
$CO_3{}^{2-}$	加入稀盐酸 加入酚酞	产生气泡　$CO_3{}^{2-} + 2H^+ = H_2O + CO_2 \uparrow$ 呈红色
$SO_4{}^{2-}$	加入氯化钡溶液	白色沉淀 $SO_4{}^{2-} + BaCl_2 = 2Cl^- + BaSO_4 \downarrow$

（1）标准试剂的配制

阳离子标准溶液：称取一定质量的氯化钠、氯化钾、氯化镁、氯化钙（基准试剂或高纯试剂）于 105～110℃烘干至恒重，分别用水溶解并定容至 100mL，摇匀。

Cl^-、Br^-、$SO_4{}^{2-}$ 标准溶液：可向国家标准物质研究中心购买。

实验用水：二次蒸馏去离子水或由超纯水机制备（电阻率为 18.2MΩ·cm）。

（2）色谱条件

阳离子分离条件：

色谱柱：ICS-C25 阳离子交换柱，ϕ150mm×4.6mm，填料为硅胶基质，—COOH 为功能基团。

色谱柱温：40℃。

淋洗液：2.0mmol/L 均苯四甲酸溶液，流速为 0.6mL/min。

进样量：20μL。

电导检测器灵敏度：1μS/cm。

阴离子分离条件：

色谱柱：Shim-packIC-A1 阴离子交换柱，ϕ150mm×4.6mm，填料为聚丙烯酸酯。

色谱柱温：40℃。

淋洗液：2.5mmol/L 邻苯二甲酸溶液-2.4mmol/L 三羟基氨基甲烷溶液（按体积比 1∶1 混合）。

流速：1.0mL/min。

进样量：20μL。

电导检测器灵敏度：1μS/cm。

（3）样品预处理

准确称取 0.2g 化妆品样品，加 1mL 水及 3mL 无水乙醇，涡旋振荡 10min，高速离心 10min，弃去不溶物，用水稀释至 12500 倍体积，用 0.45μm 滤膜过滤后，进样测定。

第二节　中药分析

中药中的有效成分有精油、生物碱、糖苷、单宁等。虽然一种中药中含有许多种成分，但是分析时常以其特有的成分作为指标物质。沐浴剂中中药的利用方法较多，最常见的是将中药切片装袋，使用时将中药投入浴池中；用水或醇萃取，直接使用萃出物；或将萃出物经喷雾干燥制成粉末后使用。总之，根据应用的形态，需要对样品作出恰当的处理。

中药分析时首先必须进行分离、精制工作。其方法有利用溶解性不同的萃取法，利用吸附力不同的柱层析法、离子交换层析法、凝胶过滤法、TLC 法等。然后可以用 TLC 和显色反应、沉淀反应定性，用 GC 和 HPLC 等定量。

这里介绍使用最广泛的当归、川芎、陈皮的分析法。表 3-8-3 列出 TLC 分析法，表 3-8-4 列出成分定量分析法。

表 3-8-3　　当归、川芎、陈皮的 TLC 分析法

中药	对象	薄板	展开溶剂(体积比)	检出法
当归、川芎	苯酞类	Silicagel 60	氯仿	UV 照射(365nm)
		Kieselgel Si 60 F_{254}	己烷-醋酸乙酯(2∶1) 苯-醋酸乙酯(1∶1) 氯仿-甲醇(20∶1) 氯仿-甲醇-水(65∶35∶10)	UV 照射(365nm)
当归	香豆素衍生物	Silicagel G	甲苯-甲酸乙酯-甲酸(5∶4∶1)	UV 照射(365nm)
陈皮	类黄酮配糖体	Silicagel 60 F_{254}	丁醇-乙醇-水(4∶1∶5) $CHCl_3$-CH_3OH-H_2O-浓 NH_3 (65∶45∶7.5∶2.5)	UV 照射(254nm)
		Silicagel 60 F_{254}	$CHCl_3$-CH_3OH-H_2O (65∶35∶10)	UV 照射(254nm)
		Silicagel 60 F_{254}	$CHCl_3$-CH_3OH-H_2O (65∶35∶10)	紫外、可见光照射 λ_S=280nm　λ_R=600nm

表 3-8-4　　当归、川芎、陈皮的定量法

中药	对象	分析法	柱	其他条件
当归、川芎	苯酞类	GC	5% Silicone AN-600/Chromosorb W-HP (100/120 目)	检出器:FID 载气:N_2,20mL/min 柱温:150℃
			HP-1	检出器:FID 载气:He,1.2mL/min 柱温:80℃(1min)→10℃/min→300℃(3min)
			1.5% OV-17	检出器:FID 载气:N_2,30mL/min 柱温:180℃
		HPLC	Nucleosil 5 NO_2	流动相:正己烷-二氯甲烷(9∶1,体积比)1.0mL/min 检出波长:240nm

续表

中药	对象	分析法	柱	其他条件
陈皮	类黄酮糖苷	HPLC	Lichrosorb RP-18	流动相：乙腈-0.1%（体积分数）磷酸盐缓冲液（18∶82，体积比），调节 pH=5.0，0.8mL/min 检出波长：280nm
			μBONDAPAK C18	流动相：0.03mol/L KH_2PO_4-CH_3OH-CH_3CN（7∶2∶1，体积比），1.0mL/min 检出波长：286nm
	精油	HPLC	Inertsil ODS	流动相：乙腈-水（75∶25，体积比），1.0mL/min 检出波长：210nm

第三节　蛋白质分解酶分析

沐浴剂中配入各种蛋白质分解酶，目的是溶解除去皮肤上的角质层的老化角质，清洁皮肤。但是，由于酶在液体制品中不稳定，所以一般将酶与无机盐主体成分均匀混合，使用时加入水中。沐浴剂中的酶主要有动物性胰酶、植物性酶、微生物性蛋白酶。由于酶的来源不同，性质各异，需要做好复配工作，例如与碱性无机盐类配合时最好用碱性蛋白酶。以下介绍酶的测定方法。

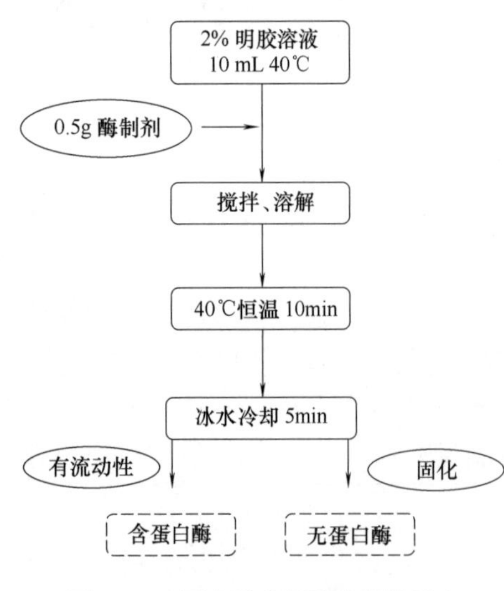

图 3-8-1　蛋白质分解酶的定性反应

1. 定性反应

图 3-8-1 列出蛋白质分解酶的简单的定性反应。检测过程中，要搞清每一种酶的最适 pH，以及相对应的活化剂和抑制剂的影响。

2. 酶活性测定

蛋白质分解酶是一种触媒，活性测定法是测定单位时间内分解蛋白质的能力和反应速度。根据基质的种类、定量对象、反应条件等的不同，有许多种测定方法。图 3-8-2 列出胃肠药中的消化酶的蛋白消化力试验法作为一种参考方案。

用酪蛋白溶液作为基质蛋白质，加入酶作用一定时间。用三氯乙酸溶液沉淀除去未酶解的酪蛋白，向溶液中加入福林试剂，溶液中的酪蛋白酶解产物遇福林试液显蓝色后，测定其吸光度。用 10～40μg/mL 的酪氨酸溶液作成标准曲线，测试蛋白酶对酪蛋白酶解 1min 时，产物的吸光度值与 1μg 酪氨酸产生的吸光度值相当，即为 1 单位的酶活性，求出每克制剂对应的酶活性。

活性测定时注意以下 3 点：

① 将制剂配成 10～20g/L 的水溶液。应注意分解反应时的 pH 控制，溶液中酶的稳定性，制剂中活性阻碍物质和测定阻碍物质的存在。

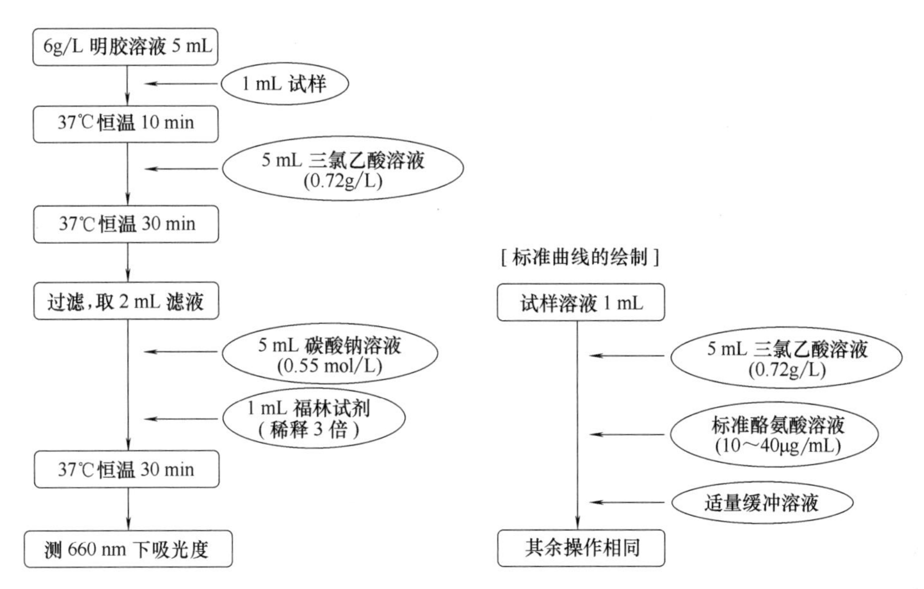

图 3-8-2　酶的消化力实验

② 应用 pH 缓冲剂（乳酸或磷酸氢二钠等）将酪氨酸溶液调节至酶的最适 pH。

③ 酶系数受 pH、反应温度、反应时间、基质浓度等因素的影响，所以一定要固定测定条件。

第九章　长效卷发剂分析

国家标准 QB/T 2285—1997《头发用冷烫液》和 GB/T 29678—2013《烫发剂》规定了烫发类产品的质量标准和试验方法。目前长效卷发剂几乎都由二剂型组成。第 1 剂是还原剂，以巯基乙酸或巯基丙酸为主剂；第 2 剂是氧化剂，以过硼酸钠、溴酸钠或双氧水为主剂。

第一节　第 1 剂分析

一、还　原　剂

（一）定性法

1. 巯基乙酸、巯基丙酸和乙酰巯基丙酸定性

这些还原剂可以用 TLC 法进行分离和定性。在薄板（0.25mm 硅胶板）上点样后，风干，用冰醋酸-正丁醇-水（1∶2∶1，体积比）作展开溶剂展开后，喷雾硫酸铜试液，于 100℃放置 20min，确认试样分离状况。

2. 亚硫酸盐定性

在试样中滴加浓硫酸，呈酸性时有刺激性的亚硫酸臭味气体。

（二）定量法

1. 巯基乙酸、巯基丙酸等的定量

对样品进行甲酯化处理后，可以采用 GC 分析巯基乙酸，用 C_{18} 柱和强酸性离子交换树脂可以同时定量巯基丙酸、巯基乙酸。用 HPLC 法也可以同时定量巯基丙酸和巯基乙酸。

（1）用离子抑制法定性和定量

由于巯基丙酸在色谱柱上的保留能力较弱，所以本法主要用于分析以巯基乙酸为主剂的制品。

柱：Radial-PAK Resolve C18（10μm，8mm×100mm，水）。

流动相：0.05mol/L 磷酸二氢钾水溶液，加磷酸调节至 pH=2.2。

流速：1.5mL/min。

试样溶液制备：用蒸馏水稀释 1g 试样至 50mL。

检测器：紫外吸收检测器，214nm。

（2）用离子对 RP-HPLC 定性和定量法

本方法采用的色谱柱对巯基丙酸的保留力高，所以用离子对试剂，适用于测定以巯基丙酸为主剂的制品。

柱：Radial-PAK Resolve C_{18}（10μm，8mm×100mm，水）。

流动相：0.005mol/L 辛基磺酸钠/甲醇溶液-水（2∶8，体积比），加磷酸调节至 pH=2.2。

流速：1.5mL/min。

试样溶液的制备：用蒸馏水稀释 1g 试样至 50mL。

检测器：紫外吸收检测器，214nm。

2. 亚硫酸盐的定量

在配入亚硫酸盐作还原剂的场合，可以用碘液直接滴定法定量。

在巯基乙酸、巯基丙酸等还原剂共存的场合，加入酸，用碱收集产生的二氧化硫，可以用碘液进行氧化还原滴定法定量。

将约 5mL 稀硫酸加入试样溶液中，浸入约 90℃热水浴中。用 1mol/L 氢氧化钠溶液收集产生的气体。加入稀硫酸呈酸性后，直接用 0.1mol/L 碘液滴定。滴定时，每消耗 1mL 0.1mol/L 碘液，对应试样溶液中有 12.604mg 亚硫酸钠。

二、碱　　剂

第 1 剂中一般配入氨水、碳酸氢铵、碳酸铵、碳酸钠、乙醇胺类等物质作为碱剂。

（一）定性法

1. 氨的定性

在试样中加入氢氧化钠，产生有刺激臭味的气体，用湿的红色石蕊试纸盖于上方，变蓝色即表明含氨。

2. 碳酸盐、碳酸氢盐的定性

取数毫升试样于试管中，沿试管壁慢慢注入盐酸时，产生二氧化碳气体。当试样溶液呈白浊状，气泡难以确认时，可在试样上层加少量乙醚后进行同样试验，气泡通过乙醚层容易确认。

3. 乙醇胺类的定性

乙醇胺类可以用 TLC 法分离和定性。在薄层板（0.25mm 硅胶板）上点样后，风干，用氨饱和的氯仿-甲醇（1∶1，体积比）混合液作展开溶剂展开后，喷雾茚三酮试液，105℃放置 20min，确认展开状况。

（二）定量法

1. 直接滴定法

用 0.1mol/L 盐酸溶液滴定试样。在单独使用一种碱剂的场合，可以直接定量。若使用自动电位滴定装置，根据其滴定曲线拐点可以分别定量强氨水与碳酸氢铵或碳酸钠的混合体系。

2. GC 定量法

本法可以定量乙醇胺类，GC 分析条件如下：

试样溶液的配制：加入 1,3-丙二醇作内标物，用乙醇稀释。

柱：Tenax GC（60/80 目）。

载气：氮气，40mL/min。

柱温：130～280℃，升温速度 20℃/min。

进样口温度：280℃。

检测器温度：290℃。

检出器：FID。

3. 离子色谱定量

本法可以定量氨、乙醇胺类，分析条件如下：

柱：Excelpak ICS-C_{25}（ϕ4.6mm×125mm）。

柱温：40℃。

流动相：2.5mol/L 酒石酸和 0.5mol/L 2,6-吡啶二羧酸溶液，按所需浓度配比。

检测器：电导检测器。

三、离子性表面活性剂分析

1. 阴离子表面活性剂的定性

取 10mg 试样于试管中，加入 0.35%（质量分数）过氧化氢约 0.3g（为了消除还原剂的影响）、水 10mL、氯仿 10mL。然后加入数滴硫酸酸化的亚甲基蓝试液，振荡混合，氯仿层呈蓝色。再向其中滴加数滴 1g/L 十六烷基三甲基氯化铵，振荡混合，蓝色返回水相，即可确认存在阴离子表面活性剂。

2. 阳离子表面活性剂的定性

取 10mL 试样于试管中，加入水 10mL、氯仿 10mL、pH=5.0 的缓冲液 2mL 和 1g/L 橙Ⅱ试液数滴，振荡混合时，氯仿层呈橙色。再向其中加入数滴 1g/L 月桂醇硫酸钠溶液，振荡混合，橙色返回水相，即确认存在阳离子表面活性剂。

此外，第 1 剂中还配入基剂、增溶剂、高碳醇、作为乳化剂的各种表面活性剂，有时也有配入高分子化合物作为增黏剂，这些成分的分析方法可参照各分析法有关内容。

第二节　第 2 剂分析

一、氧　化　剂

（一）定性法

1. 溴酸盐的定性

取 10mL 试样于试管中，加 2mL 稀盐酸振荡混合时，产生卤素臭，徐徐呈黄色至黄褐色。

2. 过硼酸盐

取数毫克试样于瓷坩埚中，加甲醇 2mL、浓硫酸 2 滴，小心加热，点燃时呈绿色火焰。

3. 过氧化氢的确认

取数毫克试样于试管中，用水稀释至 5mL 后，加入乙酸乙酯 5mL、重铬酸钾试液 2 滴，再加入稀硫酸时，水层呈蓝色，立即振荡混合放置时，蓝色转移到乙酸乙酯层。

（二）氧化性能

用硫代硫酸钠滴定法测定。

每消耗 1mL 0.1mol/L 硫代硫酸钠，对应试样中有 2.52mg 溴酸钠，或 4.99mg 过硼酸钠，或 1.70mg 过氧化氢。

二、离子性的确认

用亚甲基蓝法和橙Ⅱ法即可确认阴离子表面活性剂和阳离子表面活性剂的存在。

第十章　染发剂分析

最早的染发剂是植物染发剂，包括散沫花叶（棕红色）、靛蓝、藏红花等。古代中国和希腊早在公元150年就已使用羽扇头花和硝石、藏红花、茜草或者石灰和银盐，由日光的氧化进行染发。由于植物染发的危害性较小，在当时使用比较普遍。现在流行用对苯二胺染发，不仅可以染成黑色，而且较多年轻人将头发脱色后，染成黄色、红紫、金色等。

染发剂分成永久染发剂（permanent hair dye）、半永久染发剂（semipermanent hair dye）和暂时染发剂（temporary hair dye）三类。

永久染发剂采用苯二胺系酸性染料，染发力强，通常洗发对染发效果影响不大。多数制品以氧化染料作第1剂，用氧化剂作第2剂。氧化染料主要有对苯二胺（暗褐色）、苯基对苯二胺（暗灰黑色）、硝基对苯二胺（红色）等。为了改变色调，可添加偶联剂，例如在对苯二胺中加入间苯二酚偶联剂可得到蓝紫色色调。

半永久染发剂以液状、膏状为主，多采用偶氮系酸性染料，用苯甲醇和苯乙醇等作渗透剂。暂时染发剂的功效是暂时将头发染色，用香波等洗发即会减弱其效果。市售有彩色棒、彩色喷雾等剂型。暂时染发剂主要是炭黑颜料，也有利用酸性染料的暂时染发剂。

本章主要介绍氧化染发剂的分析法。

第一节　气相色谱（GC）分析法

1. 试样准备

称取氧化染料0.2～10.0mg于30mL带塞容量瓶中，加入0.25g硫代硫酸铵，再加入含有2-氨基-4-甲酚（0.5～5.0mg）的甲醇溶液10mL，振荡混合30s，放置5min，将上清液注入GC。

2. 测定条件

柱：2mm×2m，10% Carbowax20M/2% KOH-30-100 Chromosorb W。

柱温度：210℃。

载气：氮气。

流速：30mL/min。

检出器：NPD。

H_2：30mL/min。

空气：290mL/min。

进样口温度：220℃。

检测器温度：250℃。

第二节　液相色谱（HPLC）分析法

《化妆品安全技术规范》提供了分别针对8种和32种对苯二胺类染发剂的HPLC分

析方法。本书给出 8 种对苯二胺类染发剂的检测方法，这 8 种染发剂分别为对苯二胺、对氨基苯酚、氢醌、甲苯 2,5-二胺、间氨基苯酚、邻苯二胺、间苯二酚和对甲氨基苯酚。

1. 试样溶液的制备

准确称取样品 0.5g，加入含 10g/L 亚硫酸钠溶液 1.0mL 的 25mL 具塞比色管中，加 50%（体积分数）乙醇至 25mL 刻度，混匀后超声提取 15min，离心，经 0.45μm 滤膜过滤，滤液作为待测样液。

2. 流动相的制备

将三乙醇胺 10mL 加至 980mL 水中，加入磷酸调节至溶液 pH=7.7，加水至 1L。取此溶液 950mL 与 50mL 乙腈混合，组成含 5%（体积分数）乙腈的磷酸缓冲溶液。

3. 测定条件

色谱柱：C_{18} 柱 250mm×4.6mm×10μm，或等效色谱柱。

柱温：20℃。

流动相：5%（体积分数）乙腈的磷酸缓冲溶液。

流速：2.0mL/min。

检测波长：280nm。

进样量：5μL。

4. 计算

取上述 8 种染发剂的标准物质配制成一系列不同浓度的标准溶液，按上述 HPLC 分析方法进行检测。以峰面积为基准绘制标准曲线。同时对试样按相同方法进行 HPLC 分析，通过峰面积和标准曲线计算得试样中染发剂的组成与含量。

$$X=\frac{\rho\times V}{m} \tag{3-10-1}$$

式中 X——样品中 8 种对苯二胺类物质的含量，μg/g；

m——样品取样量，g；

ρ——从标准曲线得到待测组分的质量浓度，mg/L；

V——样品定容体积，mL。

第十一章　粉底、香粉、胭脂分析

粉底可分为液体型、粉体型和膏体型 3 种类型。液状型又可分为呈乳化状态的乳化型和将粉体分散于水相或油相中的分散型。粉体型分为饼型（将海绵沾湿后使用）、粉型（用于垫子使用）和两用型（干/湿通用），都可看作是经硅油和油剂类物质表面处理后的粉体型。膏体型分为由油剂和粉组成的单纯性油性膏体型，用水和亲水基剂乳化配合的类型以及配入挥发性油剂的溶剂型。

香粉有将粉体分散于水中的“水香粉”和固体粉末态香粉两种，分析时，前者同 O/W 型液状粉底，后者同粉体型粉底。

胭脂可分为乳化型、膏体型和粉体型，目前以粉体型为主流。分析时同粉体型粉底。

粉底、香粉、胭脂的通用原料列于表 3-11-1。

表 3-11-1　　粉底、香粉、胭脂的通用原料

	分类	实例
油系成分	烷烃(天然/合成、液状/膏状、石蜡)	液体石蜡，凡士林，石蜡，微晶石蜡
	硅油(环状/链状、低/高相对分子质量)	甲基聚硅氧烷，环甲基聚硅氧烷
	酯、蜡(天然/合成、液状/固体)	蜂蜡，巴西棕榈蜡，肉豆蔻酸，异丙酯，羊毛脂
	甘油酯	单硬脂酸甘油酯，三硬脂酸甘油酯，硬化油
	高碳醇	鲸蜡醇，硬脂醇
	脂肪酸	椰油脂肪酸，硬脂酸
水系成分	表面活性剂(离子型/非离子型/两性)	肥皂，SDS，CTAB，POE 烷基醚，卵磷脂
	醇/多元醇	乙醇，IPA，PG，1，3-BG，甘油
	糖/糖醇	山梨糖醇，麦芽糖醇
	无机盐/有机盐/水溶性色素	氯化钠，柠檬酸钠
	水溶性高分子	羧乙烯聚合物，聚乙二醇，咕吨胶
粉体类	无机/有机粉体	滑石粉，氧化钛，陶土，尼龙，纤维素
	颜料，珠光剂	氧化锌，氧化铁，云母钛，群青

根据剂型不同，有含水系成分和不含水系成分。其他还有杀菌剂、防腐剂、紫外线吸收剂、抗氧化剂、美容成分、香精等。

第一节　常规分析

1. 显微镜观察

用 40 倍体视显微镜和 600 倍光学显微镜观察试样，对于液状型和膏体型粉底可用液体石蜡或水稀释，以便观察试样的分散状况和湿润状况，判断乳化类型，把握表面处理状态。

2. pH 测定

适用于乳液体系，用 pH 试纸和 pH 计测定水相部分的 pH。

3. 阴离子/阳离子表面活性剂、聚氧乙烯链的定性

（1）亚甲蓝试验：鉴定阴离子表面活性剂。

（2）溴酚蓝试验：鉴定阳离子表面活性剂。

（3）硫氰酸钴试验：滴加硫氰酸钴试剂于 5mL 10g/L 试样溶液中，放置，观察溶液颜色。出现蓝色，表明存在聚氧乙烯型非离子型表面活性剂，红紫色至紫色为阴性。若生成蓝色沉淀和紫红色溶液，则表示存在阳离子表面活性剂。

4. 水分测定

利用卡尔·费休法（微量/常量）和 GC-TCD 法（不适用于微量）测定试样中水分。

5. 干燥减量测定（粉体型除外）

精确称取试样 1～2g，置于瓷蒸发皿内，于 105℃干燥箱内干燥数小时（其间，每一小时测定一次水分减少量，直至描绘的时间-质量曲线出现恒量为止）。挥发成分包括水、乙醇、异丙醇（IPA）、丙二醇（PG）、1,3-丁二醇（BG）、低相对分子质量的环状/链状硅油类、低沸点烷烃等。这些成分失重总和应与干燥减重量一致。

6. 强热残留物测定

精确称取约 1g 试样（液状型粉底和膏体型粉底采用测定干燥减量后的试样，粉体型粉底、香粉和胭脂用原样），用弱火喷灯烧至有机物炭化不产生烟后，置于 600℃马弗炉内煅烧 2～3h，烧至恒重。此时，油剂（包括非离子表面活性剂）和有机粉体消失，残留无机粉体（无机盐类）。

表 3-11-2 是干燥、强热过程中蒸散成分和定性、定量的代表性方法。

表 3-11-2　　干燥、强热过程中蒸散成分和检测方法

干燥方式	蒸散成分	检测方法
105℃干燥减量	水	卡尔·费休法或 GC 法
	乙醇	GC
	丙二醇	GC
	1,3-丁二醇	GC
	挥发性硅油	GC,GPC
	低沸点烷烃	GC,GPC
600℃强热减量	多元醇	GC
	一般油剂	柱层析
	表面活性剂	IR,NMR,GC
	有机粉体	IR,GPC
强热残留物	无机粉体	XRD,EPMA(电子探针测试)
	无机盐类	ICP-AES

第二节　醇/多元醇分析

对于乙醇、IPA、PG、1,3-BG、甘油、一缩二丙二醇，可用 GC 法进行定性、定量分析，一般采用填充多孔性聚合物的填充柱，目前也有采用毛细管柱的分析方法，向柱中

直接注入含水样品，从而分析醇/多元醇。

第三节 挥发性溶剂成分分析

为了提高皮肤的滑爽感，在液状型和膏体型粉底中大多配入低沸点烷烃（轻质液体石蜡）和挥发性硅油（环状/链状的低相对分子质量聚硅氧烷）。要对这些试样中的烷烃、硅油进行定量分析，首先需要对试样进行适当处理。

O/W 型液状粉底：精确称取约 0.1g 试样，加入过量（约 0.5g）的无水硫酸钠，加入少量正戊烷，边搅拌边用超声波促进分散，随后通过筒型硅胶柱。再用约 10mL 正戊烷分数次清洗用过的器具，洗液通过同一硅胶柱，收集得到的流出液。用蒸发器蒸去正戊烷（水浴温度 25℃以下），测定残留物（硅油＋烷烃）质量供参考。

W/O 型液状粉底和膏体型粉底：在约 0.1g 试样中直接加入正戊烷，分散外相油分后，加入无水硫酸钠。按上述同样操作，测定残留物质量。观察残留物性状后，取少量试样做 IR、GC、GPC 等分析。

通过 IR 分析可以确认试样是否含硅油，是否含烷烃类，或者硅油和烷烃都存在。用 GC 毛细管柱，可以检出环状硅油（聚合度为 4～6）和低相对分子质量聚二甲基硅氧烷。

以上分析中，若试样中检出有环状硅油，可以根据标准样品的标准曲线定量。实际定量时，可以直接用正己烷-乙醇混合液（1∶1，体积比）和氯仿或四氢呋喃等稀释试样，将滤液注入 GC 或 GPC，可迅速而正确地定量。

若试样中含异构石蜡，在 GC 图上，异构石蜡与环状硅油的峰位置重叠，使环状硅油的确认变得困难。这种场合可以再用 GPC（示差折光检测器）进行定性和定量分析。根据峰面积可以定量分析环状硅油，而对甲基聚硅氧烷和异构石蜡只能作半定量分析。用 GPC 法，环状硅油（聚合度为 4～6）与轻质液体异构石蜡可分离，但与液体石蜡通常的出峰位置相重叠，所以要用 GC 先确认液体石蜡是否存在。

第四节 油剂类分析

从粉底类中取出油分的前处理操作根据剂型按下列方法进行。

粉体型粉底（包括香粉、胭脂）：考虑索氏萃取法（氯仿，数小时）和溶剂加热萃取-离心-过滤法。前者即使圆筒滤纸是细孔的，但仍有微细粉体粒子通过，所以多数场合仍需用离心分离除去，另外还需固定装置，费时费力。后者由于是间歇式萃取操作，重复操作数次，即可短时间内取出油分。

O/W 型液状粉底（包括二层型水香粉）：在 105℃干燥，除去水分等挥发性物质，加溶剂进行萃取；或者在试样中加入过量的无水硫酸钠，脱去水后用氯仿、正己烷等溶剂加热萃取。这种场合，脂肪酸以肥皂的形态存在而不被萃取，应该预先将试样用盐酸调节成酸性后，按上述操作方法进行萃取，可以萃取出游离脂肪酸。

W/O 型液状粉底和膏体粉底：在试样中直接加入氯仿和正己烷等，均匀分散（加热、超声波处理）后加入无水硫酸钠脱水，然后对其进行离心分离和过滤操作取出油剂类。这种场合，试样中的脂肪酸以盐的形式存在，不能萃出，应该在加无水硫酸钠前将试样用盐酸调节成酸性，从而萃取出游离脂肪酸。

这样取得的油分经硅胶柱分离后，可组合使用^{13}C-NMR，IR，GC-MS，GC-FTIR，GPC，HPLC 等仪器分析手段进行定性和定量分析。

第五节　粉体类分析

要从粉体型粉底（香粉、胭脂）中取含有有机粉体的全部粉体，可用油剂类分析中介绍的溶剂萃取法。由于有机粉体相对密度小，应避免使用氯仿这种相对密度大的溶剂，而是采用正己烷-乙醇（1∶1，体积比）等，离心分离分取油分。取出粉体，称重，用 IR 确认是否存在有机物。1580cm^{-1} 附近的吸收峰表示存在金属皂，1550，1650cm^{-1} 附近的吸收峰表示存在具有酰胺键的聚酰胺和丝粉。对于有金属皂的场合，首先采用盐酸进行酸化，随后用乙醚和热苯分别对脂肪酸进行萃取，并对脂肪酸进行定性和定量分析。

若确认为没有有机物而仅有无机粉体（颜料），则将 X 射线衍射与氧化钛、氧化铁、滑石粉、云母等标准品的衍射图比较，可作出定性、半定量分析。再用带元素分析装置的扫描电子显微镜，观察个别粉体粒子的形状。

对于液状粉底（O/W、W/O）和膏体粉底，预先于 105℃蒸去挥发性成分后，用正己烷-乙醇（1∶1，体积比）萃取除去油分，在水分量少的场合可直接萃取。取得的粉体按分析粉体型粉底同样的方法分析。

第六节　粉体类分析实例

样品：W/O 型膏体（油性）粉底

常规分析结果：干燥减量：49.1%。

强热减量：45.4%。

强热残留物：5.5%。

水分量（卡尔・费休法）：32.5%。

确认不含醇/多元醇。

因常规分析结果中的干燥减量比水分量多，可以推测含有挥发性油分，称取约 0.1g 样品进行挥发性成分分析。根据 IR 确认硅油，通过 GC 的定性、定量结果，确定八甲基环四硅氧烷（聚合度为 4 的环状硅油）质量分数为 16.4%。与水分量（质量分数为 32.5%）的和约等于干燥减量。根据 GC 结果，可确认存在液体石蜡，因液体石蜡无挥发性，所以根据峰面积，液体石蜡质量分数大概占试样的 8%。

再对油剂类作进一步分析。向 2g 试样中加浓盐酸 1mL 和氯仿 10mL 混合，添加 5g 无水硫酸钠后，离心分离，过滤。用等量氯仿重复萃取，从滤液中蒸去氯仿，于 105℃干燥后，得到油分量 48%。将其经硅胶柱层析分成几个流出组分，对各组分进行定性、定量分析（利用 GC、GPC、HPLC 等方法）。

根据烷烃组分（质量分数约 9%）回收物的性状，考虑除液体石蜡外还含有蜡。与 GC 结果相比，回收物量多于液体石蜡的 8%，则残余的大概是石蜡。

酯组分大部分是合成的单酯，此外还可以看到由蜂蜡来的酯，推测配有蜂蜡。

脂肪酸主要以硬脂酸存在，或者含有高碳醇。

此外，该样品含有表面活性剂极性物质，推测是失水山梨醇脂肪酸酯系表面活性剂。

关于粉体类，直接用正己烷-乙醇（1∶1，体积比）和热苯从 1g 试样中萃取出油分后，105℃干燥，得残留物 11.5%，与强热残留物的差稍大些。通过 IR（KBr 压片法）确认残留物中存在有机物（酰胺键），所以在残余的粉体试料中加 10mL 四氯化碳，3000r/min 离心 10min。用滴管收集表面浮出的粉体，干燥后测定质量，通常制品中有机物含量约为 5%。另外，这种有机粉体的 IR 光谱与聚酰胺一致。接着，用四氯化碳沉淀粉体，根据 X 射线衍射可确认粉体含有滑石粉和氧化钛。这种粉末试样呈茶色，可以知道其中也含有氧化铁，这可用 EPMA 点分析证明。

第十二章　口红、唇膏分析

口红和唇膏分析通常以配合色素的鉴定、确认或基剂分析为重点。但是目前口红和唇膏商品包装外都已标明配合焦油色素和部分基剂，因此分析内容也应有所变化，应该将紫外吸收剂、各种有效成分即所谓添加剂作为分析的重点。

表 3-12-1 列出了口红和唇膏的主要原料。

表 3-12-1　　口红和唇膏的主要原料

原料种类	原料名称
烷烃	固体石蜡,地蜡,微晶蜡,液体白蜡,三十碳烷,天然蜡中的烷烃,聚乙烯蜡,聚丁烯,聚异丁烯
硅油	二甲基聚硅氧烷
蜡脂	巴西棕榈蜡,小烛树蜡,蜂蜡,羊毛脂
合成酯	脂肪酸高碳醇酯,乳酸酯,脂肪酸低碳醇酯,甘油酯,多元醇脂肪酸酯
天然油脂	蓖麻油,橄榄油
高碳醇	油醇,异硬脂醇,胆固醇,癸基十四(烷)醇
表面活性剂	POE 系活性剂,单甘酯
色素,颜料	氧化钛,云母钛,硫酸钡,焦油色素色淀
其他添加剂	防腐剂,抗氧化剂,紫外线吸收剂,樟脑,薄荷醇,醋酸生育酚,生育酚

构成基剂的原料基本上是固体油和液体油分，前者便于形成黏状制剂，后者便于提高使用性。市场上还存在称为乳化口红的含水型口红。在这种场合，表面活性剂的存在与否成为制剂的关键，成为新的分析对象。近年来在口红中也配有各种添加剂，以增强对唇的保护作用。

第一节　系统分析

图 3-12-1 为口红和唇膏的系统分析流程图。

第二节　基剂分析

1. 挥发成分的定性与定量

口红和唇膏基剂分析的第一步是分离油性原料和色素颜料。若试样为乳化型口红，可以首先将 2g 试样在水浴上或 105℃恒温槽内放置约 1h，调查减量程度。若减量在 1%以上，则有必要用 GC 分析水分、多元醇等，也可以用卡尔・费休法测定水分。

2. 油性原料等分离

用有机溶剂萃取法可以分离常见的油性原料和色素颜料，不溶物可用离心分离器分离。针对可能存在的极性油分，可以用含 50%（体积分数）乙醇的苯、氯仿等作萃取溶

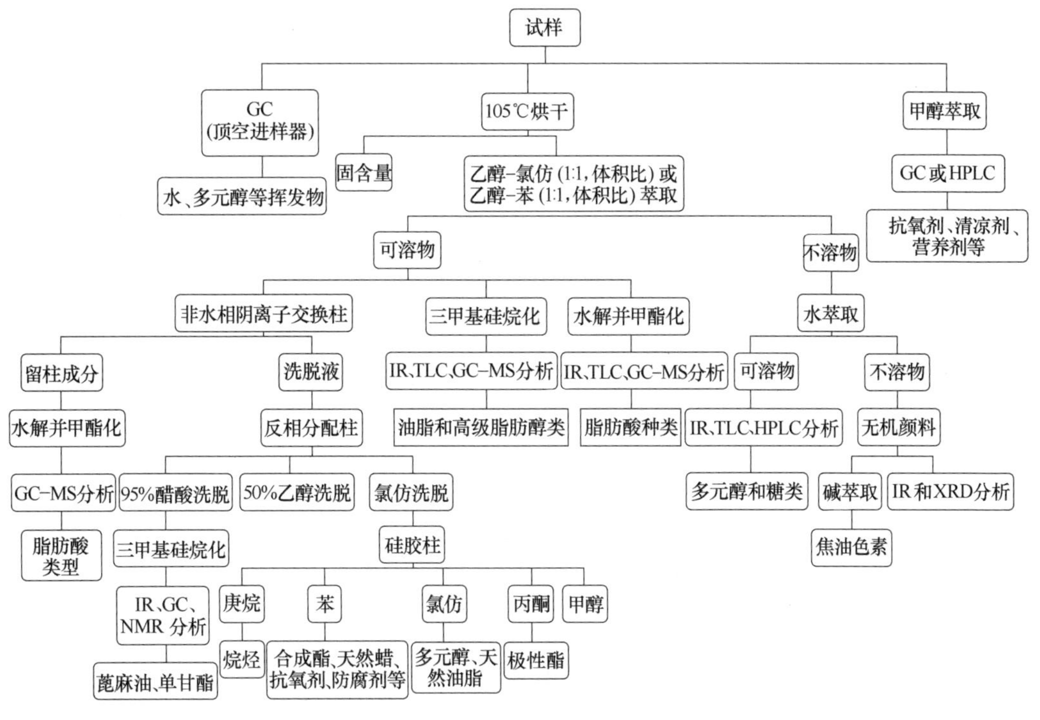

图 3-12-1　口红和唇膏的分析流程图

剂。具体萃取时，对于 2g 挥发残留物，用 20～30mL 溶剂萃取 2～3 次，将萃取物转移到烧杯中，蒸去溶剂后测定质量（有机溶剂可溶物）。在口红中常配入高熔点的蜡，需要充分加热，萃取时必须十分小心。对于离心分离管中残留的不溶物，同样干燥后测定其质量，然后用 20～30mL 水再次萃取不溶物 2～3 次，分离水可溶物和水不溶物。

3. 有机溶剂可溶物的定性

有机溶剂可溶物的定性用^{13}C-NMR 光谱和 GC 或 GC-MS 法。采用 GC-MS 不仅可以调查油性原料，还可以同时检测紫外吸收剂等。GC 分析可以测定从液态到固态的油性基剂。此外，将试样进行三甲基硅烷化后，可以将某些高碳醇、蓖麻油等转变成非极性挥发性衍生物，方便用于 GC 分析。

用 GC 分析鉴定蜡类高熔点物质时，由于该类物质保留能力过强，所以通常将其水解成脂肪酸和脂肪醇后再进行 GC 分析。为了鉴别石蜡、蜂蜡、微晶蜡、羊毛脂等天然蜡的特异的 GC 图谱，应事先在设定的 GC 条件下求得标准图谱。特别是定性天然基剂原料时必须要图谱分析。为此，可以用柱层析方法将烷烃、游离脂肪酸等各组成成分进行预分离。

总之，分析有机溶剂可溶物可以得到相当多的信息，除上述分析外还可以用薄层色谱、红外光谱等分析方法进一步确认这些信息的可靠性。例如羊毛脂、羊毛脂衍生物有特征的酯基团，薄层分析时用石油醚-乙醚（90∶10，体积比）等作展开剂，喷雾醋酐和 50%（体积分数）硫酸，在 105℃加热时显出蓝色至红紫色。

通过以上基剂分析可得下列信息：

① 烷烃油分、蜡或硅油的种类存在与否。

② 天然蜡（包括羊毛脂）的种类。

③ 合成酯油分或天然油脂（甘油酯）的种类。

④ 聚氧乙烯系表面活性剂、单甘酯等表面活性剂存在与否。

⑤ 紫外线吸收剂、添加剂等存在与否。

4. 柱层析分离及其定性与定量

有机溶剂可溶物也可以用各种柱层析法分离，在确认上述定性结果的同时可以检出尚未定性的微量成分。若基剂成分中含有固体油分，则层析柱最好用有外套管的保温玻璃柱。通常在内径 20mm 的柱中填充 25g 左右硅胶，用少量正己烷溶解 1～2g 试样后注入柱中，依次用正己烷、苯、氯仿、丙酮、甲醇各 50～100mL 洗脱，各流出组分用上述同样方法定性。这里，我们对各流出组分的化学结构仅有一个粗略的认识，因而有必要进行确切的定性分析。例如，用 GC 分析正己烷洗脱液中烷烃类，从其图谱可以看出是否存在液体石蜡和固体石蜡，或含有比较多的烷烃类，则可以推知原料样中是否存在微晶蜡。或者，若有单独一种成分组成时，也可定量正己烷流出液。

因为正己烷流出液之后的流出液的成分量等分离状况发生变化，不能将其质量作为定量值，但其定性结果结合 GC 分析的定量结果后，可靠性可大大提高。若试样中存在脂肪酸，可用非水系阴离子交换层析。若试样中存在蓖麻油等极性油分，可在硅烷处理的硅藻土上涂布正庚烷（分别取 20g 硅藻土，9mL 试样，9mL 正庚烷即可）作固定液，依次用 50%（体积分数）乙醇、95%（体积分数）醋酸、氯仿各 100～200mL 洗脱，95%（体积分数）醋酸流出液溶出极性油分，氯仿流出液溶出其他油性基剂。这种柱层析方法巧妙地组合，可以单离相应的组分，再参考有机溶剂可溶物的定性结果，可以取得满意的分析结果。流出液若有酯键存在，可将流出液水解成脂肪醇和脂肪酸后再进行分析，从而进一步确证天然原料的定性。另外也可对原料实施同样的分析，以便作对照比较。

5. 水可溶物的定性

当试样中存在水分和挥发性多元醇（丙二醇等）时，有必要对其他水溶性物质的存在与否作出判断。分析方法有 NMR、IR、GC，定性糖类、多元醇等时也可用 TLC 方法。多数情况下分离这些水溶性化合物比较困难，GPC 法是其中一种备选方案。

6. 水不溶物的定性

水不溶物的定性分两大类，即氧化钛、云母钛、硫酸钡等无机颜料的定性和焦油色素颜料的定性。这里主要介绍无机颜料的定性方法。

无机颜料的相互分离是极其困难的，因此分析时常用 X 射线衍射（XRD）定性分析非分离状态的试样。定性分析后，通过将鉴定出的原料按不同混合比来配制标准试样，进行定量分析。

另外 IR 分析法也是水不溶物质定性的常用方法。特别是试样中存在既不溶于有机溶剂又不溶于水的无机物以外的成分时，IR 分析法可以提供重要信息。

第三节　添加剂分析

如上述基剂分析中所述，在柱层析过程中也可以得到添加剂的重要信息。本节以定量分析为主要内容。

1. 防腐剂-抗氧化剂

防腐剂-抗氧化剂的定量分析一般都用 HPLC 方法，前文已有介绍。

2. 樟脑、薄荷醇、生育酚、DL-α-生育酚醋酸酯

这些成分主要在唇膏中出现。樟脑和薄荷醇通常用 GC 法定量，而生育酚和 DL-α-生育酚醋酸酯通常用 HPLC 法定量。分析时将试样溶于丙酮、氯仿、四氢呋喃等溶剂后，添加内标物，过滤不溶物后作为试验溶液。

3. 紫外线吸收剂

有机溶剂可溶物的 GC 分析表明，部分紫外线吸收剂也可以用 GC 法定量。用 HPLC 法可以同时分析多种水溶性和油溶性紫外线吸收剂。

第十三章　指甲油分析

指甲油主要成分有成膜剂、树脂、增塑剂、溶剂和色素等。主要原料列于表 3-13-1。

表 3-13-1　　指甲油的主要原料

皮膜成分	挥发性成分
皮膜形成剂:硝酸纤维素 树脂:醇酸树脂,丙烯酸树脂,聚酯树脂,甲苯磺酰胺树脂等 增塑剂:樟脑,邻苯二甲酸酯,柠檬酸酯等 色素:无机颜料,有机颜料,鱼鳞箔,合成箔,染料	溶剂:醋酸乙酯,醋酸丁酯,丙酮,甲乙酮,甲基异丙基酮等 助溶剂:乙醇,异丙醇,丁醇等 稀释剂:甲苯,二甲苯,脂肪族烷烃等

指甲油分析的流程图如图 3-13-1 所示。

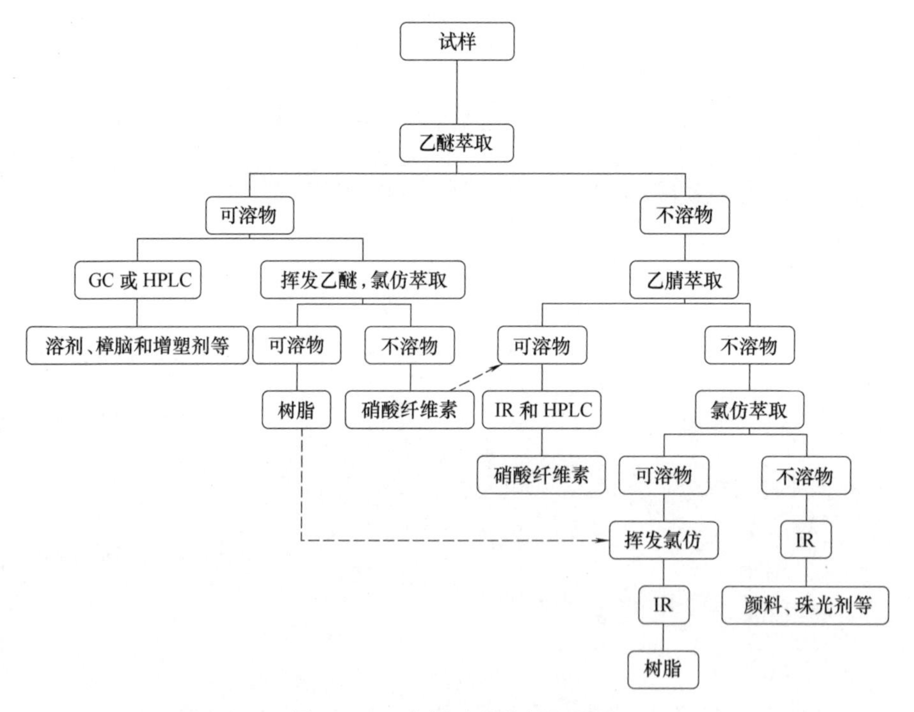

图 3-13-1　指甲油的分析流程图

第一节　常规分析

1. 净重

拿掉瓶盖和刷子，在瓶外液面处划一标记。分析结束后，倒空瓶子，并用丙酮冲洗，加水至预先做标记处，然后把水倒进刻度量筒，记录液体的体积。

2. 指甲油的外观

记录指甲油的色泽、气味、透明度和其他物理特性。

3. 指甲油的红外光谱

在氯化钠晶体上涂一薄层指甲油，在105℃烘箱中干燥5min制成样品，然后观察红外光谱是否存在硝酸纤维素、邻苯二甲酸酯和树脂的混合物。

4. 105℃不挥发物

去掉瓶中的刷子，盖好瓶盖称重。将1.0～1.2g指甲油倒进已称重的高65mm、内径为45mm的称量瓶中，再称重指甲油瓶，两次质量差为样品重。打开称量瓶盖，用手转动称量瓶，使指甲油以膜状覆盖称量瓶的内壁。然后在105℃烘箱中加热2h，冷却，称重即可得不挥发物质量。

第二节　指甲油组分分析

1. 溶剂-樟脑

溶剂通常用GC分析。将约3g试样置于已知质量的离心管中，并精确称重，加入30mL乙醚，用超声波充分分散后，在冰水浴中放置30min，在5000r/min转速下离心10min。将上层清液注入GC仪，进行定性和定量分析。

GC检测条件：

毛细管柱：DB-1701，0.25mm×30m。

柱温：50℃保持5min，升温至240℃，10℃/min。

进样口温度：200℃。

检测器温度：260℃。

采用毛细管柱结合程序升温可以对溶剂和樟脑同时作定性、定量分析，用一般填充柱短时间同时分离溶剂和樟脑困难，必须用双柱串联进行分析。

2. 增塑剂

将2mL上述乙醚层置于10mL带塞试管中，蒸去乙醚后，加入甲醇至10mL。将其注入GC进行定性定量分析。

GC检测条件：

毛细管柱：G-100，15m。

柱温：150～300℃，5℃/min。

进样口和检测器温度：280℃。

树脂和硝酸纤维素不溶于乙醚中，但用上述操作有时也有可能混入。此时可将上述乙醚层倒入烧杯中，将沉淀物用乙醚分散后离心分离，将乙醚层合并到烧杯中，在水浴上除去乙醚。加入氯仿，移入离心管中，充分分散后，离心分离至已知质量的烧杯中的是树脂，离心管中的沉淀物是硝酸纤维素。

3. 硝酸纤维素

试样经乙醚萃取，离心分离后，将乙醚挥发，加入乙腈萃取，离心分离后将上层清液转移至烧杯中，并加入经乙腈溶解的硝酸纤维素，在水浴上蒸发至干涸。然后再加入乙腈溶解并稀释至30mL，作为HPLC分析试样液。不溶于乙腈的残余物溶于氯仿中，为树脂，与试样中的其他树脂合并，用于树脂分析。

HPLC 操作条件：

柱：HITACHI-3056，4.0mm×150mm。

溶剂：乙腈。

流速：1.0mL/min。

检测器：紫外吸收检测器，240nm。

4. 树脂类

树脂主要存在于氯仿可溶物中，将其蒸去氯仿后，于 105℃干燥 30min，测定质量作为树脂含量，测定其 IR，确认树脂的种类。常用的树脂主要为醇酸树脂，其中以油脂脂肪酸、多元酸、多元醇为基本成分，由于其原料种类多，组合和合成方法不同，树脂也多种多样。树脂构成成分的分析可按照图 3-13-2 流程进行。

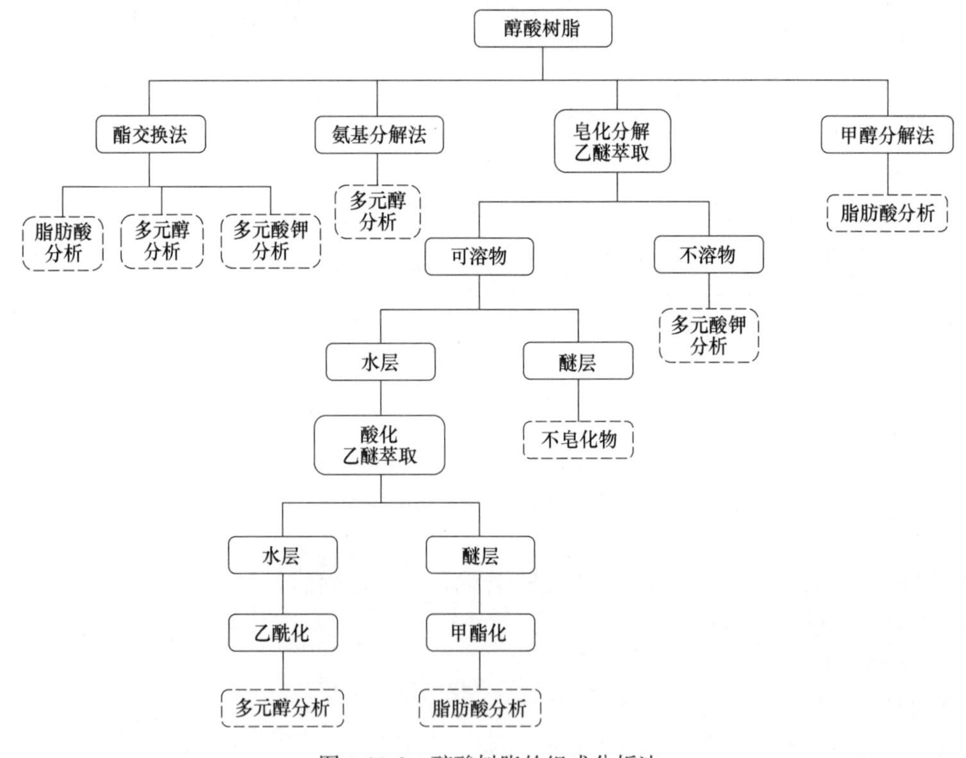

图 3-13-2　醇酸树脂的组成分析法

5. 颜料、珠光剂

将除去氯仿后所得产物于 105℃干燥，测定其质量作为颜料成分的含量。如有必要，可测定 IR。

第四篇　化妆品禁限用成分分析

第一章　性激素类药物

化妆品中添加性激素（雄激素、雌激素和孕激素）能在短时间内防止皮肤老化，有效除皱、增加皮肤弹性或治疗粉刺等。但长久使用含性激素的化妆品，会导致皮肤色素沉积、产生黑斑、皮肤萎缩变薄等症状，对心血管系统、肝功能等均有不良影响，甚至会引发乳腺癌等疾病。部分性激素的分子结构如图 4-1-1 所示。我国及欧盟化妆品规程中均明确规定，雌激素、雄激素、孕激素等性激素类物质为化妆品中的禁用原料。

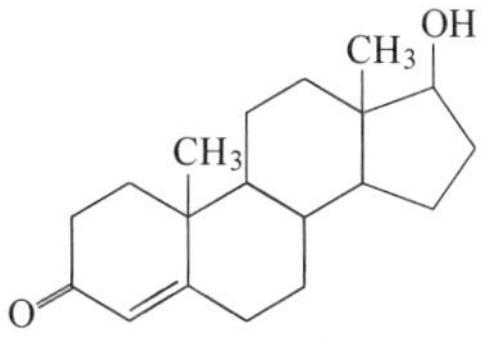

睾丸酮 (testosterone) 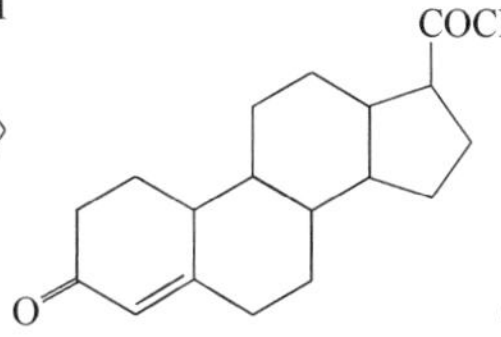　黄体酮 (progesterone) 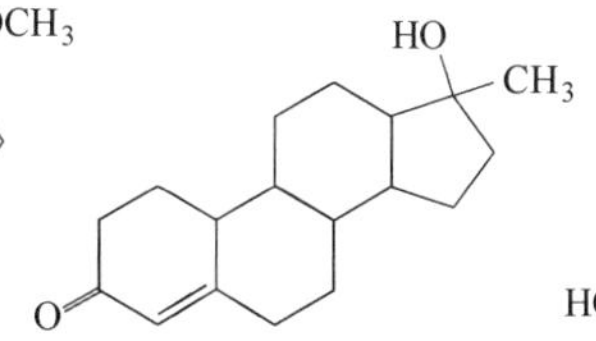　甲基睾丸酮 (methyltestosterone) 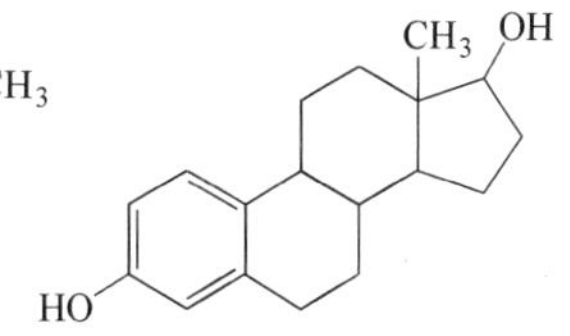　雌二醇 (estradiol)

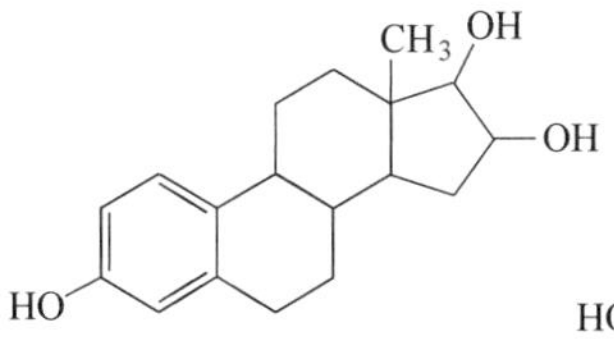

雌三醇 (estriol) 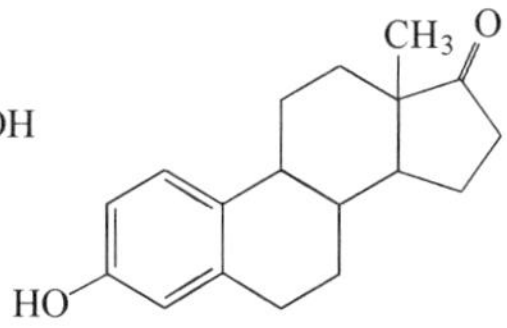　雌酮 (estrone) 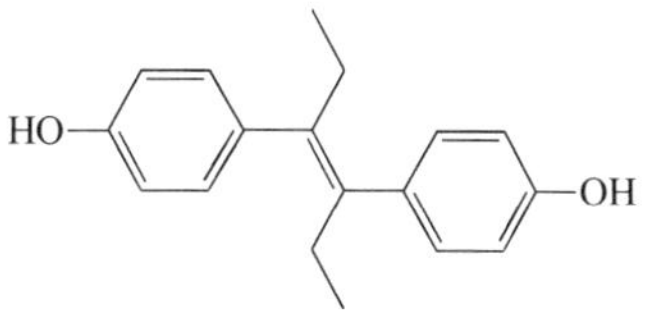　己烯雌酚 (diethylstilbestrol)

图 4-1-1　部分性激素的分子结构

第一节　高效液相色谱-二极管阵列检测器法

本方法采用高效液相色谱-二极管阵列检测器法测定化妆品中雌三醇、雌酮、己烯雌酚、雌二醇、睾丸酮、甲基睾丸酮和黄体酮 7 种性激素的含量。样品经提取后，以高效液相色谱仪进行分离，采用二极管阵列检测器进行检测，根据保留时间及紫外光谱图定性，峰面积定量。

1. 溶液配制

2%（体积分数）硫酸溶液：取浓硫酸 2mL，缓慢加入到 98mL 蒸馏水中，小心混匀，静置冷却至室温。

雌激素标准溶液：称取雌酮、雌二醇、雌三醇、己烯雌酚各 0.2g（精确到 0.0001g），用少量甲醇溶解，转移至 100mL 容量瓶中，用甲醇稀释至刻度。

雄激素标准溶液：称取睾丸酮、甲基睾丸酮各 0.6g（精确到 0.0001g），用少量甲醇溶解，转移至 100mL 容量瓶中，用甲醇稀释至刻度，配制成含睾丸酮、甲基睾丸酮质量浓度为 6.00mg/mL 的储备液。取此溶液 10.0mL 置于 100mL 容量瓶中，用甲醇稀释到刻度。

孕激素标准溶液：称取黄体酮 0.6g（精确到 0.0001g），用少量甲醇溶解，转移至 100mL 容量瓶中，用甲醇稀释到刻度，配制成含孕激素质量浓度为 6.00mg/mL 的储备液。取此溶液 10.0mL 置于 100mL 容量瓶中，用甲醇稀释到刻度。

混合标准储备溶液：分别取雌激素标准溶液 50.00mL，雄激素标准溶液 5.00mL，孕激素标准溶液 5.00mL，置于 100mL 容量瓶中，用甲醇稀释到刻度。获得分别含 4 种雌激素 1.00mg/mL、2 种雄激素 30.0μg/mL 和 1 种孕激素 30.0μg/mL 的混合标准储备溶液。

混合标准系列溶液：分别取混合标准储备溶液 0，1.00，2.00，5.00mL 于 10mL 具塞比色管中，用甲醇稀释至 10mL 刻度，制得混合标准系列溶液。

2. 样品预处理

溶液状样品：称取样品 1～2g（精确到 0.001g）于 10mL 具塞比色管中，在水浴上蒸除乙醇等挥发性有机溶剂，用甲醇稀释到 10mL，作为样品待测溶液。

膏状、乳状样品：称取样品 1～2g（精确到 0.001g）于 100mL 锥形瓶中，加入饱和氯化钠溶液 50mL，硫酸 2mL，振荡溶解，转移至 100mL 分液漏斗中，以环己烷 30mL 分 3 次萃取，必要时离心分离。合并环己烷层，随后在水浴上蒸干。用甲醇溶解残留物，转移到 10mL 具塞比色管中，用甲醇稀释至刻度。混匀后，经 0.45μm 滤膜过滤，滤液作为样品待测溶液。

3. 色谱条件

色谱柱：C_{18} 柱（250mm×4.6mm×10μm），或等效色谱柱。

流动相：甲醇-水（60∶40，体积比）。

流速：1.3mL/min。

检测波长：雌激素 204nm，雄激素和孕激素 245nm。

进样量：5μL。

4. 测定步骤

在给定的色谱条件下，取混合标准系列溶液分别进样，记录色谱图，以混合标准系列溶液浓度为横坐标，峰面积为纵坐标，绘制标准曲线。

取样品待测溶液进样，记录色谱图，以保留时间和紫外光谱图定性，量取峰面积，根据标准曲线得到样品待测溶液中激素的质量浓度。

5. 计算

$$X=\frac{\rho\times V}{m} \tag{4-1-1}$$

式中 X——样品中雌三醇等 7 种组分的含量，μg/g；

ρ——从标准曲线得到的待测组分的质量浓度，mg/L；

V——样品定容体积，mL；

m——样品取样量，g。

第二节　高效液相色谱-紫外检测器/荧光检测器法

1. 溶液配制

同高效液相色谱-二极管阵列检测器法。

2. 样品预处理

同高效液相色谱-二极管阵列检测器法。

3. 色谱条件

色谱柱：C18 柱（250mm×4.6mm×10μm），或等效色谱柱。

流动相：甲醇-水（80∶20，体积比）。

流速：0.6mL/min。

检测波长：紫外检测器 254nm，荧光检测器激发波长 280nm 和发射波长 310nm。

柱温：45℃。

进样量：5μL。

4. 测定步骤

同高效液相色谱-二极管阵列检测器法。

5. 计算

同高效液相色谱-二极管阵列检测器法。

第三节　气相色谱-质谱法

本方法采用气相色谱-质谱法定性检测化妆品中的性激素，样品经提取、去脂、使用 C_{18} 固相萃取小柱净化后得到目标物，目标物用七氟丁酸酐衍生化，用气相色谱-质谱（GC-MS）联用技术分析。

1. 溶液配制

雌激素标准溶液：分别称取雌酮、雌二醇、雌三醇、己烯雌酚各 0.1g（精确到 0.0001g），用少量甲醇溶解，转移至 100mL 容量瓶中，用甲醇稀释至刻度。

雄激素标准溶液：分别称取睾丸酮、甲基睾丸酮各 0.1g（精确到 0.0001g），用少量甲醇溶解，转移至 100mL 容量瓶中，用甲醇稀释至刻度。

孕激素标准溶液：称取黄体酮 0.1g（精确到 0.0001g），用少量甲醇溶解，转移至 100mL 容量瓶中，用甲醇稀释至刻度。

激素混合标准溶液Ⅰ：分别取雌激素标准溶液 5.00mL，雄激素标准溶液 5.00mL 和孕激素标准溶液 5.00mL 置于 500mL 容量瓶中，用甲醇稀释至刻度。

激素混合标准溶液Ⅱ：取激素混合标准溶液Ⅰ 10.0mL 于 100mL 容量瓶中，用甲醇稀释至刻度。

2. 样品预处理

称取样品 1g（精确到 0.001g）于试管中，用乙醚 2mL 振荡提取 3 次，合并提取液，用氮气吹干。加乙腈 1mL 超声提取，移出，再用乙腈 0.5mL 振荡洗涤，合并乙腈液，用氮气吹干。向残渣中加甲醇 0.5mL，超声溶解后加水 3.5mL，混匀，用 C_{18} 萃取小柱进行吸附。小柱预先依次用甲醇3mL，水5mL，甲醇-水（1∶7，体积比）3mL洗脱活化，然后用乙腈-水（1∶4，体积比）3mL洗涤，真空抽干，最后用乙腈7mL洗脱，洗脱液最终收集于衍生化小瓶中，在35℃氮气下吹干，备用。

3. 色谱条件

色谱柱：DB-5MS毛细管柱（30m×0.25mm×0.25μm），或等效色谱柱。

进样口温度：270℃。

进样方式：不分流进样。

柱温：程序升温，初始温度120℃，保持2min；以20℃/min升温至200℃，保持2min；再以3℃/min升温至280℃，保持5min。

载气：氦气，1.0mL/min，恒流。

进样量：1.0μL。

4. 质谱条件

EI源：电子轰击能量70eV。

溶剂延迟时间：10min。

传输线温度：280℃。

扫描方式：单离子扫描（SIM）。

5. 测定步骤

取激素混合标准溶液Ⅱ1.0mL置于衍生化小瓶中，在氮气下吹干。将其同吹干的样品一起分别加七氟丁酸酐（HFBA）40mL，恒温60℃放置65min，冷却至室温，在上述色谱/质谱条件下进样。

6. 特征离子选择

性激素特征离子的选择如表4-1-1所示。

表4-1-1　　性激素特征离子选择

组分名称	特征离子(m/z)			组分名称	特征离子(m/z)		
己烯雌酚	341	447	660	雌三醇	409	449	663
甲基睾丸酮	369	465	480	雌酮	409	422	466
睾丸酮	320	467	680	黄体酮	370	425	510
雌二醇	409	451	664				

7. 结果判定

每一个被测激素的保留时间与标准一致，选定的两个检测离子都出峰，样品的两个检测离子强度比值与标准物质质谱图中的两个离子强度比值的相对误差<30%。此外，出峰的面积必须大于仪器噪声的3倍。同时满足以上条件，则判为含有与标准溶液中相同的组分。

第四节　毛细管电动色谱法

本方法适用于化妆品中睾丸酮、甲基睾丸酮、雌三醇、黄体酮、雌酚酮、雌二醇以及己烯雌酚7种性激素的含量测定。化妆品样品提取后，经毛细管电泳仪分离，紫外检测器检测，根据保留时间定性，峰面积定量，以标准曲线法计算含量。

1. 溶液配制

混合标准储备液：分别称取睾酮、甲睾酮、雌三醇、黄体酮、雌酚酮、雌二醇和己烯雌酚标准品 50mg（精确到 0.001g），用甲醇溶解，定容至 50mL 容量瓶中，配成质量浓度为 1000μg/mL 的混合标准储备溶液，4℃冷藏，可保存一个月。

电动色谱运行缓冲液配制：准确称取 0.75g 聚（甲基丙烯酸甲酯-co-甲基丙烯酸）[P（MMA-co-MAA），n（MMA）：n（MAA）＝7∶3，M_n＝60000～80000]，加入 80mL 0.075mol/L NaOH 溶液，搅拌溶解，用硼酸调节至 pH＝9.2，用水定容至 100mL，聚合物质量浓度为 7.5mg/mL。

混合标准工作液：用运行缓冲液将混合标准储备液分别稀释至浓度为 1～100μg/mL 的系列混合标准工作溶液。

2. 样品预处理

准确称取待测样品 1.00g 于 25mL 锥形瓶中，加入 10mL 甲醇超声提取 20min，8000r/min 离心 5min，移取上清液。将下层沉淀按上述方法重复提取一次，合并上清液。上清液旋转蒸发浓缩至约 1mL，再用运行缓冲溶液准确定容至 10mL，过 0.45μm 滤膜，供测试。

3. 毛细管电动色谱条件

熔融石英毛细管：ϕ50μm×80cm，有效长度 65cm。

运行电压：25kV。

柱温：20℃。

气动进样：3s/10kPa。

紫外检测波长：230nm。

4. 检测步骤

在毛细管电动色谱条件下，取性激素混合标准系列溶液分别进样，进行电泳分析，谱图如图 4-1-2 所示。以标准系列溶液浓度为横坐标，峰面积为纵坐标，绘制标准曲线。

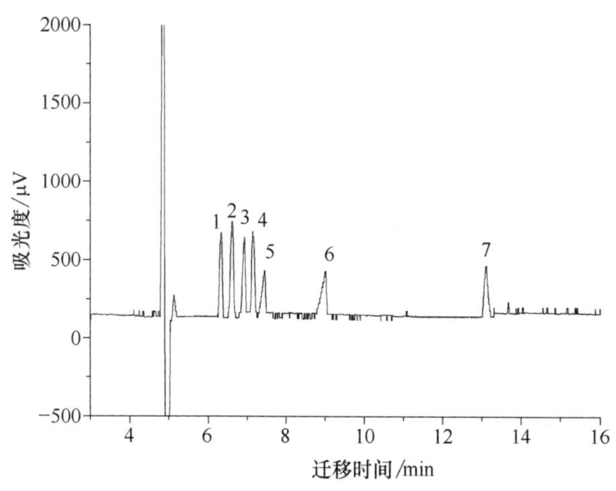

1—睾丸酮；2—甲睾酮；3—雌三醇；4—黄体酮；5—雌酚酮；6—雌二醇；7—己烯雌酚。

图 4-1-2　7 种性激素标样的毛细管电动色谱图

取待测样品溶液进样，根据迁移时间定性，测得峰面积，根据标准曲线得到待测溶液中性激素的浓度。

5. 线性范围和检出限

各性激素线性范围和检出限如表 4-1-2 所示。

表 4-1-2　各性激素线性范围和检出限（$S/N=3$）

激素	线性范围/(mg/L)	检出限/(mg/L)
睾酮	2.00～100.00	1.20
甲睾酮	1.50～100.00	0.89
雌三醇	1.50～100.00	0.50
黄体酮	1.50～100.00	1.00
雌酚酮	2.00～100.00	1.20
雌二醇	3.00～100.00	1.10
己烯雌酚	2.00～100.00	0.90

6. 计算

化妆品中性激素的含量按下式进行计算：

$$X=\frac{\rho V}{m} \tag{4-1-2}$$

式中　X——样品中性激素的含量，μg/g；

ρ——从标准曲线得到的待测组分的质量浓度，μg/mL；

V——样品溶液定容体积，mL；

m——样品取样量，g。

7. 精密度

在重复性条件下获得的两次独立测定结果的绝对差值不得超过算术平均值的 10%。

第二章　糖皮质激素

糖皮质激素是一类皮质醇类物质，应用于化妆品中可使皮肤增加弹性和光滑度，同时还有美白、润肤等效果。然而长期使用则会给身体带来严重的危害，骨质疏松、胎儿畸形、免疫力下降等是滥用糖皮质激素的常见症状。因此，此类物质已在中国及欧盟等国家与地区的化妆品规程中明确被列为违禁药品。常见的糖皮质激素分子结构如图 4-2-1 所示。

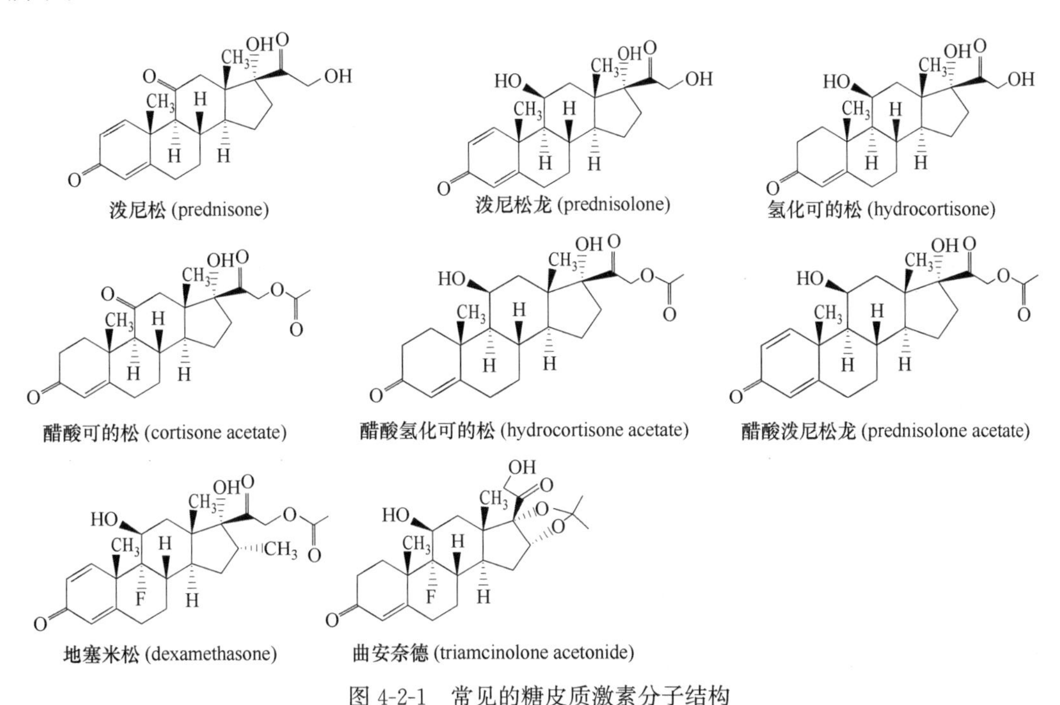

图 4-2-1　常见的糖皮质激素分子结构

第一节　薄层色谱法

化妆品中的糖皮质激素药物经提取、净化、浓缩后，点于高效硅胶板上，经展开、显色后与标准品的 R_f 值及显色特征进行比较，判断样品中是否存在糖皮质激素。薄层层析法适用于化妆品中 41 种糖皮质激素的定性筛选。点样量为 10mg 时，其检出限为 50μg/g；点样量为 20mg 时，其检出限可达 25μg/g。41 种糖皮质激素列于表 4-2-1 中。

表 4-2-1　　41 种糖皮质激素

序号	中文名称	英文名称	CAS 号	分子式	相对分子质量
1	曲安西龙	triamcinolone	124-94-7	$C_{21}H_{21}FO_6$	394.1792
2	泼尼松龙	prednisolone	50-24-8	$C_{21}H_{28}O_5$	360.1937

续表

序号	中文名称	英文名称	CAS 号	分子式	相对分子质量
3	氢化可的松	hydrocortisone	50-23-7	$C_{21}H_{30}O_5$	362.2093
4	泼尼松	prednisone	53-03-2	$C_{21}H_{26}O_5$	358.1780
5	可的松	cortisone	53-06-5	$C_{21}H_{28}O_5$	360.1937
6	甲基泼尼松龙	methylprednisolone	83-43-2	$C_{22}H_{30}O_5$	374.2093
7	倍他米松	betamethasone	378-44-9	$C_{22}H_{29}FO_5$	392.1999
8	地塞米松	dexamethasone	50-02-2	$C_{22}H_{29}FO_5$	392.1999
9	氟米松	flumethasone	2135-17-3	$C_{22}H_{28}F_2O_5$	410.1905
10	倍氯米松	beclomethasone	4419-39-0	$C_{22}H_{29}ClO_5$	408.1704
11	曲安奈德	triamcinolone acetonide	76-25-5	$C_{24}H_{31}FO_6$	434.2105
12	氟氢缩松	fludroxycortide	1524-88-5	$C_{24}H_{33}FO_6$	436.2261
13	曲安西龙双醋酸酯	triamcinolone diacetate	67-78-7	$C_{25}H_{31}FO_8$	478.2003
14	泼尼松龙醋酸酯	prednisolone 21-acetate	52-21-1	$C_{23}H_{30}O_6$	402.2042
15	氟米龙	fluoromethalone	426-13-1	$C_{22}H_{29}FO_4$	376.2050
16	氢化可的松醋酸酯	hydrocortisone 21-acetate	50-03-3	$C_{23}H_{32}O_6$	404.2200
17	地夫可特	deflazacort	14484-47-0	$C_{25}H_{31}NO_6$	441.2151
18	氟氢可的松醋酸酯	fludrocortisone 21-acetate	514-36-3	$C_{23}H_{31}FO_6$	422.2105
19	泼尼松醋酸酯	prednisone 21-acetate	125-10-0	$C_{23}H_{28}O_6$	400.1886
20	可的松醋酸酯	cortisone 21-acetate	50-04-4	$C_{23}H_{30}O_6$	402.2042
21	甲基泼尼松龙醋酸酯	methylprednisolone 21-acetate	53-36-1	$C_{24}H_{32}O_6$	416.2199
22	倍他米松醋酸酯	betamethasone 21-acetate	987-24-6	$C_{24}H_{31}FO_6$	434.2105
23	布地奈德	budesonide	51372-29-3	$C_{25}H_{34}O_6$	430.2355
24	氢化可的松丁酸酯	hydrocortisone 17-butyrate	13609-67-1	$C_{25}H_{36}O_6$	432.2512
25	地塞米松醋酸酯	dexamethasone 21-acetate	1177-87-3	$C_{24}H_{31}FO_6$	434.2105
26	氟米龙醋酸酯	fluorometholone 17-acetate	3801-06-7	$C_{24}H_{31}FO_5$	418.2156
27	氢化可的松戊酸酯	hydrocortisone 17-valerate	57524-89-7	$C_{26}H_{38}O_6$	446.2668
28	曲安奈德醋酸酯	triamcinolone acetonide acetate	3870-07-3	$C_{26}H_{38}FO_7$	476.2210
29	氟轻松醋酸酯	fluocinonide	356-12-7	$C_{26}H_{32}F_2O_7$	494.2116
30	二氟拉松双醋酸酯	diflorasone diacetate	33564-31-7	$C_{26}H_{32}F_2O_7$	494.2116
31	倍他米松戊酸酯	betamethasone 17-valerate	2152-44-5	$C_{27}H_{31}FO_6$	476.2574
32	泼尼卡酯	prednicarba te	73771-04-7	$C_{27}H_{36}O_8$	488.2410
33	哈西奈德	halcinonide	3093-35-4	$C_{24}H_{32}ClFO_5$	454.1922
34	阿氯米松双丙酸酯	alclometasone dipropionate	66734-13-2	$C_{28}H_{37}ClO_7$	520.2228
35	安西奈德	amcinonide	51022-69-6	$C_{28}H_{35}FO_7$	502.2367
36	氯倍他索丙酸酯	clobetasol 17-propionate	25122-46-7	$C_{25}H_{32}ClFO_5$	466.1922
37	氟替卡松丙酸酯	fluticasone propionate	80474-14-2	$C_{25}H_{31}F_3O_5S$	500.1844
38	莫米他松糠酸酯	mometasone furoate	83919-23-7	$C_{27}H_{30}Cl_2O_6$	520.1419
39	倍他米松双丙酸酯	betamethasone dipropionate	5593-20-4	$C_{28}H_{37}FO_7$	504.2523
40	倍氯米松双丙酸酯	beclometasone dipropionate	5534-09-8	$C_{28}H_{37}ClO_7$	520.2228
41	氯倍他松丁酸酯	clobetasone 17-butyrate	25122-57-0	$C_{26}H_{32}ClFO_5$	478.1922

1. 溶液配制

标准储备液：准确称取 41 种糖皮质激素标准物质各 10.0mg，用甲醇溶解并定容至 10.0mL，于−18℃下冷冻保存。

标准混合工作溶液：分别取标准储备液各 0.5mL，按表 4-2-2 分组分别混合至 10mL 容量瓶中，用甲醇定容，质量浓度为 50μg/mL。

表 4-2-2　　41 种糖皮质激素的分组、R_f 值、四氮唑蓝及茴香醛的显色特征

分组	标准物质	R_f	四氮唑蓝显色	茴香醛显色
第Ⅰ组	泼尼松	0.09	紫色	黛紫
	曲安奈德	0.18	紫色	棕绿
	氢化可的松丁酸酯	0.23	紫色	黛紫
	氢化可的松戊酸酯	0.27	紫色	黛紫
	二氟拉松双醋酸酯	0.34	紫色	藏青
	氟轻松醋酸酯	0.45	紫色	棕绿
	泼尼卡酯	0.55	紫色	铜绿
第Ⅱ组	泼尼松龙	0.05	紫色	铜绿
	倍他米松	0.14	紫色	铜绿
	倍他米松戊酸酯	0.26	紫色	铜绿
	氟米龙	0.34	不显色	橙色
	倍他米松醋酸酯	0.43	紫色	铜绿
	倍他米松双丙酸酯	0.57	紫色	铜绿
	哈西奈德	0.63	驼色	驼色
	氟替卡松丙酸酯	0.73	紫色	铜绿
第Ⅲ组	地夫可特	0.02	紫色	铜绿
	甲基泼尼松龙	0.06	紫色	铜绿
	地塞米松	0.14	紫色	豆绿
	布地奈德	0.27	紫色	铜绿
	甲基泼尼松龙醋酸酯	0.28	紫色	铜绿
	氢化可的松醋酸酯	0.29	紫色	绛紫
	地塞米松醋酸酯	0.43	紫色	豆绿
	安西奈德	0.44	紫色	黛紫
	莫米他松糠酸酯	0.56	紫色	铜绿
第Ⅳ组	氟米松	0.10	紫色	铜绿
	氟氢缩松	0.16	紫色	驼色
	泼尼松醋酸酯	0.21	紫色	豆绿
	曲安西龙双醋酸酯	0.25	紫色	豆绿
	氟米龙醋酸酯	0.31	不显色	铜绿
	曲安奈德醋酸酯	0.44	紫色	藏青
	阿氯米松双丙酸酯	0.48	紫色	铜绿
	氯倍他索丙酸酯	0.63	驼色	铜绿
	氯倍他松丁酸酯	0.69	紫色	驼色
第Ⅴ组	曲安西龙	0.05	紫色	铜绿
	氢化可的松	0.10	紫色	黛紫
	可的松	0.19	紫色	绛紫
	倍氯米松	0.20	紫色	铜绿
	泼尼松龙醋酸酯	0.27	紫色	铜绿
	可的松醋酸酯	0.32	紫色	绛紫
	氟氢可的松醋酸酯	0.45	紫色	藏青
	倍氯米松双丙酸酯	0.62	紫色	铜绿

120g/L NaOH-甲醇溶液：12g NaOH 溶于 100mL 的甲醇中。

薄层层析板：高效硅胶板 F254s 100mm×100mm，涂层厚度 0.20mm，使用前在 110℃烘箱中活化 1h，置于干燥器中放冷至室温，备用。

展开剂：乙酸乙酯-正己烷（11∶10，体积比）。

显色剂1：在冰水浴中依次向90mL的无水乙醇中加入5mL浓硫酸和1mL冰乙酸，待混合均匀冷却后再向其中加入5mL茴香醛混合均匀，待用。

显色剂2：称取20mg的四氮唑蓝溶于10mL甲醇中，再加入10mL 120g/L NaOH-甲醇溶液，现用现配。

亚铁氰化钾溶液：称取115g $K_4Fe(CN)_6 \cdot 3H_2O$ 固体，用水溶解并定容至1L。

乙酸锌溶液：称取239g $C_4H_6O_4Zn \cdot 3H_2O$ 固体，用水溶解并定容至1L。

2. 样品预处理

（1）非精油类化妆品

称取0.2g样品（精确至0.01g）于10mL具塞塑料离心管中，加入3mL饱和氯化钠溶液，于涡旋振荡器上混合至完全分散。准确加入2mL乙腈，充分涡旋提取2min，5000r/min离心10min。吸出上层清液于另一50mL具塞塑料离心管中，将下层氯化钠溶液用2mL乙腈重复提取一次，合并两次乙腈提取液。向提取液中准确加入40mL纯水，混匀，加入亚铁氰化钾溶液0.2mL混匀，加入乙酸锌溶液0.2mL混匀，5000r/min离心10min，清液待进行固相萃取小柱净化。

Oasis HLB固相萃取小柱接上固相萃取装置，小柱上端紧密连接一个20～50mL垫有滤纸的磨口漏斗，小柱预先依次用5mL甲醇、10mL水进行活化。将待净化的样品溶液倒入漏斗，经滤纸过滤后流经小柱，待样品溶液自然流尽后，用10%（体积分数）的乙腈水溶液10mL清洗小柱，待清洗液自然流尽后，取下漏斗，用吸球吹出小柱中的残留溶液。在柱出口处接一个10mL具塞玻璃离心管，用4mL甲醇淋洗小柱，待甲醇自然流尽后，用吸球吹出柱中残留甲醇。用氮气将洗脱液吹至近干后准确加入0.1mL甲醇，混匀后用于点板。

（2）精油类化妆品

称取0.5g样品于10mL具塞塑料离心管中，加入0.5mL正己烷混合均匀，准确加入0.5mL甲醇，于涡旋振荡器上充分提取2min，5000r/min离心5min，甲醇相溶液直接用于点板。

3. 薄层层析操作步骤

（1）预展

用微量注射器在距离薄层色谱板下端1.0cm的位置点上10.0～20.0μL的点样液，同时在水平位置上点上标准溶液作为对照。同时点两张层析板。把薄层层析板放入装有甲醇的展开槽中，按倾斜上行法展开0.6～1.0cm，从展开槽中取出薄层板，用电吹风将展开剂吹干，放置到干燥器中冷至室温，备用。

（2）展开

将预展后的薄层层析板放入预先用展开剂蒸气饱和10min后的展开槽中，按倾斜上行法展开。当展开剂前沿到达薄层板顶端时，从展开槽中取出薄层板，用电吹风将展开剂完全吹干后，置于紫外灯下观察，用铅笔记录可疑点。

（3）显色

将显色剂1均匀喷雾在其中的一张层析板上，用电吹风把展开剂吹干后放于100～110℃的恒温干燥箱中烘7～10min使之显色，取出后立即目视，观察显色结果。再将显色剂 2 均匀地喷雾在另一张层析板上，立即直接目视，观察显色结果。两种显色结果可以参考表 4-2-2。

（4）结果判定

在紫外灯下观察，若试样无与标准品 R_f 值相同的斑点，即可判定该样品中未检出 41 种糖皮质激素；

若试样中存在与标准品 R_f 值相同的斑点，且经四氮唑蓝和茴香醛显色后具有与标准品相同的特征，即可判定该样品含有对应的糖皮质激素；

若试样中存在与标准品相同 R_f 值的斑点，但经四氮唑蓝和茴香醛显色后与标准品有异，则需通过液相色谱-质谱法进行确认。

第二节　液相色谱-质谱法（HPLC-MS）

针对化妆品中的 41 种糖皮质激素，膏霜类化妆品用饱和氯化钠溶液分散，精油类化妆品用正己烷分散，用乙腈从分散液中提取激素类药物，用亚铁氰化钾和醋酸锌从提取液中沉淀大分子基质，经固相萃取小柱净化，用反相高效液相色谱-串联质谱测定，外标法定量，其检出限为 0.03μg/g，定量限为 0.1μg/g。

1. 溶液配制

标准储备液：配制方法同本章第一节“1. 溶液配制”。

标准混合工作溶液：取标准储备液 1.0mL，用甲醇定容至 50mL，制成质量浓度为 20μg/mL 的标准混合储备溶液，于－18℃下冷冻保存。临用时用 40%（体积分数）乙腈-水溶液稀释成 0.05，0.10，0.20，0.40，0.80μg/mL 系列浓度的标准混合工作溶液，用于制作标准曲线。

亚铁氰化钾溶液：同本章第一节“1. 溶液配制”。

乙酸锌溶液：同本章第一节“1. 溶液配制”。

2. 试样预处理

（1）非精油类化妆品提取

称取 0.2g 样品（精确至 0.01g）于 10mL 具塞塑料离心管中，加入 3mL 饱和氯化钠溶液，于涡旋振荡器上混合使样品分散，准确加入 2mL 乙腈，充分旋涡提取 2min，5000r/min 离心 10min，吸出上层清液于另一个 50mL 具塞塑料离心管中，下层氯化钠溶液用 2mL 乙腈重复提取一次，合并二次乙腈提取液，往提取液中准确加入 40mL 高纯水，混匀，加入亚铁氰化钾溶液 0.2mL，混匀，加入乙酸锌溶液 0.2mL，混匀，5000r/min 离心 10min，清液待进行固相萃取小柱净化。

（2）精油类化妆品提取

称取 0.5g 样品（精确至 0.01g）于 20mL 尖底具塞塑料离心管中，加入正己烷 4mL，于涡旋振荡器上混合至样品分散，准确加入 50%（体积分数）乙腈水溶液 4mL，充分涡旋提取 2min，5000r/min 离心 10min，吸取下层提取液至一个 50mL 具塞塑料离心管中，上层正己烷用 4mL 50%（体积分数）乙腈水溶液重复上述提取步骤一次，合并二次 50%（体积分数）乙腈提取液，往提取液中准确加入 36mL 高纯水，混合，加入亚铁氰化钾溶液 0.1mL，混匀，加入乙酸锌溶液 0.1mL，混匀，5000r/min 离心 10min，清液待进行固相萃取小柱净化。

(3) 固相萃取柱净化

Oasis HLB 固相萃取小柱接上固相萃取装置，小柱上端紧密连接一个 20～50mL 垫有滤纸的磨口漏斗，小柱预先依次用 5mL 甲醇和 10mL 水进行活化。将待净化的样品清液倒入漏斗，经滤纸过滤后流经小柱，待样品溶液自然流尽后，用 10%（体积分数）的乙腈水溶液 10mL 清洗小柱，待清洗液自然流尽后，取下漏斗，用吸球吹出小柱中的残留液。在柱出口处接一个 10mL 具塞玻璃离心管，用 4mL 甲醇淋洗小柱，待甲醇自然流尽后，用吸球吹出小柱中残留液。取下离心管，准确加入 4.0mL 高纯水，混合，经 0.2μm 微孔滤膜过滤后作为测定液。也可将接收的 4mL 甲醇用氮气吹干，根据需要的浓度用 50%（体积分数）的甲醇水溶液重新溶解并定容后测定。

3. 液相色谱条件

色谱柱：SB C_{18} 柱，50mm×2.1mm×1.8μm，或等效色谱柱。

柱温：室温。

液相色谱流动相：见表 4-2-3。

进样体积：5μL。

表 4-2-3　　流动相梯度表

时间/min	流速/(mL/min)	流动相 A[水，含 0.1%(体积分数)乙酸]/%(体积分数)	流动相 B[乙腈，含 0.1%(体积分数)乙酸]/%(体积分数)
0	0.3	68	32
3	0.3	68	32
12	0.3	25	75
14	0.3	25	75
14.1	0.3	68	32
16	0.3	68	32

4. 质谱条件

电离方式：电喷雾电离，ESI（+）。

离子喷雾电压：4kV。

雾化气：氮气，262kPa（38Psi）

干燥气：氮气，12L/min，350℃。

碰撞气：氮气。

检测方式：多反应监测（MRM）。

41 种糖皮质激素药物的质谱测定参数见表 4-2-4。

表 4-2-4　　糖皮质激素质谱测定参数

序号	药物名称	出峰时间/min	相对分子质量	母离子	子离子	
1	曲安西龙	0.86	394.1792	395.2	225.1	357.1
2	泼尼松龙	1.39	360.1937	361.2	146.9	343.1
3	氢化可的松	1.38	362.2093	363.2	121.0	105.1
4	泼尼松	1.47	358.1780	359.2	147.0	341.1

续表

序号	药物名称	出峰时间/min	相对分子质量	母离子	子离子	
5	可的松	1.53	360.1937	361.2	163.1	121.0
6	甲基泼尼松龙	2.01	374.2093	375.2	357.1	161.1
7	倍他米松	2.26	392.999	393.2	355.0	146.8
8	地塞米松	2.42	392.1999	393.2	355.0	146.8
9	氟米松	2.36	410.1905	411.2	253.0	121.1
10	倍氯米松	3.15	408.1704	409.2	391.1	146.9
11	曲安奈德	3.81	434.2105	435.2	338.9	396.9
12	氟氢缩松	3.55	436.2261	437.2	120.8	180.9
13	曲安西龙双醋酸酯	4.60	478.2003	479.2	321.0	440.9
14	泼尼松龙醋酸酯	4.79	402.2042	403.2	146.8	384.9
15	氟米龙	4.35	376.2050	377.2	278.9	320.9
16	氢化可的松醋酸酯	4.66	404.2200	405.2	309.1	120.8
17	地夫可特	5.35	441.2151	442.2	123.9	141.9
18	氟氢可的松醋酸酯	4.95	422.2105	423.2	238.9	120.9
19	泼尼松醋酸酯	5.64	400.1886	401.2	295.0	146.8
20	可的松醋酸酯	5.75	402.2042	403.2	162.8	343.0
21	甲基泼尼松龙醋酸酯	6.42	416.2199	417.2	399.2	253.2
22	倍他米松醋酸酯	6.50	434.2105	435.2	309.0	337.0
23	布地奈德	7.88	430.2355	431.2	413.1	146.9
24	氢化可的松丁酸酯	7.23	432.2512	433.2	120.8	345.0
25	地塞米松醋酸酯	6.95	434.2105	435.2	309.0	337.0
26	氟米龙醋酸酯	7.45	418.2156	419.2	279.0	321.0
27	氢化可的松戊酸酯	8.56	446.2668	447.3	120.8	345.2
28	曲安奈德醋酸酯	8.60	476.2210	477.2	320.8	338.9
29	氟轻松醋酸酯	8.48	494.2116	495.2	120.8	337.0
30	二氟拉松双醋酸酯	8.47	494.2116	495.2	316.8	278.8
31	倍他米松戊酸酯	9.45	476.2574	477.3	354.9	278.8
32	泼尼卡酯	10.28	488.2410	489.2	114.8	380.9
33	哈西奈德	9.66	454.1922	455.2	121.0	104.9
34	阿氯米松双丙酸酯	10.32	520.2228	521.2	301.0	279.0
35	安西奈德	10.29	502.2367	503.2	321.0	338.9
36	氯倍他索丙酸酯	10.26	466.1922	467.2	354.9	372.9
37	氟替卡松丙酸酯	10.25	500.1844	501.2	292.9	312.9
38	莫米他松糠酸酯	10.65	520.1419	521.1	503.0	263.0
39	倍他米松双丙酸酯	10.68	504.2523	505.2	278.9	318.9
40	倍氯米松双丙酸酯	11.43	520.2228	521.2	319.0	503.0
41	氯倍他松丁酸酯	11.71	478.1922	479.2	278.9	342.8

5. 计算

根据液相色谱保留时间、质谱的母离子与子离子进行定性，在相同实验条件下测定标准溶液和样品溶液，制作标准曲线，样品中糖皮质激素的含量用外标法定量，按下式计算含量：

$$X_i = \frac{\rho_i \times V}{m} \tag{4-2-1}$$

式中　X_i——样品中糖皮质激素的含量，μg/g；

ρ_i——由标准曲线计算的样品溶液中糖皮质激素的质量浓度，μg/mL；

V——样品溶液的定容体积，mL；

m——样品质量，g。

第三节　毛细管电动色谱法

本方法适用于化妆品中8种糖皮质激素（泼尼松、氢化可的松、泼尼松龙、醋酸氢化可的松、醋酸泼尼松龙、地塞米松、醋酸可的松和曲安奈德）的分析。样品提取后，经毛细管电泳仪分离，紫外检测器检测，根据保留时间定性，峰面积定量，以标准曲线法计算含量。

1. 溶液配制

混合标准储备液：分别称取泼尼松、氢化可的松、泼尼松龙、醋酸氢化可的松、醋酸泼尼松龙、地塞米松、醋酸可的松和曲安奈德标准品50mg（精确到0.001g），用甲醇溶解，定容至50mL容量瓶中，配成质量浓度为1000μg/mL的混合标准储备溶液，4℃冷藏，可保存一个月。

电动色谱运行缓冲液配制：准确称取0.75g聚（甲基丙烯酸甲酯-co-甲基丙烯酸）[P（MMA-co-MAA），n（MMA）：n（MAA）＝7：3，M_n＝60000～80000]，加入80mL 0.075mol/L NaOH溶液，搅拌溶解，用硼酸调节至pH＝9.2，用水定容至100mL，聚合物质量浓度7.5mg/mL。

混合标准工作液：用运行缓冲液将混合标准储备液分别稀释至质量浓度为0.5～500μg/mL的系列混合标准工作溶液。

2. 样品预处理

准确称取待测样品1.00g于25mL锥形瓶中，加入10mL甲醇超声提取20min，在转速为8000r/min下离心5min，之后再静置10min，移取上清液，下层沉淀按上述方法重复提取一次。合并上层清液，在温度45℃下旋转蒸发将其浓缩至1mL，再用运行缓冲溶液准确定容至10mL，过0.45μm滤膜，供测定。

3. 毛细管电动色谱条件

熔融石英毛细管：ϕ50μm×80cm，有效长度65cm。

运行电压：20kV。

柱温：20℃。

气动进样：3s/10kPa。

紫外检测波长：250nm。

4. 检测步骤

在毛细管电泳条件下，取糖皮质激素混合标准工作液分别进样，进行电泳分析，如图4-2-2所示。以标准系列溶液浓度为横坐标，峰面积为纵坐标，绘制标准曲线。

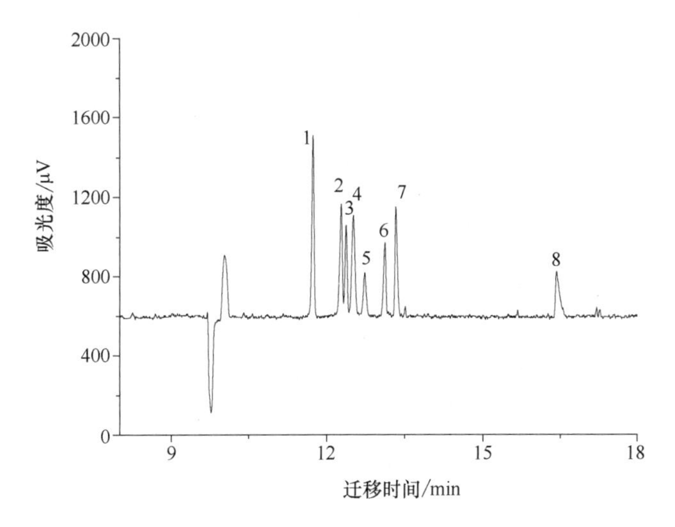

1—氢化可的松；2—泼尼松龙；3—醋酸氢化可的松；4—泼尼松；
5—醋酸可的松；6—醋酸泼尼松龙；7—地塞米松；8—曲安奈德。

图 4-2-2　混合糖皮质激素标样的毛细管电动色谱图

取待测样品溶液进样，根据保留时间定性，测得峰面积，根据标准曲线得到待测溶液中糖皮质激素的浓度。计算样品中糖皮质激素类的含量。

5. 线性范围和检出限

各激素线性范围和检出限如表 4-2-5 所示。

表 4-2-5　　各激素线性范围和检出限（S/N=3）

激素	线性范围/(mg/L)	检出限/(mg/L)
氢化可的松	1～500	0.48
泼尼松龙	1～500	0.46
泼尼松	0.5～500	0.33
地塞米松	2～500	0.76
醋酸氢化可的松	2～100	0.68
醋酸可的松	2～100	0.73
醋酸泼尼松龙	2～100	0.65
曲安奈德	1～100	0.52

6. 计算

化妆品中性激素的含量按下式进行计算：

$$X=\frac{\rho V}{m} \tag{4-2-2}$$

式中　X——样品中糖皮质激素的含量，μg/g；

ρ——从标准曲线得到待测组分的质量浓度，μg/mL；

V——样品溶液定容体积，mL；

m——样品取样量，g。

7. 精密度

在重复性条件下获得的两次独立测定结果的绝对差值不得超过算术平均值的 10%。

第三章　元素分析

《化妆品安全技术规范》给出了汞、铅、砷、镉等多种元素的检测方法，为减少检测次数，提高检测效率，通过参考 GB 5009.268—2016《食品安全国家标准　食品中多元素的测定》，在此将方法集中为电感耦合等离子体质谱法（ICP-MS）。ICP-MS 适用于硼、钠、镁、铝、钾、钙、钛、钒、铬、锰、铁、钴、镍、铜、锌、砷、硒、锶、钼、镉、锡、锑、钡、汞、铊、铅的测定。

试样经消解后，由电感耦合等离子体质谱仪（ICP-MS）测定，以元素特定质量数（质荷比，m/z）定性，采用外标法，以待测元素和内标元素质谱信号的强度的比值与待测元素的浓度值成正比进行定量分析。

1. 试剂和溶液配制

硝酸溶液：取 50mL 硝酸，缓慢加入 950mL 水中，混匀。

汞标准稳定剂Ⅰ：取 2mL 金元素（Au）溶液，用硝酸溶液稀释至 1000mL，用于汞标准溶液的配制。

汞标准稳定剂Ⅱ：称取 2g 半胱氨酸盐酸盐，用硝酸溶液稀释至 1000mL，用于汞标准溶液的配制。

元素储备液（1000mg/L 或 100mg/L）：铅、镉、砷、汞、硒、铬、锡、铜、铁、锰、锌、镍、铝、锑、钾、钠、钙、镁、硼、钡、锶、钼、铊、钛、钒和钴，采用经国家认证并授予标准物质证书的单元素或多元素标准储备液。

内标元素储备液（1000mg/L）：钪、锗、铟、铑、铼、铋等采用经国家认证并授予标准物质证书的单元素或多元素内标标准储备液。

混合标准工作溶液：吸取适量单元素标准储备液或多元素混合标准储备液，用硝酸溶液逐级稀释配成混合标准工作溶液系列，各元素质量浓度见表 4-3-1。

汞标准工作溶液：取适量汞储备液，用汞标准稳定剂逐级稀释配成标准工作溶液系列，浓度范围见表 4-3-1。

表 4-3-1　ICP-MS 方法中元素的标准溶液系列质量浓度

序号	元素	单位	标准系列质量浓度					
			系列 1	系列 2	系列 3	系列 4	系列 5	系列 6
1	B	μg/L	0	10.000	50.000	100.000	300.000	500.000
2	Na	mg/L	0	0.400	2.000	4.000	12.000	20.000
3	Mg	mg/L	0	0.400	2.000	4.000	12.000	20.000
4	Al	mg/L	0	0.100	0.500	1.000	3.000	5.000
5	K	mg/L	0	0.400	2.000	4.000	12.000	20.000
6	Ca	mg/L	0	0.400	2.000	4.000	12.000	20.000
7	Ti	μg/L	0	10.000	50.000	100.000	300.000	500.000
8	V	μg/L	0	1.000	5.000	10.000	30.000	50.000

续表

序号	元素	单位	标准系列质量浓度					
			系列 1	系列 2	系列 3	系列 4	系列 5	系列 6
9	Cr	μg/L	0	1.000	5.000	10.000	30.000	50.000
10	Mn	μg/L	0	10.000	50.000	100.000	300.000	500.000
11	Fe	mg/L	0	0.100	0.500	1.000	3.000	5.000
12	Co	μg/L	0	1.000	5.000	10.000	30.000	50.000
13	Ni	μg/L	0	1.000	5.000	10.000	30.000	50.000
14	Cu	μg/L	0	10.000	50.000	100.000	300.000	500.000
15	Zn	μg/L	0	10.000	50.000	100.000	300.000	500.000
16	As	μg/L	0	1.000	5.000	10.000	30.000	50.000
17	Se	μg/L	0	1.000	5.000	10.000	30.000	50.000
18	Sr	μg/L	0	20.000	100.000	200.000	600.000	1000.000
19	Mo	μg/L	0	0.100	0.500	1.000	3.000	5.000
20	Cd	μg/L	0	1.000	5.000	10.000	30.000	50.000
21	Sn	μg/L	0	0.100	0.500	1.000	3.000	5.000
22	Sb	μg/L	0	0.100	0.500	1.000	3.000	5.000
23	Ba	μg/L	0	10.000	50.000	100.000	300.000	500.000
24	Hg	μg/L	0	0.100	0.500	1.000	1.500	2.000
25	Tl	μg/L	0	1.000	5.000	10.000	30.000	50.000
26	Pb	μg/L	0	1.000	5.000	10.000	30.000	50.000

内标使用液：取适量内标单元素储备液或内标多元素标准储备液，用硝酸溶液配制合适质量浓度的内标使用液，内标使用液质量浓度参考范围为25～100μg/L。

2. 试样预处理

(1) 微波消解法

称取固体样品0.2～0.5g（精确至0.001g，含水分较多的样品可适当增加取样量至1g）或准确移取液体试样1.00～3.00mL于微波消解内罐中，含乙醇或二氧化碳的样品先在电热板上低温加热除去乙醇或二氧化碳，加入5～10mL硝酸，加盖放置1h或过夜，旋紧罐盖，按照微波消解仪标准操作步骤进行消解。冷却后取出，缓慢打开罐盖排气，用少量水冲洗内盖，将消解罐放在控温电热板上或超声水浴箱中，于100℃加热30min或超声脱气2～5min，用水定容至25mL或50mL，混匀备用，同时做空白试验。

(2) 压力罐消解法

称取固体干样0.2～1.0g（精确至0.001g，含水分较多的样品可适当增加取样量至2.0g）或准确移取液体试样1.00～5.00mL于消解内罐中，含乙醇或二氧化碳的样品先在电热板上低温加热除去乙醇或二氧化碳，加入5mL硝酸，放置1h或过夜，旋紧不锈钢外套，放入恒温干燥箱消解，于150～170℃消解4h，冷却后，缓慢旋松不锈钢外套，将消解内罐取出，在控温电热板上或超声水浴箱中，于100℃加热30min或超声脱气2～5min，用水定容至25mL或50mL，混匀备用，同时做空白试验。

(3) 注意

多元醇样品，如甘油、丙二醇、丁二醇等原料，或以多元醇为主料的产品，应避免硝酸消解法。组成简单的产品用水稀释后直接进样，组成复杂的产品加热挥发至干后再加入硝酸消解，但无法检测汞元素。

3. 仪器参考条件

ICP-MS 的参考操作条件如表 4-3-2 所示。

表 4-3-2 ICP-MS 操作参考条件

参数名称	参数	参数名称	参数
射频功率	1500W	雾化器	高盐/同心雾化器
等离子体气流量	15L/min	采样锥/截取锥	镍/铂锥
载气流量	0.8L/min	采样深度	8～10mm
辅助气流量	0.4L/min	采集模式	跳峰
氦气流量	4～5mL/min	检测方式	自动
雾化室温度	2℃	每峰测定点数	1～3
样品提升速率	0.3r/s	重复次数	2～3

4. 标准曲线的制作

将混合标准溶液注入电感耦合等离子体质谱仪中，测定待测元素和内标元素的信号响应值，以待测元素的浓度为横坐标，待测元素与所选内标元素响应信号值的比值为纵坐标，绘制标准曲线。

5. 试样溶液的测定

将空白溶液和试样溶液分别注入电感耦合等离子体质谱仪中，测定待测元素和内标元素的信号响应值，根据标准曲线得到消解液中待测元素的浓度。

6. 计算

待测元素含量的计算公式如下：

$$X=\frac{(\rho-\rho_0)\times V\times f}{m\times 1000} \tag{4-3-1}$$

式中 X——试样中待测元素含量，mg/kg 或 mg/L；

ρ——试样溶液中被测元素质量浓度，μg/L；

ρ_0——试样空白液中被测元素质量浓度，μg/L；

V——试样消化液定容体积，mL；

f——试样稀释倍数；

m——试样称取质量或移取体积，g 或 mL；

1000——换算系数。

计算结果保留 3 位有效数字。

7. 精密度

样品中各元素含量大于 1mg/kg 时，在重复性条件下获得的两次独立测定结果的绝对差值不得超过算术平均值的 10%；小于或等于 1mg/kg 且大于 0.1mg/kg 时，在重复性条件下获得的两次独立测定结果的绝对差值不得超过算术平均值的 15%；小于或等于 0.1mg/kg 时，在重复性条件下获得的两次独立测定结果的绝对差值不得超过算术平均值的 20%。

第四章　苯二胺类

随着人们对个性、时尚、年轻化的追求，以及老龄化社会的临近，染发类产品的受众面越来越广。染发类产品中染发效果最佳、保持时间最久的莫过于氧化型染发剂，属于当前市场中使用最广泛的产品。苯二胺类物质是氧化型染发剂中起染发作用的最主要的成分，该类物质作为一类工业染料中间体，具有一定的致癌作用，但即便是在市面上流行的部分宣称植物染发的产品中，也能找到它们的身影。化妆品安全技术规范给出了两种检测对苯二胺类物质的方法，此处参考 GB/T 24800.12—2009《化妆品中对苯二胺、邻苯二胺和间苯二胺的测定》给出化妆品中对苯二胺、邻苯二胺和间苯二胺的测定方法，其中邻苯二胺和间苯二胺属于禁用成分。

一、高效液相色谱法

试样用甲醇超声提取后，经滤膜过滤，采用高效液相色谱分离，二极管阵列检测器检测，外标法定量。

1. 溶液的配制

三乙醇胺磷酸缓冲溶液：准确移取 10.0mL 三乙醇胺溶解于 1L 水中，用磷酸调至 pH=7.7，经 0.45μm 滤膜过滤。

混合标准储备液：准确称取对苯二胺、邻苯二胺和间苯二胺各 0.25g（精确至 0.0001g），置于 100mL 容量瓶中，用甲醇溶解并定容至刻度。1mL 此溶液相当于 2.50mg 对苯二胺、邻苯二胺和间苯二胺。该溶液在 4℃下避光可保存 3d。

混合标准使用液：准确吸取混合标准储备液 0.5，1.0，2.0，3.0，4.0，5.0mL 于 6 个 25mL 容量瓶中，用甲醇稀释至刻度，配制成质量浓度分别为 50，100，200，300，400，500mg/L 的系列混合标准使用液，并另配制空白试剂，溶液现配现用。

2. 样品处理

称取 2.00g（精确至 0.01g）样品于 50mL 具塞比色管中，加入 1mL 20g/L 亚硫酸钠溶液和 25mL 甲醇，旋涡振荡 30s，再加入 15mL 甲醇，混匀，超声提取 15min，用甲醇定容至刻度。充分混匀后，静置，上清液经 0.45μm 滤膜过滤，滤液作为待测样品溶液。

3. 液相色谱参考条件

色谱柱：反相 C_{18} 柱，250mm×4.6mm×5μm，或等效色谱柱。

流动相：三乙醇胺磷酸缓冲溶液-乙腈（97∶3，体积比）。

流速：1.0mL/min。

柱温：30℃。

检测器：二极管阵列检测器。

检测波长：280nm。

进样量：5μL。

4. 检测方法

根据上述色谱条件，取系列混合标准使用液和样品溶液各 5μL 进样，得到标准曲线和试样溶液的峰面积，从标准曲线上计算得样品溶液中的对苯二胺、邻苯二胺、间苯二胺的浓度。

5. 计算

$$w(X)=\frac{\rho\times V\times 100\%}{m\times 10^{6}} \tag{4-4-1}$$

式中 $w(X)$——试样中对苯二胺、邻苯二胺、间苯二胺的质量分数，%；

ρ——试样溶液中对苯二胺、邻苯二胺、间苯二胺的质量浓度，mg/L；

V——试样溶液的体积，mL；

m——试样的质量，g。

6. 准确度

在重复条件下获得的两次独立测定结果的绝对差值不应超过算数平均值的 10%。

7. 方法回收率

在添加浓度为 0.05%～0.50%时，对苯二胺、邻苯二胺和间苯二胺的回收率分别为 91%～102%、79%～99%和 73%～91%。

二、气相色谱法

试样经甲醇超声提取后，经滤膜过滤，采用毛细管气相色谱柱分离，氢火焰离子化检测器检测，外标法定量。

1. 溶液的配制和样品处理方法

同液相色谱法。

2. 气相色谱参考条件

色谱柱：HP-5，60m×0.25mm×1.0μm，或等效色谱柱。

柱温：100℃保持 1min，以 10℃/min 升温至 200℃，以 18℃/min 升温至 280℃，保持 15min。

气化室温度：220℃。

分流比：1∶5。

检测器温度：300℃。

载气：氮气，1.0mL/min。燃烧气：氢气，40mL/min。助燃气：空气，400mL/min。

3. 检测方法

根据参考色谱条件，取系列混合标准使用液和样品溶液各 1μL 进样，得到标准曲线和试样溶液的峰面积，从标准曲线上计算得样品溶液中的对苯二胺、邻苯二胺、间苯二胺的浓度。

4. 计算

$$w(X)=\frac{c\times V\times 100\%}{m\times 10^{6}} \tag{4-4-2}$$

式中 $w(X)$——试样中对苯二胺、邻苯二胺、间苯二胺的质量分数，%；

c——试样溶液中对苯二胺、邻苯二胺、间苯二胺的质量浓度，mg/L；

V——试样溶液的体积，mL；

m——试样的质量，g。

5. 准确度

在重复条件下获得的两次独立测定结果的绝对差值不应超过算数平均值的10%。

6. 方法回收率

在添加浓度为0.05%～0.50%范围内，对苯二胺、邻苯二胺和间苯二胺的回收率分别为89%～100%、85%～93%和80%～93%。

第五章　二　噁　烷

二噁烷，别名二氧六环，产生于乙氧基化的化学反应，是表面活性剂在制造过程中烷基氧化时带入的副产物。有可能存在于聚氧乙烯醚、聚氧乙烯醚硫酸盐、聚乙二醇等产品中。1,4-二噁烷对皮肤、眼部和呼吸系统有刺激性，并且可能对肝、肾和神经系统造成损害，急性二噁烷中毒时可能导致死亡。因此必须对含上述表面活性剂的洗发水、沐浴露等产品进行二噁烷监测。

第一节　气相色谱-质谱法（GC-MS）

样品在顶空瓶中经过加热提取后，以气相色谱-质谱法测定，采用离子相对丰度比进行定性，以选择离子监测模式进行测定，以单点标准加入法定量。该方法适用于液态水基类、膏霜乳液类化妆品中二噁烷含量的测定。二噁烷的检出限为 2μg，定量下限为 6μg；取样量为 2.0g 时，检出浓度为 1μg/g，最低定量浓度为 3μg/g。

1. 溶液配制

（1）标准储备溶液：称取二噁烷 0.1g（精确到 0.0001g），置于 100mL 容量瓶中，用去离子水配制成质量浓度为 1000μg/mL 的标准储备溶液。

（2）标准系列溶液：用去离子水将标准储备液分别稀释成二噁烷质量浓度为 0，4，10，20，50，100μg/mL 的二噁烷标准系列溶液。

（3）二噁烷定性标准溶液：取 50μg/mL 二噁烷标准溶液 1mL，置于顶空进样瓶中，加入 1g 氯化钠，加入 7mL 去离子水，密封后超声，轻轻摇匀，作为二噁烷定性标准溶液。

2. 样品预处理

称取 6 份样品各 2g（精确到 0.001g），置于 6 只顶空进样瓶中，各自加入 1g 氯化钠，7mL 去离子水，分别精确加入二噁烷标准系列溶液 1mL，密封后超声，轻轻摇匀，作为加二噁烷标准系列溶液的样品。置于顶空进样器中，待测。

3. 顶空进样条件

汽化室温度：70℃。

定量管温度：150℃。

传输线温度：200℃。

振荡情况：振荡。

气液平衡时间：40min。

进样时间：1min。

4. 色谱-质谱条件

色谱柱：交联 5%苯基甲基硅烷毛细管柱 30m×0.25mm×0.25μm 或等效色谱柱。

柱温：程序升温，初始温度 40℃，保持 5min；以 50℃/min 升温至 150℃，保持 2min。

进样口温度：210℃。

色谱-质谱接口温度：280℃。

载气：氦气，体积分数≥99.999%，流速 1.0mL/min。

电离方式：EI。

电离能量：70eV。

测定方式：选择离子检测（SIM），选择检测离子（m/z）见表 4-5-1。

进样方式：分流进样，分流比 10∶1。

进样量：1.0mL。

表 4-5-1　检测离子和离子相对丰度比

检测离子(质荷比,m/z)	离子相对丰度/%	允许相对偏差/%
88	100	
58	应用标准品测定离子相对丰度比	±20
43	应用标准品测定离子相对丰度比	±25

5. 定性

用气相色谱-质谱仪分别对加入浓度为 0μg/mL 的二噁烷标准溶液的样品和二噁烷定性标准溶液进行定性测定，如果检出的色谱峰的保留时间与二噁烷定性标准溶液相一致，并且在扣除背景后，样品的质谱图中所选择的检测离子均出现，而且检测离子相对丰度比与标准样品的离子相对丰度比相一致，则可以判断样品中存在二噁烷。

6. 定量

标准曲线法：将加入二噁烷标准系列溶液的样品分别进样，以检测离子（m/z）88 为定量离子，以二噁烷峰面积为纵坐标、二噁烷标准加入量为横坐标进行线性回归，建立标准曲线，其线性相关系数应大于 0.99。取待测样品溶液进样，测得峰面积，根据基质标准曲线，得到待测样品溶液中二噁烷的浓度。计算公式如下：

$$X=\frac{\rho\times 2.0\times D}{m} \tag{4-5-1}$$

式中　X——化妆品中二噁烷的含量，μg/g；

ρ——从标准曲线得到待测组分的含量，μg/g；

m——样品取样量，g；

D——稀释倍数（不稀释则取 1）。

单点标准加入法：选择加入浓度为 0μg/mL 的二噁烷标准溶液的样品作为样品取样量（m），根据样品（m）的峰面积（A_i），选择加入二噁烷标准品后二噁烷的峰面积（A_s）与 $2A_i$ 相当的加标样品（m_i）作为计算用标准（m_s），应用标准加入单点法对样品进行计算。计算公式如下：

$$X=\frac{m_s}{[(A_s/A_i)-(m_i/m)]\times m} \tag{4-5-2}$$

式中　X——样品中二噁烷的含量，μg/g；

m_s——加入二噁烷标准品的质量，μg；

A_i——样品中二噁烷的峰面积；

A_s——加入二噁烷标准品后样品中二噁烷的峰面积；

m——样品取样量，g；

m_i——加入二噁烷标准品的样品取样量，g。

7. 准确性

在重复性条件下获得的两次独立测定结果的绝对差值不得超过算术平均值的10%。

第二节　气相色谱法（GC）

样品在顶空瓶中加热提取，达到热平衡后，蒸气相经顶空进样器输入气相色谱仪检测，以4-甲基-1,3-二噁烷为内标物，采用内标法定量。

1. 溶液配制

（1）标准储备溶液：在50mL的容量瓶中加入大约40mL DMF，称取4-甲基-1,3-二噁烷（50±1）mg，用N，N-二甲基甲酰胺（DMF）溶解完全并定容，此溶液中4-甲基-1,3-二噁烷的质量浓度为1mg/mL。1,4-二氧六环标准储备液按相同方法配制。

（2）标准工作溶液：用DMF将4-甲基-1,3-二噁烷标准储备液分别稀释至质量浓度为10，20，100，200μg/mL的系列标准工作溶液。

2. 样品预处理

在顶空样品瓶中，称取待测样品（2.00±0.01）g，根据需求准确移取3mL 4-甲基-1,3-二噁烷的标准工作溶液，立即加盖密封，剧烈摇晃至混合均匀，置于顶空进样器中，待测。

注意：若样品中二噁烷含量低，气相色谱灵敏度不够，可称取（4.00±0.01）g试样。标准工作溶液选取原则：待测样品中二噁烷的峰面积和内标物4-甲基-1,3-二噁烷的峰面积之比控制在0.1～10以内。

3. 响应因子测定

用DMF配制已知质量浓度为20μg/mL的1,4-二氧六环和4-甲基-1,3-二噁烷标准混合溶液，顶空进样。

响应因子k用下式计算：

$$k=\frac{A_1\rho_2}{A_2\rho_1} \tag{4-5-3}$$

式中　k——响应因子；

A_1——4-甲基-1,3-二噁烷的峰面积；

A_2——1,4-二氧六环的峰面积；

ρ_1——4-甲基-1,3-二噁烷的实际质量浓度，μg/mL；

ρ_2——样品中1,4-二氧六环的实际质量浓度，μg/mL。

4. 顶空进样条件

汽化室温度：70℃。

定量管温度：150℃。

传输线温度：200℃。

振荡情况：振荡。

气液平衡时间：40min。

进样时间：1min。

5. 色谱条件

色谱柱：交联苯基乙烯基二甲基硅氧烷（SE-54）毛细管柱，60m×0.32mm×0.5μm或等效色谱柱。

柱温：程序升温，初始温度60℃，保持3min；以4℃/min升温至80℃；以30℃/min升温至200℃，保持5min。

柱前压力100kPa。

进样口温度：200℃。

检测器温度：325℃。

检测器流量设置：氢气45mL/min，氮气30mL/min，空气30mL/min。

分流比5∶1。

用本法检测表面活性剂中的二噁烷含量，结果如图4-5-1所示。

6. 计算

样品中二噁烷质量浓度用下式计算：

$$\rho_s=\frac{kA_s\rho_i}{A_i} \tag{4-5-4}$$

式中 A_i——样品中内标物4-甲基-1,3-二噁烷的峰面积；

A_s——样品中二噁烷的峰面积；

k——响应因子；

ρ_i——样品中内标物4-甲基-1,3-二噁烷的质量浓度，μg/mL；

ρ_s——样品中二噁烷的质量浓度，μg/mL。

7. 精密度

由同一操作者在同一实验室用相同的仪器在短时间内用相同的方法测定同一测试样品，两次独立测试结果之间的绝对误差不超过10%即可认为测试结果准确。

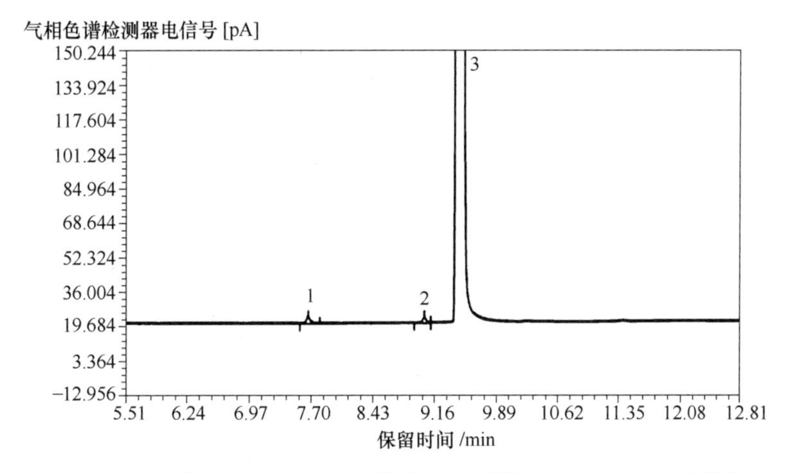

1—7.661min，1,4-二噁烷；2—9.038min，4-甲基-1,3-二噁烷；3—9.490min，溶剂峰（DMF）。

图4-5-1 气相色谱法检测表面活性剂中二噁烷含量

第六章　邻苯二甲酸酯类增塑剂

增塑剂常用于提高高分子材料加工时的可塑性，邻苯二甲酸酯类物质是到目前为止使用较为广泛的增塑剂，随塑料制品一起对环境造成极大的污染。高灵敏度的气相色谱-质谱联用仪甚至可以直接对环境或空白试剂生成增塑剂信号，信号来源于增塑剂对环境和试剂生产过程的污染以及仪器本身的零部件。化妆品中的增塑剂来源于以下两个方面：①包装用塑料制品，主要包括塑料瓶身和瓶盖垫片中的增塑剂在存储过程中与化妆品接触后向其中迁移；②化妆品原料和成品在生产、灌装等工艺流程中与设备中的塑料制品接触后导致的增塑剂迁移。《化妆品安全技术规范》给出了两种关于邻苯二甲酸酯类增塑剂的检测方法，此处参考 GB/T 28599—2020《化妆品中邻苯二甲酸酯类物质的测定》给出检测 24 种邻苯二甲酸酯类化合物的方法。

第一节　气相色谱-质谱联用（GC-MS）法

化妆品提取、净化后经气相色谱-质谱联用仪进行测定，采用离子监测扫描模式（SIM），以保留时间和碎片的丰度比定性，外标法定量。

1. 试剂及溶液配制

24 种邻苯二甲酸酯标准品：邻苯二甲酸二甲酯、邻苯二甲酸二（2-甲氧基）乙酯、邻苯二甲酸二乙酯、邻苯二甲酸二（2-乙氧基）乙酯、邻苯二甲酸二烯丙酯、邻苯二甲酸二异丙酯、邻苯二甲酸二丙酯、邻苯二甲酸二苯酯、邻苯二甲酸二苄酯、邻苯二甲酸丁基苄基酯、邻苯二甲酸二异丁酯、邻苯二甲酸二丁酯、邻苯二甲酸二（2-丁氧基）乙酯、邻苯二甲酸二戊酯、邻苯二甲酸二异戊酯、邻苯二甲酸正戊基异戊酯、邻苯二甲酸二环己酯、邻苯二甲酸二（4-甲基-2-戊基）酯、邻苯二甲酸二己酯、邻苯二甲酸二庚酯、邻苯二甲酸二（2-乙基）己酯、邻苯二甲酸二正辛酯、邻苯二甲酸二壬酯、邻苯二甲酸二癸酯。

标准储备液：准确称取上述标准物质 50mg（精确至 0.0001g），用正己烷定容至 10mL，质量浓度 5000mg/L，在 4℃冰箱中避光保存，有效期 6 个月。

系列标准使用液：将标准储备液用正己烷分别稀释至质量浓度为 0.05，0.10，0.20，0.50，1.00mg/L，作为系列标准使用液待用，必须现配现用。

玻璃 Silica/PSA 固相萃取柱：1000mg/6mL，或等效柱。

2. 样品预处理

水剂类化妆品、香水：称取试样约 0.5g（精确至 0.0001g），置于具塞刻度试管内，准确加入正己烷 10.0mL，涡旋 2min 使样品混匀，随后以 4000r/min 离心 3min，取上层清液用 0.45μm 有机滤膜过滤，滤液用于 GC-MS 分析。

膏霜、乳液、凝胶、精油、指甲油类化妆品：称取试样约 0.5g（精确至 0.0001g），置于具塞刻度试管内，用甲醇定容至 10.0mL，涡旋 2min 使样品混匀，随后超声提取 20min，2000r/min 离心 5min，取出 5.0mL 上清液待用。依次用 5mL 二氯甲烷，5mL 甲醇活化固相萃取柱，弃去流出液。将预备的 5.0mL 上清液加入固相萃取柱中，收集流出液，再加入 3mL 甲醇，继续收集流出液，合并两次收集的流出液，用氮气吹至近干。随后，用正己烷定容至 5.0mL，用 0.45μm 有机滤膜过滤，滤液用于 GC-MS 分析。

固体类化妆品：称取试样约 0.5g（精确至 0.0001g），置于具塞刻度试管内，准确加入 2.0mL 乙酸乙酯，涡旋使其溶解，必要时用玻璃棒研碎试样辅助溶解。再用甲醇定容至 10.0mL，涡旋混匀 2min，超声提取 20min，2000r/min 离心 5min，取出 5.0mL 上清液待用。随后用固相萃取柱对该上清液进行净化，净化方法与膏霜、乳液、凝胶、精油、指甲油类化妆品的净化方法相同。最后用正己烷定容至 5.0mL，用 0.45μm 有机滤膜过滤，滤液用于 GC-MS 分析。

3. 空白试验

不称取样品，按上述步骤进行操作，所得产品作为空白样品。

4. 色谱和质谱条件

色谱柱：5%苯基-甲基聚硅氧烷石英毛细管柱，30m×0.25mm（i.d）×0.25μm，或等效色谱柱。

进样口：280℃。

柱温：初温 60℃，维持 1min；以 20℃/min 升温至 220℃，维持 4min；以 5℃/min 升温至 250℃，维持 1min；以 20℃/min 升温至 290℃，维持 5min。

载气：氦气，体积分数≥99.999%，1.0mL/min。

分流比：不分流。

进样量：1μL。

质谱接口温度：280℃。

电离方式：电子轰击源（EI）。

测定方式：选择离子监测方式（SIM）。

电离能量：70eV。

溶剂延迟：5min。

5. 定性分析

测试条件下，检测样和标准品的选择离子色谱峰在相同保留时间处（±0.5%）出现，且对应质谱碎片离子的质荷比与标准品一致，丰度比与标准品相符（相对丰度>50%，误差≤±20%；相对丰度 20%～50%，误差≤±25%；相对丰度 10%～20%，误差≤±30%；相对丰度≤10%，误差≤±50%），可以确认目标物质。

6. 定量分析

采用外标校准曲线法定量，以各邻苯二甲酸酯化合物的标准溶液浓度为横坐标，各自的定量离子的峰面积为纵坐标，建立标准工作曲线，以试样的峰面积与标准曲线进行比较而定量。样品溶液中的被测物的响应值均应在仪器测定的线性范围内，若样品溶液浓度过高，应适当稀释后测定。

7. 计算

样品中邻苯二甲酸酯类物质的含量按下式计算：

$$X=\frac{(\rho_i-\rho_0)\times V\times K\times 1000}{m\times 1000} \tag{4-6-1}$$

式中　X——试样中某种邻苯二甲酸酯的含量，mg/kg；

ρ_i——试样溶液中某种邻苯二甲酸酯的峰面积对应的质量浓度，mg/L；

ρ_0——空白试样溶液中某种邻苯二甲酸酯的峰面积对应的质量浓度，mg/L；

V——试样溶液的定容体积，mL；

K——稀释倍数；

m——试样质量，g。

8. 检出限与定量限

采用该方法时，化妆品中邻苯二甲酸酯类化合物的检出限为 1.0mg/kg，定量限为 2.5mg/kg。

9. 备注

计算结果保留 3 位有效数字。

同一样品应进行一次平行试验，两次独立测定结果的绝对差值不得超过算术平均值的 15%。

第二节　高效液相色谱（HPLC）法

化妆品经提取、净化、过滤后，采用高效液相色谱仪进行分离，以二极管阵列检测器测定，根据保留时间和紫外吸收光谱图定性，外标法定量。

1. 试剂及溶液配制

24 种邻苯二甲酸酯类标准品同本章第一节。

标准储备液：分别准确称取各标准品 10mg（精确至 0.0001g），用甲醇溶解并定容至 10mL，配制成 1000mg/L 的标准储备溶液，在 4℃冰箱中避光保存，有效期 6 个月。

标准使用液：准确移取标准储备液 1.0mL 于 10mL 容量瓶中，用甲醇定容，配制成 100mg/L 的混合标准使用液，在 4℃冰箱中避光保存，有效期 1 个月。

玻璃 Silica/PSA 固相萃取柱：1000mg/6mL，或等效柱。

2. 样品预处理

水剂类化妆品、香水：称取试样约 1.0g（精确至 0.0001g），置于具塞刻度试管内，加入甲醇定容至 10.0mL，涡旋 1min 使样品混匀，提取液用 0.45μm 有机滤膜过滤，滤液用于进样分析。

精油类化妆品：称取混匀试样 0.5g（精确至 0.0001g）于具塞刻度试管中，加入甲醇定容至 10.0mL，涡旋振荡 2min 后超声提取 20min，2000r/min 离心 5min，取出 5.0mL 上清液待用。依次用 5mL 二氯甲烷、5mL 甲醇活化固相萃取柱，弃去流出液。将预备的 5.0mL 上清液加入固相萃取柱中，收集流出液，再加入 3mL 甲醇，继续收集流出液，合并两次收集的流出液，用氮气吹至近干。随后，准确加入甲醇 2.5mL，用 0.45μm 有机滤膜过滤，滤液用于进样分析。

膏霜、乳液、凝胶类化妆品：称取混匀试样 1.0g（精确至 0.0001g）于具塞刻度试管中，加入甲醇定容至 10.0mL，涡旋振荡 1min，加入氯化钠 2g，剧烈振荡以分散样品，超声提取 10min，4000r/min 离心 10min，上清液用 0.45μm 有机滤膜过滤，取滤液进样。

眉笔、粉体类化妆品：称取混匀试样 1.0g（精确至 0.0001g）于具塞刻度试管中，必要时提前将样品研碎，加入甲醇定容至 10.0mL，涡旋振荡 1min，超声提取 10min，4000r/min 离心 10min，上清液用 0.45μm 有机滤膜过滤，取滤液进样。

唇膏类化妆品：称取混匀试样 1.0g（精确至 0.0001g）于研钵中，加入海砂 5g，研磨均匀，全部转移至 50mL 具塞刻度试管中，加入甲醇 10.0mL，超声提取 10min，上清液用 0.45μm 有机滤膜过滤，取滤液进样。

空白样品：除不称取样品外，样品的空白按对应的产品的预处理方法进行处理。

3. 色谱条件

色谱柱：XDB C18 柱，250mm×4.6mm（i.d）×5μm，或其他等效色谱柱。

流动相：A 相为甲醇-乙腈（1∶1，体积比）；B 相为水。

梯度：见表 4-6-1。

表 4-6-1　　流动相梯度表

时间/min	A 相（体积分数）/%	B 相（体积分数）/%
0	40	60
2	52	48
10	62	38
12	78	22
20	78	22
31	100	0
45	100	0
45.5	40	60
50	40	60

流速：1mL/min。

柱温：40℃。

进样量：20μL。

检测波长：240nm。

4. 标准曲线绘制

用初始流动相将混合标准使用液逐级稀释，配制质量浓度为 0.5，1.0，5.0，10.0，20.0，50.0mg/L 的系列标准溶液，浓度由低到高进样检测，以峰面积为纵坐标，浓度为横坐标，建立标准曲线并得到线性回归方程。

5. 样品检测

样品溶液按色谱条件进样，根据保留时间和紫外吸收光谱图定性，根据峰面积从标准曲线中计算出相应的浓度。样品溶液中邻苯二甲酸酯的含量应在标准曲线的线性范围内，浓度超过线性范围则用甲醇稀释后重新测试。

对于杂质干扰严重的样品或阳性结果，可采用本章第一节中的气相色谱-质谱联用法进行确证。

6. 结果计算

计算方法同本章第一节。

7. 检出限与定量限

采用该方法时，化妆品中邻苯二甲酸酯类化合物的检出限为 3.0mg/kg，定量限为

10.0mg/kg。

8. 备注

计算结果保留3位有效数字。

同一样品应进行一次平行试验，两次独立测定结果的绝对差值不得超过算术平均值的15%。

第三节 气相色谱（GC）法

化妆品中邻苯二甲酸酯类物质用有机溶剂萃取或稀释，用气相色谱柱进行分离，氢火焰离子化检测器（FID）分析，外标法定量。

1. 试剂及溶液配制

24种邻苯二甲酸酯类标准品同本章第一节。

标准储备液：分别准确称取各标准品50mg（精确至0.0001g），用正己烷溶解并定容至10mL，配制成5000mg/L的标准储备溶液，在4℃冰箱中避光保存，有效期6个月。

系列标准使用液：将标准储备液用正己烷稀释成质量浓度分别为1.0，2.0，5.0，10.0，20.0mg/L的标准使用液，该标准使用液应现配现用。

玻璃Silica/PSA固相萃取柱：1000mg/6mL，或等效柱。

2. 样品预处理

水剂类化妆品、香水：称取试样约0.5g（精确至0.0001g），置于具塞刻度试管内，准确加入正己烷10.0mL，涡旋2min使样品混匀，随后以4000r/min离心3min，取上层清液用0.45μm有机滤膜过滤，滤液用于进样分析。

膏霜、乳液、凝胶、精油、指甲油类化妆品：称取试样约0.5g（精确至0.0001g），置于具塞刻度试管内，用甲醇定容至10.0mL，涡旋2min使样品混匀，随后超声提取20min，2000r/min离心5min，取出5.0mL上清液待用。依次用5mL二氯甲烷，5mL甲醇活化固相萃取柱，弃去流出液。将预备的5.0mL上清液加入固相萃取柱中，收集流出液，再加入3mL甲醇，继续收集流出液，合并两次收集的流出液，用氮气吹至近干。随后，用正己烷定容至5.0mL，用0.45μm有机滤膜过滤，滤液用于进样分析。

固体类化妆品：称取试样约0.5g（精确至0.0001g），置于具塞刻度试管内，准确加入2.0mL乙酸乙酯，涡旋使其溶解，必要时用玻璃棒研碎试样辅助溶解。再用甲醇定容至10.0mL，涡旋混匀2min，超声提取20min，2000r/min离心5min，取出5.0mL上清液待用。随后用固相萃取柱对该上清液进行净化，净化方法与膏霜、乳液、凝胶、精油、指甲油类化妆品相同。最后用正己烷定容至5.0mL，用0.45μm有机滤膜过滤，滤液用于进样分析。

空白样品：除不称取样品外，样品的空白按对应的产品的预处理方法进行处理。

3. 色谱条件

色谱柱：5%苯基-甲基聚硅氧烷石英毛细管柱，30m×0.25mm（i.d）×0.25μm，或其他等效色谱柱。

进样口温度：280℃。

检测器温度：280℃。

升温程序：初始柱温 60℃，保持 1min；以 20℃/min 升温至 220℃，保持 4.5min；再以 5℃/min 升温至 250℃，保持 1min；再以 15℃/min 升温至 290℃，保持 5min。

载气：氮气（体积分数≥99.999%），1.0mL/min。

进样方式：不分流进样。

进样量：1μL。

4. 样品检测

采用外标校正曲线法定量测定，以各邻苯二甲酸酯类化合物的系列标准溶液浓度为横坐标，对应的峰面积为纵坐标，建立标准曲线，将待测样品的峰面积代入标准曲线进行定量计算。

对于杂质干扰严重的样品或阳性结果，可采用本章第一节中的气相色谱-质谱联用法进行确证。

5. 结果计算

计算方法同本章第一节。

6. 检出限与定量限

采用该方法时，化妆品中邻苯二甲酸酯类化合物的检出限为 10.0mg/kg，定量限为 25.0mg/kg。

7. 备注

计算结果保留 3 位有效数字。

同一样品应进行二次平行试验，两次独立测定结果的绝对差值不得超过算术平均值的 15%。

第五篇　化妆品微生物检验方法

微生物作为地球上数量最多的生命体，与人类的生活和健康息息相关。化妆品中通常含有水分、油脂、多元醇等，高档化妆品还会添加蛋白质、小分子肽类、氨基酸、维生素以及各种植物的提取物等营养成分，这都为微生物的生长繁殖提供了理想的条件。当化妆品被微生物污染后，其外观、气味均会恶化，影响化妆品的质量，同时也会危害人体健康。因此，对化妆品进行微生物检验是很有必要的。化妆品相关微生物的分类如图 5-0-1 所示。

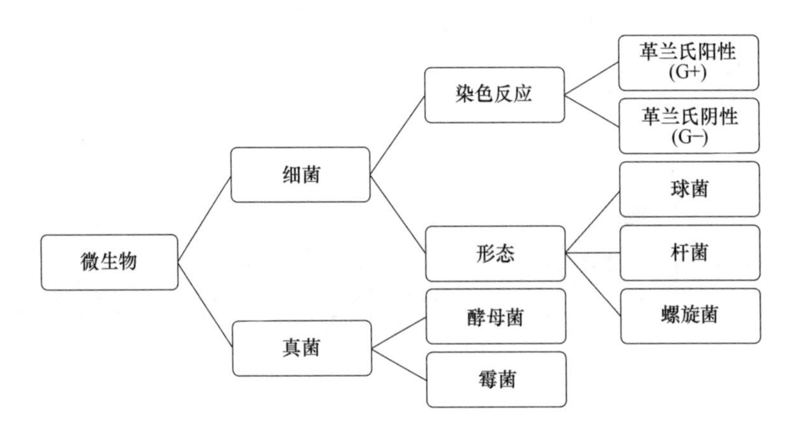

图 5-0-1　化妆品中微生物的分类

微生物具有种类繁多、繁殖速度快、分布广泛、易变异等特点。影响微生物生长繁殖的条件较多，如温度、pH、辐射、水含量和渗透压、空气组成、营养物质等。图 5-0-2 给出了温度对微生物生长的影响，并进行了分类。

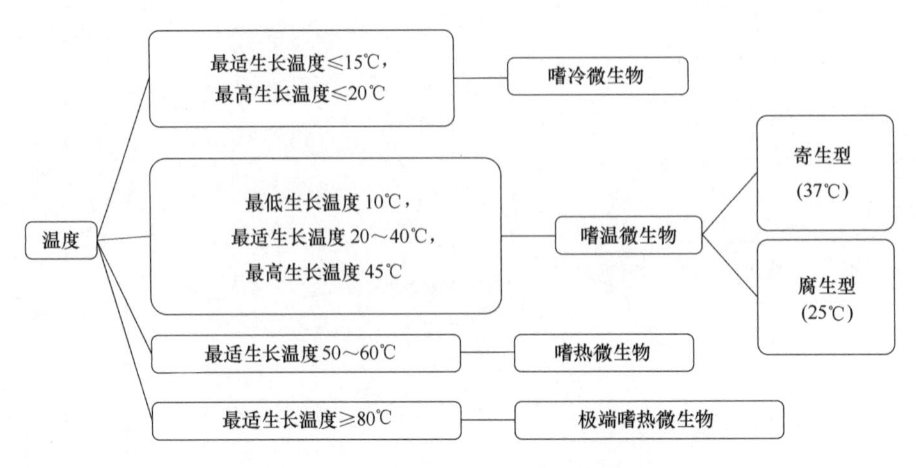

图 5-0-2　温度对微生物生长的影响

要阻止化妆品微生物的生长繁殖需要添加防腐剂，防腐剂抑制微生物生长的方法主要有3个方面：①破坏微生物细胞壁的结构或者抑制细胞壁组成物质的合成；②直接攻击细胞膜，使之受损；③防腐剂进入胞内抑制酶活性，干扰蛋白质合成或使蛋白质变性。化妆品用防腐剂必须具备如下特点：广谱、高效的抑制微生物生长的能力；化学性质稳定，对人体安全性高；油水分配系数低；价廉易得。

目前，我国化妆品安全技术规范对化妆品中的菌落总数和特殊致病菌种进行了限定，如表5-0-1所示。对眼部化妆品和口唇等黏膜用化妆品以及婴儿和儿童用化妆品的菌落总数要求比其他化妆品的菌落总数严格，对人体具有严重致病能力的耐热大肠菌群、铜绿假单胞菌和金黄色葡萄球菌均要求不得检出。

表5-0-1　　化妆品中微生物指标限值

微生物指标	菌落数 CFU/mL(g)	限定产品
菌落总数	≤500 ≤1000	眼部及口唇等黏膜用化妆品，婴儿和儿童用化妆品 其他化妆品
霉菌和酵母菌总数	≤100	
耐热大肠菌群	不得检出	
金黄色葡萄球菌	不得检出	
铜绿假单胞菌	不得检出	

第一章　微生物检验总则

第一节　样品采集及注意事项

（1）所采集的样品，应具有代表性，一般视每批化妆品的数量大小，随机抽取相应数量的包装单位。对同一批次整箱的产品，采取各部位抽取（四角＋中间；分上、中、下层；或上、中上、中、中下、下层；梅花点式等）的方法。检验时，应从不少于2个包装单位的取样中共取10g或10mL。包装量小于20g的样品，采样时可适当增加样品包装数量。

（2）供检样品，应严格保持原有的包装状态。容器不应有破裂，在检验前不得打开，防止样品被污染。

（3）接到样品后，应立即登记，编写检验序号，并按检验要求尽快检验。如不能及时检验，样品应置于室温阴凉干燥处，不要冷藏或冷冻。

（4）若只有一个样品而需同时做多种分析，如微生物、毒理、化学等，则宜先取出部分样品做微生物检验，再将剩余样品做其他分析。

（5）在检验过程中，从打开包装到全部检验操作结束，均需防止微生物的再污染和扩散，所用器皿及材料均应事先灭菌，产品包装的外表面在取样前也要灭菌，全部操作应在符合生物安全要求的实验室中进行。

第二节　供检样品的制备

1. 液体样品

（1）水溶性的液体样品，用灭菌吸管吸取 10mL 样品加到 90mL 灭菌生理盐水中，混匀后，制成 1∶10 检液。

（2）油性液体样品，取样品 10g，先加 5mL 灭菌液体石蜡混匀，再加 10mL 灭菌的吐温 80（聚山梨酯-80），在 40～44℃水浴中振荡混合 10min，加入灭菌的生理盐水 75mL（在 40～44℃水浴中预温），在 40～44℃水浴中乳化，制成 1∶10 的悬液。

2. 膏、霜、乳剂半固体状样品

（1）亲水性的样品：称取 10g，加到装有玻璃珠及 90mL 灭菌生理盐水的三角瓶中，充分振荡混匀，静置 15min。用其上清液作为 1∶10 的检液。

（2）疏水性样品：称取 10g，置于灭菌的研钵中，加 10mL 灭菌液体石蜡，研磨成黏稠状，再加入 10mL 灭菌吐温 80，研磨待溶解后，加 70mL 灭菌生理盐水，在 40～44℃水浴中充分混合，制成 1∶10 检液。

3. 固体样品

称取 10g，加到 90mL 灭菌生理盐水中，充分振荡混匀，使其分散混悬，静置后，取上清液作为 1∶10 的检液。

供检样品制备过程中，为了对半固体状和固体状样品进行快速均匀分散，会采用旋转式或拍击式均质器处理。使用均质器时，需要采用灭菌均质袋。将上述水溶性膏、霜、粉剂等，称 10g 样品加入 90mL 灭菌生理盐水，均质 1～2min。疏水性膏、霜及眉笔、口红等，称 10g 样品，加 10mL 灭菌液体石蜡，10mL 吐温 80，70mL 灭菌生理盐水，均质 3～5min。

第三节　个人防护和灭菌注意事项

1. 个人防护措施

任何个人在进入微生物实验室时均须佩戴防护口罩、手套和防护服、帽等。实验开始前对操作区域进行紫外辐照，操作开始前用 75%（体积分数）酒精擦拭工作区域，开启净风，然后点燃酒精灯或煤气灯。

2. 玻璃器皿的清洗与消毒

新购玻璃器皿先用水冲洗，再用 50g/L 碱水浸泡，器皿用酸中和后用水冲洗并烘干。已用于微生物实验的玻璃器皿，先采用高压灭菌 30min 或者常压下煮沸 1h 以上灭菌，随后除去培养基并用清洁剂洗刷，最后用水冲洗并烘干。

玻璃器皿使用前需要消毒，推荐采用湿热式高压灭菌法。灭菌前，玻璃培养皿按 10 套/包的规格用牛皮纸包扎并用皮筋捆扎；玻璃试管先用脱脂棉或硅胶塞塞住管口，以 8～10 支/组的规格用皮筋捆扎，每组上方也用牛皮纸包扎；三角烧瓶用硅胶塞塞住瓶口，瓶口用牛皮纸包扎；其他玻璃器皿如玻棒、针筒、刮棒等均用牛皮纸包扎。包扎好的玻璃器皿放入高压灭菌锅内，设置表压 1kgf（98kPa），消毒时间 45min。

注意：必须先将高压灭菌锅的空气彻底排净，表压达到 1kgf（98kPa）后开始记录消毒时间。

第四节　培养基的配制与灭菌

1. 培养基的配制

不同菌种所需的营养和生存环境不同，例如细菌能耐受的 pH 范围为 5.0～10.0（最适宜范围为 7.0～8.0），酵母菌能耐受的 pH 范围为 2.0～8.0（最适宜范围为 5.0～6.0），霉菌能耐受的 pH 范围为 1.5～10.0（最适宜范围为 5.0～6.0），所以针对不同菌种的培养和检测需要不同的培养基。培养基可分为通用型培养基和选择性培养基。通用型培养基可以为同一类型菌种提供共同的营养物质和所需的培养环境，选择性培养基则通过调节培养环境来抑制其他菌种，从而分离纯化出一种菌种。表 5-1-1 提供了一些常用的通用型液体培养基配方，化妆品监控菌种的选择性培养基见本章后续各节。

根据培养基的形态，可以将培养基分为液体培养基和固体培养基，固体培养基一般是在液体培养基的基础上添加 15～20g/L 的琼脂，加热溶解后再冷却使之凝固而得。含琼脂的培养基在高温溶解后在 45℃以上的环境中可以保持液态，常用于一些微生物实验操作过程。

2. 培养基的灭菌

将已配制好的培养基按需求分装于试管或三角烧瓶中（不建议预先分装于培养皿中）。培养基在试管中的高度一般不超过 1/5，在三角烧瓶中的体积一般不超过 1/2。包扎方法同玻璃器皿的包扎方法。

表 5-1-1　　常用液体培养基配方

培养基	配方	适用菌种
牛肉膏-蛋白胨培养基	蛋白胨 10g/L，牛肉膏 5g/L，氯化钠 5g/L，pH=7.2	细菌
海伊达克培养基	蔗糖 100g/L，磷酸二氢钾 1g/L，天门冬氨酸 2.5g/L，硫酸镁 3g/L	酵母菌
沙堡葡萄糖培养基	蛋白胨 10g/L，葡萄糖 40g/L，pH=5.6	酵母菌
马铃薯培养基	马铃薯浸出液 200g/L，葡萄糖 20g/L，pH=5.0	霉菌
改良马丁培养基	蛋白胨 5g/L，磷酸二氢钾 1g/L，酵母浸出粉 2g/L，硫酸镁 0.5g/L，葡萄糖 20g/L，pH=6.4	酵母菌、霉菌
麦芽汁培养基	麦芽汁* 5°Bé(9 勃力克斯)，pH=5.0	酵母菌、霉菌

注：* 大麦芽粉 1kg 加水 3L，于 60℃下恒温使之糖化，至液体不再呈现淀粉-碘显色反应为止。过滤后加 2～3 个鸡蛋清用于澄清麦芽汁，搅拌均匀并煮沸，再次过滤。滤液加水稀释至所需浓度，可通过查询波美度表或勃力克斯表获得。或者可采用波美计进行检测和计算，例如在 15℃下，采用波美计（重表）测试时，波美度与相对密度的关系式为：

$$d(15℃/15℃)=\frac{144.3}{144.3-°Bé}$$

培养基的灭菌方法同样推荐湿热式高压灭菌法，设置表压 1kgf（98kPa），消毒时间 20～30min。同样需要注意必须先将高压灭菌锅的空气彻底排净，表压达到 1kgf（98kPa）后开始记录消毒时间。当培养基中含葡萄糖量较高时，应设法降低压力并延长灭菌时间，或在 1kgf（98kPa）下缩短灭菌时间，以减少葡萄糖分解以及美拉德反应的发生。此外，也可以分出部分水用于单独配制葡萄糖溶液，使之与其他培养基组分分开，独立灭菌，灭菌完毕后将两者在无菌环境下混合。

培养基灭菌完毕后，应等待高压灭菌锅恢复至常压后才能开锅并取出培养基进行冷却。此时，可将尚处于液态的固体培养基倾泻入已灭菌的培养皿中，冷却至室温后即可实现对培养皿中培养基的分装。对于需要一定形状的培养基，可以在凝固前按所需做成一定的角度，如试管斜面培养基，一般是用一根粗玻棒将试管口垫高并冷却即可。

第五节　微生物接种和分离

一、微生物接种方法

微生物的接种技术在微生物的分离、纯化、鉴定等方面有着非常广泛的应用。接种方法主要有斜面接种、穿刺接种和三点接种等。

（一）斜面接种

斜面接种是从一个菌种完全生长的斜面培养基上挑取部分菌种，并转移到一个全新的无菌斜面培养基上的接种方法。具体操作方法如下：

（1）一手同时握住含菌斜面培养基试管和无菌斜面培养基试管，将两个斜面培养基试管口连塞一起在火焰处略加热灭菌，保持试管接近水平且管口略朝上；

（2）另一手取金属接种环，将金属丝环在火焰上烧红灭菌，同时将接种环可能伸入试管的部分也用火焰灭菌；

（3）用持环手取下两试管的塞子，并将两试管口在火焰上略加热灭菌；

（4）接种环伸入含菌斜面培养基试管前段，接触前段培养基进行冷却；

（5）随后将接种环伸入含菌斜面培养基中段，轻轻挑取少量菌种，再将接种环移出；

（6）将沾有菌种的接种环伸入至无菌斜面培养基试管末段，将接种环轻贴培养基，从末段开始向前段作Z形运动进行划线，划动过程中，菌种将掉落并附着于培养基上；

（7）将两个试管口在火焰上略加热灭菌，塞上塞子，随即继续在火焰上略加热灭菌；

（8）将接种环在火焰上烧红灭菌，并将伸入试管部分同样用火焰进行灭菌。

斜面接种法同样适用于从液体含菌培养基中取样接种，方法与上述过程相似。

（二）穿刺接种

穿刺接种是指从菌种斜面上挑取少量菌种并用接种针穿刺引入固体培养基内部的接种方法。穿刺接种法可用于培养细菌和酵母菌，也可以用来检验细菌的运动能力。具体操作方法如下：

（1）一手同时握住含菌斜面培养基试管和无菌培养基试管，其中无菌培养基试管不作斜面处理，将两个试管口连塞一起在火焰处略加热灭菌；

（2）另一手取金属接种针，将金属针在火焰上烧红灭菌，同时将接种针可能伸入试管的部分也用火焰灭菌；

（3）用持针手取下两试管的塞子，并将两试管口在火焰上略加热灭菌；

（4）接种针伸入含菌斜面培养基试管前段，接触前段培养基进行冷却；

（5）随后将接种针伸入含菌斜面培养基中段，轻轻挑取少量菌种，再将接种针移出；

（6）将含菌斜面培养基试管口在火焰上略加热灭菌，塞上塞子，随即继续在火焰上略加热灭菌，放在试管架上；

（7）将无菌培养基试管口朝下，接种针朝上从培养基表面中心处竖直刺入直至底部，随后迅速拔出；

（8）将试管口在火焰上略加热灭菌，塞上塞子，随即继续在火焰上略加热灭菌，放在试管架上；

（9）将接种针在火焰上烧红灭菌，并将伸入试管部分同样用火焰进行灭菌。

（三）三点接种

三点接种是指从菌种斜面上挑取少量菌种并用接种针接种，在固体培养基表面形成等边三角形菌落分布的接种方法。三点接种法主要用于培养单菌落；固体培养基浇筑于培养皿中，往往用于培养霉菌，方便观察霉菌的菌丝和子实体等。具体操作方法如下：

（1）一手握住含菌斜面培养基试管，将试管口连塞一起在火焰处略加热灭菌；

（2）另一手取金属接种针，将金属针在火焰上烧红灭菌；

（3）打开含无菌培养基的培养皿，在平板边缘用培养基冷却接种针；

（4）拔出含菌斜面培养基试管的塞子，接种针伸入试管，用针尖蘸取少量菌落孢子；

（5）随后将接种针竖直与平板接触，形成等边三角形的三个顶点，注意不可刺破培养基；

（6）将含菌斜面培养基试管口在火焰上略加热灭菌，塞上塞子，随即继续在火焰上略加热灭菌，放在试管架上；

（7）将接种针在火焰上烧红灭菌。

二、微生物分离方法

实际产品中的微生物种类复杂，将微生物（尤其是化妆品监控菌种）进行分离提纯非常重要。常用的菌种分离方法主要有稀释平板法和划线分离法，其基本原理相似，即将含菌样品用生理盐水对数稀释若干次，将稀释样品接种至合适的培养基上，使得局部区域内只含一个或极少量活菌，随后令菌种繁殖形成纯种菌落。

（一）稀释平板法

稀释平板法在含固体培养基的培养皿上操作，需要准备无菌生理盐水、一次性无菌滴管、灭菌玻璃试管和玻璃培养皿、灭菌固体培养基等。具体操作方法如下：

（1）准备所需固体培养基，高压灭菌后冷却至接近45℃时，保存于45℃恒温水浴中。注意，琼脂称量过多或灭菌过程培养基水分挥发均会导致培养基在45℃时即开始凝固。

（2）将无菌生理盐水分装入多个无菌试管中，每管装9mL，并编号。

（3）样品按对数稀释法进行稀释：将含菌样品试管（菌液）用手轻轻振荡，使其混合均匀，管口在火焰上略加热后取塞，用一支1mL无菌滴管伸入液面以下反复吹吸数次，然后吸取1mL菌液注入1#无菌生理盐水试管中。含菌样品试管管口在火焰上略加热后加塞静置一旁。

（4）取一支新的无菌滴管，伸入1#试管液面以下反复吹吸数次，然后吸取1mL菌液注入2#无菌生理盐水试管中。1#试管管口在火焰上略加热后加塞静置一旁。以此类推，直至8#试管为止。此时，相邻两管之间的菌数均相差10倍。

（5）用新的无菌滴管分别吸取 6#、7#、8# 试管液体 1mL 注入 3 个灭菌培养皿中并编号，随后倒入 45℃培养基，以铺满皿底为限，立即晃动培养皿使菌液和培养基混合均匀，静置使培养基自然冷却并凝固。

（6）培养皿倒置在所需温度的恒温箱中培养，观察分离结果。

由于菌液和培养基共同混匀的关系，部分菌落将被掩埋于培养基内部，不方便最后挑取菌落。因此，可以对稀释平板法略作修改，即将培养基冷却凝固后吸取菌液注入培养皿表面，随后用火焰灭菌的金属或玻璃涂布棒将菌液涂布均匀。培养后，所有菌落将只生长于培养基表面，方便挑选菌种。

（二）划线分离法

划线分离法同样在含固体培养基的培养皿上操作，采用接种环在培养基表面进行分区划线，实现多次“由点到线”的稀释，最终获得单一菌落。具体操作方法如下：

（1）将接种环在火焰上烧红灭菌，冷却后伸入斜面培养基挑取菌种或浸入液体培养基蘸取菌悬液；

（2）将已制备好的灭菌固体培养基培养皿拿起并尽量与工作台面相垂直，用接种环在培养皿上划 3～5 条平行线，以平行线所在区域为 A 区，随后将接种环在火焰上烧红灭菌；

（3）接种环冷却后，将培养皿旋转 60°，用接种环从 A 区出发继续划平行线，这些平行线与 A 区平行线相交，夹角约为 120°，该区域为 B 区；

（4）按相同方法，从 B 区出发划多条平行线组成 C 区，再从 C 区出发划出 D 区，D 区与 A 区相邻，但平行线不得相交。

必须注意：每个区域划线之前都必须将接种环用火焰灭菌并冷却使用；接种环与固体培养基之间接触角度要小，不可用力过度，以免划破培养基表面。

第六节　微生物的初步鉴定——革兰氏染色法

1. 染液的制备

（1）结晶紫（甲紫、龙胆紫）染色液

称取结晶紫 1g，溶于 20mL 95%（体积分数）乙醇中，随后与 80mL 10g/L 草酸铵水溶液混合均匀。

（2）革兰氏碘液

称取碘 1g 和碘化钾 2g，将粉末混匀，加入少许蒸馏水，充分振摇，待完全溶解后，再加蒸馏水至 300mL。

（3）脱色液：95%（体积分数）乙醇。

（4）复染液

① 沙黄复染液：将 0.25g 沙黄溶于 10mL 95%（体积分数）乙醇中，再加入 90mL 蒸馏水稀释。

② 稀石碳酸（苯酚）复红液：称取碱性复红（碱性品红）10g，研细，加 95%（体积分数）乙醇 100mL，放置过夜，滤纸过滤。取该液 10mL，加 50g/L 石碳酸水溶液 90mL 混合，即为石碳酸复红液。再取此液 10mL 加水 90mL，即为稀石碳酸复红液。

2. 染色方法

① 试样涂于载玻片上，将涂片底部置于酒精灯火焰上微热，使菌落固定，随后滴加结晶紫染色液染色 1min，水洗。

② 滴加革兰氏碘液，作用 1min，水洗。

③ 滴加 95%（体积分数）乙醇脱色，作用时间约 30s，水洗。或者将乙醇滴满整个涂片，立即倾去，再用乙醇滴满整个涂片，脱色 10s，水洗。

④ 滴加沙黄复染液，复染 1min，水洗，待干，镜检。采用稀释苯酚复红染色液复染时，复染时间仅需 10s。

3. 染色结果

革兰氏阳性菌呈紫色，革兰氏阴性菌呈红色。

第二章　菌落总数检测方法

菌落总数是指化妆品检样经过处理，在一定条件下（如培养基成分、培养温度、培养时间、pH 值、需氧性质等）培养后，1g 或 1mL 检样中所含菌落的总数。所得结果只包括本方法规定的条件下生长的嗜中温的需氧性和兼性厌氧菌落总数。测定菌落总数的目的在于判断样品被细菌污染的程度，是对样品进行卫生学总评价的综合依据。

第一节　培养基的配制

化妆品安全技术规范选用的平板计数培养基为卵磷脂、吐温 80-营养琼脂培养基。其配方见表 5-2-1。

表 5-2-1　　卵磷脂、吐温 80-营养琼脂培养基

原料	用量	原料	用量
蛋白胨	20g	卵磷脂	1g
牛肉浸膏	3g	氯化三苯四氮唑(TTC)	10～50mg
氯化钠	5g	琼脂	15g
吐温 80	7g	蒸馏水	1L

配制方法：先将卵磷脂加到少量蒸馏水中，加热溶解，再加入吐温 80。将其他成分（除琼脂外）溶于其余的蒸馏水中，加入已溶解的卵磷脂和吐温 80，混匀，调 pH 至 7.1～7.4，加入琼脂，121℃高压灭菌 20min。

第二节　操 作 步 骤

（1）样品按对数稀释法进行稀释，正常样品的稀释度达到 10^{-3} 即可，明显腐败变质的样品其稀释度应增加。随后用一次性灭菌吸管吸取样品稀释液 2～3mL，分别注入到 2～3 个灭菌平皿内，每皿 1mL。

（2）与稀释平板法的操作类似，将融化并冷却至 45℃的培养基倾注到含有样品稀释液的培养皿内，每皿 15～20mL，随即轻轻振荡平皿，使样品与培养基充分混合均匀。待琼脂凝固后，将培养皿倒置，在（36±1）℃培养箱内培养（48±2）h。

（3）同时，另取一个不加样品的灭菌培养皿，加入 15～20mL 液化的培养基，待琼脂凝固后，倒置培养皿，在（36±1）℃培养箱内培养（48±2）h，为空白对照。

（4）在培养基中加入 0.01～0.05g/L 的 TTC 有助于区别化妆品中的颗粒与菌落，如有活细菌存在时，培养后菌落呈红色，而化妆品的颗粒颜色无变化。

第三节 菌落计数方法

先用肉眼观察，点数菌落数，然后用 5～10 倍的放大镜检查，以防遗漏。记下各培养皿的菌落数后，求出同一稀释度各培养皿生长的平均菌落数。若平皿中有连成片状的菌落或花点样菌落蔓延生长时，该平皿不宜计数。若片状菌落不到平皿中的 1/2，而其余 1/2 中菌落数分布又很均匀，则可将此半个平皿菌落计数后乘以 2，以代表全皿菌落数。

第四节 菌落计数结果和报告

（1）首先选取平均菌落数在 30～300 的平皿，作为菌落总数测定的范围。当只有一个稀释度的平均菌落数符合此范围时，即以该平皿菌落数乘其稀释倍数报告之。

（2）若有两个稀释度，其平均菌落数均在 30～300，则应求出两菌落总数之比值来决定，若其比值小于或等于 2，应报告其平均数，若比值大于 2 则以其中稀释度较低的平皿的菌落数报告之。

（3）若所有稀释度的平均菌落数均大于 300，则应按稀释度最高的平均菌落数乘以稀释倍数报告之。

（4）若所有稀释度的平均菌落数均小于 30，则应按稀释度最低的平均菌落数乘以稀释倍数报告之。

（5）若所有稀释度的平均菌落数均不在 30～300，其中一个稀释度大于 300，而相邻的另一稀释度小于 30 时，则以接近 30 或 300 的平均菌落数乘以稀释倍数报告之。

（6）若所有的稀释度均无菌生长，报告数为每克或每毫升小于 10CFU。

（7）菌落计数的报告，菌落数在 10 以内时，按实有数值报告之，大于 100 时，采用 2 位有效数字，在 2 位有效数字后面的数值，应以四舍五入法计算。为了缩短数字后面零的个数，可用 10 的指数来表示。在报告菌落数为“不可计”时，应注明样品的稀释度。

（8）按质量取样的样品以 CFU/g 为单位报告；按体积取样的样品以 CFU/mL 为单位报告。

第五节 相 关 事 项

（1）卵磷脂和吐温 80 在培养基中主要以表面活性剂增溶的形式对样品中原有的防腐剂进行中和。

（2）卡松类防腐剂可以采用半胱氨酸中和。

（3）TTC 用量过高时起抑菌作用。

（4）菌落稀释后，尽快进行铺板，防止菌种因缺少营养而死亡。

（5）对易发生菌落在培养基表面蔓延生长情况的样品，可以待原培养基凝固后，再在其表面浇筑一薄层 45℃的相同培养基进行覆盖。

（6）当两个连续稀释度的平板菌落数在适宜计数范围内时，也可参考 GB 4789.2—2016《食品安全国家标准 食品微生物学检验 菌落总数测定》提供的计算公式计算：

$$N=\frac{\sum C}{(n_1+0.1n_2)d} \tag{5-2-1}$$

式中　N——样品菌落数；

$\sum C$——平板菌落数之和；

n_1——第一稀释度平板的个数；

n_2——第二稀释度平板的个数；

d——第一稀释度的稀释因子。

第三章　耐热大肠菌群检测方法

耐热大肠菌群（thermotolerant coliform bacteria）是一群需氧及兼性厌氧革兰氏阴性无芽孢杆菌，在44.5℃培养24～48h能发酵乳糖产酸并产气。该菌主要来自人和温血动物粪便，可作为粪便污染指标来评价化妆品的卫生质量，推断化妆品中有无污染肠道致病菌。其分析策略如图5-3-1所示。

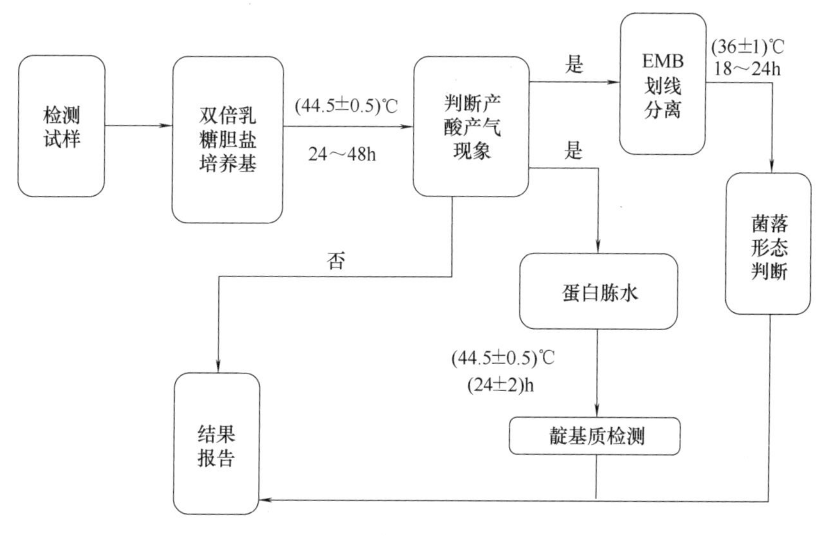

图5-3-1　耐热大肠菌群鉴定流程

第一节　培养基的配制

1. 双倍乳糖胆盐（含中和剂）培养基

双倍乳糖胆盐培养基制作原料及用量如表5-3-1所示。

表5-3-1　　双倍乳糖胆盐培养基

原料	用量	原料	用量
蛋白胨	40g	卵磷脂	2g
猪胆盐	10g	4g/L溴甲酚紫水溶液	5mL
乳糖	10g	蒸馏水	1L
吐温80	14g		

制法：将卵磷脂、吐温80溶解到少量蒸馏水中。将蛋白胨、胆盐及乳糖溶解到其余的蒸馏水中，加到一起混匀，调pH到7.4，加入4g/L溴甲酚紫水溶液，混匀，分装试管，每管10mL（每支试管中加一个小倒管）。115℃高压灭菌20min。

2. 伊红美蓝（EMB）琼脂培养基

伊红美蓝琼脂培养基制作原料及用量如表5-3-2所示。

表5-3-2　　伊红美蓝琼脂培养基

原料	用量	原料	用量
蛋白胨	10g	20g/L伊红水溶液	20mL
乳糖	10g	5g/L美蓝水溶液	13mL
磷酸氢二钾	2g	蒸馏水	1L
琼脂	20g		

制法：先将琼脂加到900mL蒸馏水中，加热溶解，然后加入磷酸氢二钾和蛋白胨，混匀，使之溶解。再以蒸馏水补足至1L。校正pH值为7.2～7.4，分装于三角瓶内，121℃高压灭菌15min备用。临用时加入乳糖并加热融化琼脂。冷却至60℃左右，无菌操作加入灭菌的伊红、美蓝溶液，摇匀。倾注平皿备用。

3. 蛋白胨水（作靛基质试验用）

成分：蛋白胨或胰蛋白胨20g，氯化钠5g，蒸馏水1L。

制法：将上述成分加热融化，调pH为7.0～7.2，分装小试管，121℃下高压灭菌15min。

4. 靛基质试剂

柯凡克试剂：将5g对二甲氨基苯甲醛溶解于75mL戊醇中，然后缓慢加入25mL浓盐酸中。

试验方法：接种细菌于蛋白胨水中，于（44.5±0.5）℃培养（24±2）h。沿管壁加柯凡克试剂0.3～0.5mL，轻摇试管。阳性者于试剂层显深玫瑰红色。

注意：蛋白胨必须含有丰富的色氨酸，每一批次蛋白胨应先用已知菌种鉴定后方可使用。

第二节　操作步骤

（1）取10mL 1∶10稀释的检液，加到10mL双倍乳糖胆盐（含中和剂）培养基中，置（44.5±0.5）℃培养箱中培养24h，如既不产酸也不产气，继续培养至48h，如果仍然既不产酸也不产气，则报告为耐热大肠菌群阴性。

（2）如产酸产气，划线接种到EMB上，置（36±1）℃培养18～24h。同时取该培养液1～2滴接种到蛋白胨水中，置（44.5±0.5）℃培养（24±2）h。

（3）经培养后，在上述平板上观察有无典型菌落生长。耐热大肠菌群在EMB上的典型菌落呈深紫黑色，圆形，边缘整齐，表面光滑湿润，常具有金属光泽。也有的典型菌落呈紫黑色，不带或略带金属光泽；此外还可能存在整体呈粉紫色，中心颜色较深的菌落，亦常为耐热大肠菌群，应注意挑选。

（4）挑取上述可疑菌落，涂片作革兰氏染色镜检。

（5）在蛋白胨水培养液中，加入靛基质试剂约0.5mL，观察靛基质反应。阳性者液面呈玫瑰红色，阴性反应液面呈试剂本色。

第三节　检验结果报告

根据发酵乳糖产酸产气，平板上有典型菌落，并经证实为革兰氏阴性短杆菌，靛基质试验阳性，则可报告被检样品中检出耐热大肠菌群。

第四章　金黄色葡萄球菌检测方法

金黄色葡萄球菌（*Staphylococcus aureus*）为革兰氏阳性球菌，是造成人体感染的主要菌种之一，呈葡萄状排列，无芽孢，无荚膜，能分解甘露醇，血浆凝固酶阳性。其分析策略如图 5-4-1 所示。

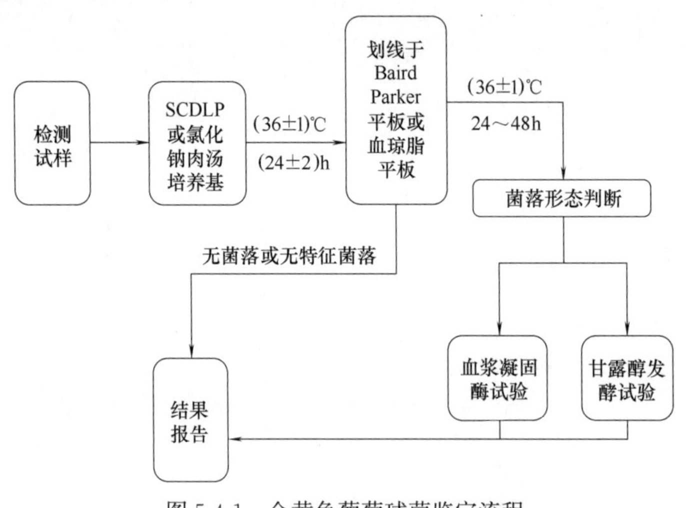

图 5-4-1　金黄色葡萄球菌鉴定流程

第一节　培养基的配制

1. SCDLP 液体培养基

SCDLP 培养基的制作原料及用量如表 5-4-1 所示。

表 5-4-1　SCDLP 培养基

原料	用量	原料	用量
酪蛋白胨	17g	卵磷脂	1g
大豆蛋白胨	3g	磷酸氢二钾	2.5g
氯化钠	5g	葡萄糖	2.5g
吐温 80	7g	蒸馏水	1L

配制方法：先将卵磷脂加到少量蒸馏水中，加热溶解，再加入吐温 80。将其他成分溶于其余的蒸馏水中，加入已溶解的卵磷脂和吐温 80，混匀，调 pH 至 7.2～7.3，121℃高压灭菌 20min。

2. 营养肉汤培养基

称取蛋白胨 10g，牛肉浸膏 3g，氯化钠 5g，置于烧杯中，加适量蒸馏水，加热溶解后再加蒸馏水补足至 1L，调 pH 至 7.4，分装，121℃下高压灭菌 15min。

3. 75g/L 的氯化钠肉汤

称取蛋白胨 10g，牛肉膏 3g，氯化钠 75g，置于烧杯中，加适量蒸馏水，加热溶解后再加蒸馏水补足至 1L，调 pH 至 7.4，分装，121℃下高压灭菌 15min。

4. Baird Parker 平板

Baird Parker 平板培养基的制作原料及用量如表 5-4-2 所示。

表 5-4-2　Baird Parker 平板培养基

原料	用量	原料	用量
胰蛋白胨	10g	甘氨酸	12g
牛肉膏	5g	六水合氯化锂	5g
酵母浸膏	1g	琼脂	20g
丙酮酸钠	10g	蒸馏水	950mL

制法：将各成分加到蒸馏水中，加热煮沸完全溶解，冷至（25±1)℃，校正 pH 为 7.0±0.2。分装于三角烧瓶中，每瓶 95mL，121℃下高压灭菌 15min。同时配制卵黄亚碲酸钾增菌剂（300g/L 卵黄盐水 50mL 与除菌过滤的 10g/L 亚碲酸钾溶液 10mL 混合，保存于冰箱内)。临用时加热熔化琼脂，每 95mL 加入预热至 50℃左右的增菌剂 5mL，摇匀后倾注平板。培养基表观应是致密不透明的，且使用前在冰箱贮存不得超过（48±2）h。

5. 血琼脂培养基

将营养琼脂培养基加热熔化后量取 100mL，待冷至 50℃左右无菌操作加入无菌脱纤维羊血（或兔血）10mL，摇匀，制成平板，置冰箱内备用。

6. 甘露醇发酵培养基

甘露醇发酵培养基的制作原料及用量如表 5-4-3 所示。

表 5-4-3　甘露醇发酵培养基

原料	用量	原料	用量
蛋白胨	10g	甘露醇	10g
牛肉膏	5g	2g/L 麝香草酚蓝溶液	12mL
氯化钠	5g	蒸馏水	1L

制法：将蛋白胨、氯化钠、牛肉膏加到蒸馏水中，加热溶解，调 pH 至 7.4，加入甘露醇和麝香草酚蓝，混匀后分装试管中。在 68.95kPa，115℃环境下 20min 灭菌备用。

7. 兔（人）血浆

取 38g/L 柠檬酸钠溶液，121℃下高压灭菌 30min，每份加兔（人）全血 4 份，混匀静置；2000～3000r/min 离心 3～5min。血球下沉，取上层血浆。

第二节　操作步骤

(1) 增菌培养：取 1∶10 稀释的样品 10mL 接种到 90mL SCDLP 液体培养基中，置(36±1)℃培养箱，培养（24±2）h。无 SCDLP 培养基时，也可用 75g/L 氯化钠肉汤，高浓度氯化钠不抑制金黄色葡萄球菌的生长。

(2) 分离：用接种环从上述增菌培养液中取菌悬液，划线接种在 Baird Parker 平板培养基上，置（36±1)℃培养 48h。菌落呈圆形，光滑，凸起，湿润，颜色呈灰色到黑色，边缘为淡色，周围为一混浊带，在其外层有一透明带。用接种针接触菌落似有奶油树胶的软度。偶然会遇到非脂肪溶解的类似菌落，但无混浊带及透明带。如无 Baird Parker 平板培养基，可改用血琼脂平板培养基。在血琼脂平板上菌落呈金黄色，圆形，不透明，表面光滑，周围有溶血圈。纯种菌落可以在新的血琼脂平板上继续培养，置（36±1)℃培养（24±2）h。

（3）染色镜检：挑取分离纯化后的菌落，涂片，进行革兰氏染色，镜检。金黄色葡萄球菌为革兰氏阳性菌，排列成葡萄状，无芽孢，无荚膜；致病性葡萄球菌菌体较小，直径约为 0.5～1μm。

（4）甘露醇发酵试验：取分离纯化的菌落接种到甘露醇发酵培养基中，在培养基液面上加入高度为 2～3mm 的灭菌液体石蜡，置（36±1)℃培养（24±2）h，金黄色葡萄球菌应能发酵甘露醇产酸。

（5）血浆凝固酶试验：吸取本章第一节中制备的兔（人）血浆 0.5mL，置于灭菌小试管中，加入待检菌（24±2）h 营养肉汤培养物 0.5mL。混匀，置（36±1)℃恒温箱或恒温水浴中，每半小时观察一次，6h 之内如呈现凝块即为阳性。同时取已知血浆凝固酶阳性和阴性菌株的肉汤培养物及肉汤培养基各 0.5mL，分别加入无菌兔（人）血浆 0.5mL，混匀，作为对照。

第三节　检验结果报告

凡在上述选择平板上有可疑菌落生长，经染色镜检，证明为革兰氏阳性葡萄球菌，并能发酵甘露醇产酸，血浆凝固酶试验阳性者，可报告被检样品检出金黄色葡萄球菌。

第五章　铜绿假单胞菌检测方法

铜绿假单胞菌（*Pseudomonas aeruginosa*），属于假单胞菌属，为革兰氏阴性杆菌，氧化酶阳性，能产生绿脓菌素。此外还能液化明胶，还原硝酸盐为亚硝酸盐，在（42±1)℃条件下能生长。其分析策略如图 5-5-1 所示。

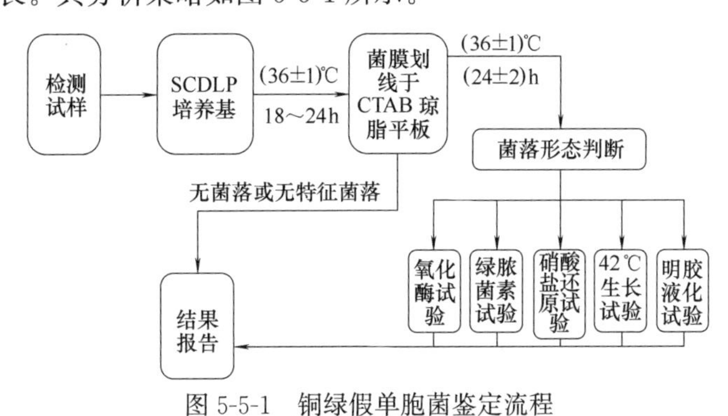

图 5-5-1　铜绿假单胞菌鉴定流程

第一节　培养基的配制

1. SCDLP 液体培养基

SCDLP 液体培养基的配制方法见本篇第四章第一节。

2. 十六烷基三甲基溴化铵培养基

十六烷基三甲基溴化铵培养基的制作原料及用量如表 5-5-1 所示。

表 5-5-1　　十六烷基三甲基溴化铵培养基

原料	用量	原料	用量
蛋白胨	10g	十六烷基三甲基溴化铵	0.3g
牛肉膏	3g	琼脂	20g
氯化钠	5g	蒸馏水	1L

制法：除琼脂外，将上述成分混合加热溶解，调 pH 为 7.4～7.6，加入琼脂，115℃下高压灭菌 20min 后，制成平板备用。

3. 乙酰胺培养基

乙酰胺培养基的制作原料及用量如表 5-5-2 所示。

表 5-5-2　　乙酰胺培养基

原料	用量	原料	用量
乙酰胺	10g	七水合硫酸镁	0.5g
氯化钠	5g	酚红	0.012g
无水磷酸氢二钾	1.39g	琼脂	20g
无水磷酸二氢钾	0.73g	蒸馏水	950mL

制法：除琼脂和酚红外，将其他成分加到蒸馏水中，加热溶解，调 pH＝7.2，再加入琼脂、酚红，121℃高压灭菌 20min 后，制成平板备用。

4. 绿脓菌素测定用培养基

绿脓菌素测定用培养基的制作原料及用量如表 5-5-3 所示。

表 5-5-3　绿脓菌素测定用培养基

原料	用量	原料	用量
蛋白胨	20g	甘油	10g
氯化镁	1.4g	琼脂	18g
硫酸钾	10g	蒸馏水	1L

制法：将蛋白胨、氯化镁和硫酸钾加到蒸馏水中，加温使其溶解，调 pH 至 7.4，加入琼脂和甘油，加热溶解，分装于试管内，115℃下高压灭菌 20min 后，制成斜面备用。

5. 明胶培养基

称取牛肉膏 3g，蛋白胨 5g，明胶 120g，加蒸馏水 1L，浸泡 20min，然后加温并搅拌使之溶解，调 pH 至 7.4，分装于试管内，经 115℃高压灭菌 20min 后，直立冷却凝固制成具有一定高度的固体培养基备用。

6. 硝酸盐蛋白胨水培养基

称取蛋白胨 10g，酵母浸膏 3g，加入 1L 蒸馏水中，加热使之溶解，调 pH 至 7.2。煮沸过滤后补足液体体积，加入硝酸钾 2g 和亚硝酸钠 0.5g，溶解混匀，分装到加有小倒管的试管中，115℃下高压灭菌 20min 后备用。

7. 普通琼脂斜面培养基

称取蛋白胨 10g，牛肉膏 3g，氯化钠 5g，溶于 1L 蒸馏水中，调 pH 为 7.2～7.4。随后加入琼脂 15g，加热溶解，分装试管，121℃下高压灭菌 20min 后，制成斜面备用。

第二节　操作步骤

（1）增菌培养：取 1：10 样品稀释液 10mL 加到 90mL SCDLP 液体培养基中，置(36±1)℃培养 18～24h。如有铜绿假单胞菌生长，培养液表面有一层薄菌膜，培养液常呈黄绿色或蓝绿色。

（2）分离培养：从增菌培养液的薄膜处挑取培养物，划线接种在十六烷三甲基溴化铵琼脂平板上，置（36±1)℃培养 18～24h。凡铜绿假单胞菌在此培养基上，其菌落扁平无定型，向周边扩散或略有蔓延，表面湿润，菌落呈灰白色，菌落周围培养基常扩散有水溶性色素。

在缺乏十六烷三甲基溴化铵培养基时也可用乙酰胺培养基进行分离，将菌液划线接种于平板上，置（36±1)℃培养（24±2）h，铜绿假单胞菌在此培养基上生长良好，菌落扁平，边缘不整，菌落周围培养基呈红色，其他菌不生长。

（3）染色镜检：挑取可疑的菌落，涂片，革兰氏染色，镜检为革兰氏阴性者应进行氧化酶试验。

（4）氧化酶试验：取一小块洁净的白色滤纸片置于灭菌平皿内，用无菌玻璃棒挑取铜绿假单胞菌可疑菌落涂在滤纸片上，然后在其上滴加一滴新配制的 10g/L 二甲基对苯二胺试液，在 15～30s，出现粉红色或紫红色时，为氧化酶试验阳性；若培养物不变色，为氧化酶试验阴性。

（5）绿脓菌素试验：取可疑菌落 2～3 个，分别接种在绿脓菌素测定培养基上，置（36±1)℃培养（24±2）h，加入氯仿 3～5mL，充分振荡使培养物中的绿脓菌素溶解于氯仿液内，待氯仿提取液呈蓝色时，用吸管将氯仿移到另一试管中并加入 1mol/L 的盐酸 1mL 左右，振荡后，静置片刻。如上层盐酸液内出现粉红色到紫红色为阳性，表示被检物中有绿脓菌素存在。

（6）硝酸盐还原产气试验：挑取可疑的铜绿假单胞菌纯培养物，接种在硝酸盐蛋白胨水培养基中，置（36±1)℃培养（24±2）h，观察结果。凡在硝酸盐蛋白胨水培养基内的小倒管中产生气泡者，即为阳性，表明该菌能还原硝酸盐，并将亚硝酸盐分解产生氮气。

（7）明胶液化试验：取铜绿假单胞菌可疑菌落的纯培养物，穿刺接种在明胶培养基内，置（36±1)℃培养（24±2）h，取出放置于（4±2)℃冰箱 10～30min，如仍呈溶解状或表面溶解即为明胶液化试验阳性；如凝固不溶为阴性。

（8）42℃生长试验：挑取可疑的铜绿假单胞菌纯培养物，接种在普通琼脂斜面培养基上，置于（42±1)℃培养箱中，培养 24～48h，如铜绿假单胞菌能生长，为阳性，而近似的荧光假单胞菌则不能生长。

第三节　检验结果报告

（1）被检样品经增菌分离培养后，经证实为革兰氏阴性杆菌，氧化酶及绿脓菌素试验皆为阳性者，即可报告被检样品中检出铜绿假单胞菌；

（2）如绿脓菌素试验阴性，但液化明胶、硝酸盐还原产气和 42℃生长试验三者皆为阳性时，仍可报告被检样品中检出铜绿假单胞菌。

第六章　霉菌和酵母菌检测方法

第一节　培养基的配制

虎红培养基的配制原料和用量如表 5-6-1 所示。

表 5-6-1　　虎红培养基

原料	用量	原料	用量
蛋白胨	5g	1/3000 虎红溶液	100mL
葡萄糖	10g	氯霉素	100mg
无水磷酸二氢钾	1g	琼脂	20g
七水合硫酸镁	0.5g	蒸馏水	至 1L

制法：将除虎红之外的上述各成分加入蒸馏水中加热溶解，再加入虎红溶液，混匀。分装后，121℃下高压灭菌 20min。另用少量乙醇溶解氯霉素，过滤后加入液态的培养基中混匀。若无氯霉素，使用时每 1L 培养基中加链霉素 30mg。

第二节　操 作 步 骤

（1）取 1∶10，1∶100，1∶1000 的样品稀释液各 1mL 分别注入灭菌平皿内，每个稀释度各用 2 个平皿，注入熔化并冷至（45±1)℃的虎红培养基，充分摇匀。凝固后翻转平板，置（28±2)℃培养 5d，观察并计数。另取一个不加样品的灭菌空平皿，加入约 15mL 虎红培养基，凝固后翻转平皿，置（28±2)℃培养箱内培养 5d，为空白对照。

（2）计数方法：先点数每个平板上生长的霉菌和酵母菌菌落数，求出每个稀释度的平均菌落数。判定结果时，应选取菌落数在 5～50 个范围之内的平皿计数，乘以稀释倍数后，即为每克（或每毫升）检样中所含的霉菌和酵母菌数。

其他范围内的菌落数报告应参照菌落总数的报告方法进行报告。

第三节　检验结果报告

每克（或每毫升）化妆品含霉菌和酵母菌数以 CFU/g（mL）表示。

第七章 化妆品防腐挑战性试验

挑战试验（challenge testing）是在添加过防腐剂的样品中加入一定量的特定微生物，混匀后在适宜温度下培养一定时间，定期取样考察微生物被抑制的情况，用于评价产品中防腐剂的抑菌效果。但是需要注意，挑战试验过程中向化妆品中加入微生物的量远高于实际使用过程中产品接触环境所引入的微生物的量，属于极端情况。因此，该方法目前常用于防腐剂效果评价，并对化妆品产品防腐体系的建立提供参考，但不强制要求产品必须通过防腐挑战性试验。防腐挑战性试验的方法可以参考美国药典 USP39＜51＞和欧洲药典 EP9.0（5.1.3），本章主要参考美国药典。

第一节 标准菌种的选择和保存

化妆品挑战试验要求标准细菌品种必须含有革兰氏阴性菌和革兰氏阳性菌，参考化妆品安全技术规范的监控致病菌，同时基于微生物极易变异的特点，对细菌菌种的品种进行了规定，分别如下：大肠杆菌［*Escherichia coli*（ATCC No. 8739）］，金黄色葡萄球菌［*Staphylococcus aureus*（ATCC No. 6538）］，铜绿假单胞菌［*Pseudomonas aeruginosa*（ATCC No. 9027）］。化妆品挑战试验同样对真菌品种规定如下：白色假丝酵母［*Candida albicans*（ATCC No. 10231）］，黑曲霉［*Aspergillus niger*（ATCC No. 16404）］。

必须注意，所有标准菌种自购得后开始的传代次数不得超过 5 次，否则变异菌种将占多数。传代超过 5 次的菌种可进行分离纯化以重新获得纯菌种，或者重新购买新菌种。因此，平时做好标准菌种的保存非常重要。标准菌种的保存方法如下：对于在液体培养基中生长的菌种，首先进行离心收集，随后用新鲜灭菌液体培养基再分散，再加入等体积的含 20%（体积分数）甘油的水溶液，混匀后分装入菌种保存瓶。对于在固体培养基上生长的菌种可用接种环直接刮落，分散到含 10%（体积分数）甘油的新鲜灭菌液体培养基中，混匀后分装入菌种保存瓶。菌种保存瓶储存于液氮中或温度低于－50℃的超低温冰箱中。

第二节 培养基的配制

由于标准菌种纯度高，故只需要根据菌种类型采用通用型培养基培养即可。对于细菌可采用牛肉膏蛋白胨培养基，对白色假丝酵母可采用沙堡葡萄糖培养基，对黑曲霉可采用马铃薯培养基。培养基配方见表 5-1-1。对于细菌和酵母菌可选择液体培养基或固体培养基，而对于霉菌一般采用固体培养基形式。细菌培养温度（32.5±2.5)℃，培养时长 18～24h，白色假丝酵母培养温度（22.5±2.5)℃，培养时长 44～52h，黑曲霉培养温度（22.5±2.5)℃，培养时长 6～10d。

第三节　操 作 步 骤

一、浊度法测定菌落数

化妆品防腐挑战试验过程中需要向产品中添加标准菌种，使菌含量达到 10^5～10^6CFU/g（mL）。采用平板计数法统计菌落数时，存在耗时、操作烦琐、无法向样品实时添加菌种等缺点。细菌和真菌的尺寸均在微米级，具有较强的光散射能力。当分散在透明液体中的菌落数量较多时，液体的透光率较小。因此，可采用可见分光光度法，利用透光率和液体中菌落数之间的线性变化，间接确定菌落数量。具体方法如下：

（1）将已培养好的标准菌种收集并分散于灭菌生理盐水中获得起始菌悬液，随后用灭菌生理盐水进行对数稀释，获得一系列不同稀释度的菌落分散液。

（2）将所有菌落稀释液在 600nm 下测定吸光度值，同时用平板计数法对各稀释液进行菌落计数。

（3）将稀释液吸光度值和平板计数所得菌落数对应，以吸光度值为纵坐标，对应菌落数为横坐标，拟合线性相关曲线，并获得线性方程。

（4）所需菌落数代入线性方程，可获得对应吸光度值，随后将起始菌悬液用灭菌生理盐水稀释至该吸光度值，此时稀释液所含菌落数即为所需菌落数。

注意：对黑曲霉孢子进行分散稀释时，可在灭菌生理盐水中添加 0.5g/L 吐温 80 协助分散。

二、产品接种及培养

1. 方法一

（1）准备两份相同的化妆品产品各 100g，分别置于两个无菌具塞锥形瓶中，对于密封性好、质量合适的产品，可直接以产品包装为容器。

（2）一份接种 1mL 菌含量为 10^8CFU/mL 的金黄色葡萄球菌、大肠杆菌以及绿脓杆菌的混合菌悬液，使产品中实际菌含量为 10^6CFU/g。

（3）另一份接种 1mL 浓度为 10^7CFU/mL 的白色假丝酵母菌悬液和黑曲霉孢子悬液，使产品中实际菌含量为 10^5CFU/g。

（4）接种后的产品用旋涡震荡器混合均匀后置于（22.5±2.5)℃下孵化保存。

（5）在接种的第 0，7，14，21，28d 移取 1g（mL）样品于加有玻璃珠的锥形瓶中，加 9mL 灭菌生理盐水，充分振荡混合均匀，然后按 1∶10 对数稀释至合适浓度，采用平板计数法计算样品中的微生物含量，平行 2 次。

2. 方法二

为减少菌种的相互竞争，并判断当前防腐体系对各菌种的抑制能力差异，可对每种菌种分别进行挑战试验。即准备 5 份相同的化妆品产品，每份接种一种菌种，并调节菌落数至所需值后进行培养。其余操作步骤同方法一。

第四节　评价标准

1. 评价标准一

（1）细菌：第7天产品菌落数较起始菌落数小1个数量级及以上，第14天产品菌落数较起始菌落数小3个数量级及以上，且第14天至第28天产品菌落数无增长，通过挑战试验。

（2）真菌：第7，14，28天产品菌落数无增长，通过挑战试验。

（3）注意："菌落数不增长"指菌落计数结果按lg10的对数值计算，其增长不超过0.5。

2. 评价标准二

（1）从第7天起细菌或霉菌＜10CFU/g（mL），说明该防腐体系具有很强的抑菌作用，通过挑战试验。

（2）第28天时，细菌或霉菌在10～100CFU/g（mL），说明该防腐体系对微生物具有较强的抑制作用，通过挑战试验。

（3）第28天时，细菌或霉菌在100～1000CFU/g（mL），说明该防腐体系有条件地通过挑战性试验。

（4）第28天时，细菌或霉菌＞1000CFU/g（mL），说明该防腐体系不能通过挑战性试验。

参考文献

[1] 裘炳毅. 化妆品化学与工艺技术大全（下册）[M]. 北京：中国轻工业出版社，2006.

[2] 裘炳毅，高志红. 现代化妆品科学与技术（下册）[M]. 北京：中国轻工业出版社，2019.

[3] 王培义. 化妆品——原理·配方·生产工艺 [M]. 2 版. 北京：化学工业出版社，2006.

[4] 阎世翔. 化妆品科学（上册）[M]. 北京：科学技术文献出版社，1995.

[5] 化妆品生产工艺编写组. 化妆品生产工艺 [M]. 北京：中国轻工业出版社，1995.

[6] 童琍琍，冯兰宾. 化妆品工艺学 [M]. 北京：中国轻工业出版社，1999.

[7] 唐冬雁，刘本才. 化妆品配方设计与制备工艺 [M]. 北京：化学工业出版社，2003.

[8] 王艳萍，赵虎山. 化妆品微生物学 [M]. 北京：中国轻工业出版社，2002.

[9] 胡 坪，王 氢. 仪器分析 [M]. 5 版. 北京：高等教育出版社，2019.

[10] 毛培坤. 化妆品功能性评价和分析方法 [M]. 北京：中国轻工业出版社，1998.

[11] 毛培坤. 表面活性剂产品工业分析 [M]. 北京：化学工业出版社，2003.

[12] 王文波. 表面活性剂实用仪器分析 [M]，北京：化学工业出版社，2003.

[13] 化妆品监督管理条例 [Z]. 中华人民共和国国务院，2020.

[14] 化妆品安全技术规范：2015 年版 [Z]. 中华人民共和国食品药品监督管理总局，2015.

[15] QB/T 1684—2015. 化妆品检验规则 [S]. 中华人民共和国工业和信息化部，2015.

[16] GB/T 37625—2019. 化妆品检验规则 [S]. 中华人民共和国市场监督管理总局/国家标准化管理委员会，2019.